国家自然科学基金项目(51574243)资助
贵州省教育厅创新群体重大研究项目(黔教合 KY 字〔2019〕070)资助
煤炭开采水资源保护与利用国家重点实验室开放基金项目(WPUKFJJ2019-19)资助

喀斯特山区浅埋煤层开采地裂缝发育规律与工作面布局减损调控

朱恒忠 著

中国矿业大学出版社
·徐州·

内 容 提 要

本书系统总结了作者从事矿山开采沉陷与生态修复研究领域以来的成果，从理论、技术、实践三个方面对喀斯特山区地貌赋存环境下浅埋煤层开采地裂缝发育规律和减损控制进行了论述。分析了喀斯特山区地貌浅埋煤层开采环境及其对地裂缝发育的影响规律，阐明了浅埋煤层开采地裂缝发育规律及关键影响因素，探究了浅埋煤层开采地裂缝形成机理与预测方法。针对浅埋煤层开采地裂缝发育规律，提出了以工作面布局方式为核心的源头减损调控理论与方法。研究成果丰富了矿山开采沉陷与生态修复领域的理论与技术体系，对促进绿色矿山建设具有重要的现实意义。

本书可供从事采矿工程科研教学及工程技术的相关人员阅读，同时亦可为岩土工程、地质工程、防灾减灾及防护工程等相关专业人员提供技术借鉴和理论参考。

图书在版编目(CIP)数据

喀斯特山区浅埋煤层开采地裂缝发育规律与工作面布局减损调控 / 朱恒忠著. —徐州：中国矿业大学出版社，2023.9

ISBN 978-7-5646-5986-8

Ⅰ. ①喀… Ⅱ. ①朱… Ⅲ. ①喀斯特地区—山区—煤层—采动区—岩层移动—地面沉降—地裂缝—防治措施 Ⅳ. ①TD325

中国国家版本馆 CIP 数据核字(2023)第 192132 号

书　　名　喀斯特山区浅埋煤层开采地裂缝发育规律与工作面布局减损调控
著　　者　朱恒忠
责任编辑　马晓彦
出版发行　中国矿业大学出版社有限责任公司
　　　　　　(江苏省徐州市解放南路　邮编 221008)
营销热线　(0516)83885370　83884103
出版服务　(0516)83995789　83884920
网　　址　http://www.cumtp.com　**E-mail**:cumtpvip@cumtp.com
印　　刷　江苏凤凰数码印务有限公司
开　　本　787 mm×1092 mm　1/16　**印张** 11　**字数** 210 千字
版次印次　2023 年 9 月第 1 版　2023 年 9 月第 1 次印刷
定　　价　49.00 元

(图书出现印装质量问题，本社负责调换)

前　言

我国喀斯特山区煤炭资源丰富，素有“江南煤海”之称，煤炭资源查明储量占全国的近20%，是南方重要的能源供给保障基地。喀斯特山区为典型的喀斯特地貌，山峦重叠、地形地貌复杂多变，地层具有基岩厚、松散层薄的显著特点。随着西部浅埋煤层资源开发强度持续增加，采动损害问题逐渐凸显。加之喀斯特山区生态环境脆弱，山体滑坡、危岩崩塌、地裂缝等灾害严重威胁人民生命和财产安全，制约了绿色矿山建设。以普洒煤矿开采地裂缝诱发老鹰岩山体崩塌为例，因重复开采扰动，井田内发育了多条拉伸型裂缝，发育宽度最大达4 m，延伸长度达235 m。2017年8月28日发生了总方量高达5 100 m^3 的老鹰岩山体崩塌特大型矿山地质灾害，给人民生命财产造成了重大损失。采动地裂缝是覆岩垮落失稳和地表沉陷综合作用对地表损伤的直接体现。采动地裂缝作为采动损害的典型形式，若不能进行及时有效的控制，将诱发山体滑坡、危岩崩塌等次生地质灾害。

本书针对喀斯特山区浅埋煤层开采地裂缝灾害，在大量现场调研与实测基础上，综合运用理论分析、数值模拟、工程实践等手段，开展了喀斯特山区浅埋煤层开采地裂缝发育规律与工作面布局减损调控研究。全书分为7章：第1章详细介绍了国内外关于采动地裂缝发育规律及形成机理、治理与控制技术、浅埋煤层覆岩运动与开采沉陷的研究现状，分析了研究不足，提出了本书的研究内容和研究方法；第2章基于现场勘测，总结了喀斯特山区浅埋煤层的赋存特征、地层特征、地貌特征和表土层特征，研究了顶板结构对地裂缝发育影响的演化过程，明晰了不同顶板结构下的水平位移变化规律；第3章探究了采动地裂缝发育尺度特征、空间分布规律及动态发育规律，阐明了单层采动和重复采动的覆岩破断失稳及地裂缝发育过程，明晰了采高、坡度、山坡起伏变化与采煤工作面相对位置对采动地裂缝发育的影响规律；第4章明确了地表开采沉陷、覆岩活动对地裂

缝发育的响应特征，从表土层变形破坏和坡体活动视角明晰了采动地裂缝的起裂判据及形成机理，确定了预测采动地裂缝发育位置的指标；第5章归纳了采动地裂缝减损控制原则，对比分析了工作面部署方式对地表的采动损害程度，获得了采动地裂缝减损控制的工作面部署优选方式；第6章提出了井下"固体充填+条带开采"和地裂缝"差异化治理"相结合的协同治理技术；第7章总结了本书主要结论。

本书出版得到了中国矿业大学（北京）何富连教授、六盘水师范学院汪华君教授的全面指导；张守宝副教授、谢生荣教授、殷帅峰教授、许磊副教授、陈冬冬副教授提出了许多宝贵意见和建议；左宇军教授、刘萍副教授给予了悉心帮助和支持。在此表示衷心感谢。

受时间和水平所限，本书谬误与不足之处在所难免，恳请专家同行和读者批评指正。

作　者

2023年6月

目　录

1 绪　论

1.1 问题的提出

煤炭是我国的基础能源和工业原料，长期以来为我国社会经济可持续发展和国家能源战略安全提供了有力保障，在国民经济中发挥着“压舱石”的重要作用[1]。近年来，煤炭行业呈现出优良循环发展、大型矿区集约安全高效、生产结构持续优化的良好局面。绿色矿山、智能矿山建设推动了煤炭行业向安全、高效、绿色、智能、创新领域纵深发展。由于水能、风能等可再生能源技术日趋成熟，在一次能源消费结构中，煤炭比重有所下降。通过梳理分析我国2006—2020年能源消费和生产趋势（图1-1），煤炭资源的生产和消费比重由2006年的77.5%、72.4%分别下降至2020年的67.6%、57.8%。可见，我国现阶段的原油、天然气、其他能源生产和消费比重依然较小，在较长时期内难以满足我国能源的消费需求。因此，煤炭作为基础性能源，“压舱石”的“兜底”地位在相当长的时期内依然不会改变[2-3]。

《能源发展“十三五”规划》指出，优化建设山西、鄂尔多斯盆地、内蒙古东部地区、西南地区和新疆五大国家综合能源基地。“优化西部，控制中部，退出东部”已成为我国煤炭工业优化发展的总体布局。近年来，随着西部大开发战略的深入实施，西部煤炭资源的开发迎来了长久的发展机遇。我国西部赋存大量埋深在200 m以下的浅埋煤层[4]，浅埋煤层赋存格局形成了以陕西、内蒙古、宁夏为代表的西北分布区和以贵州、云南、四川为代表的喀斯特分布区[5]。西北浅埋煤层分布区上覆地层具有基岩较薄、松散层较厚的特点，地表植被稀疏、水土保持能力较弱、冲沟较为发育[6-8]；而喀斯特浅埋煤层分布区上覆地表为垂直差异显著的喀斯特地貌，山峦重叠、地形地貌复杂多变，地层具有基岩较厚、松散层较薄的特点[9-10]。我国喀斯特云贵川地区因其煤炭资源丰富的天然禀赋，被称为“江南煤海”，其煤炭资源查明储量占全国的近20%，是南方重要的能源供给保障基地。

作者所在课题组通过多次现场调研织纳、黔北、水城和攀枝花等多个矿区的

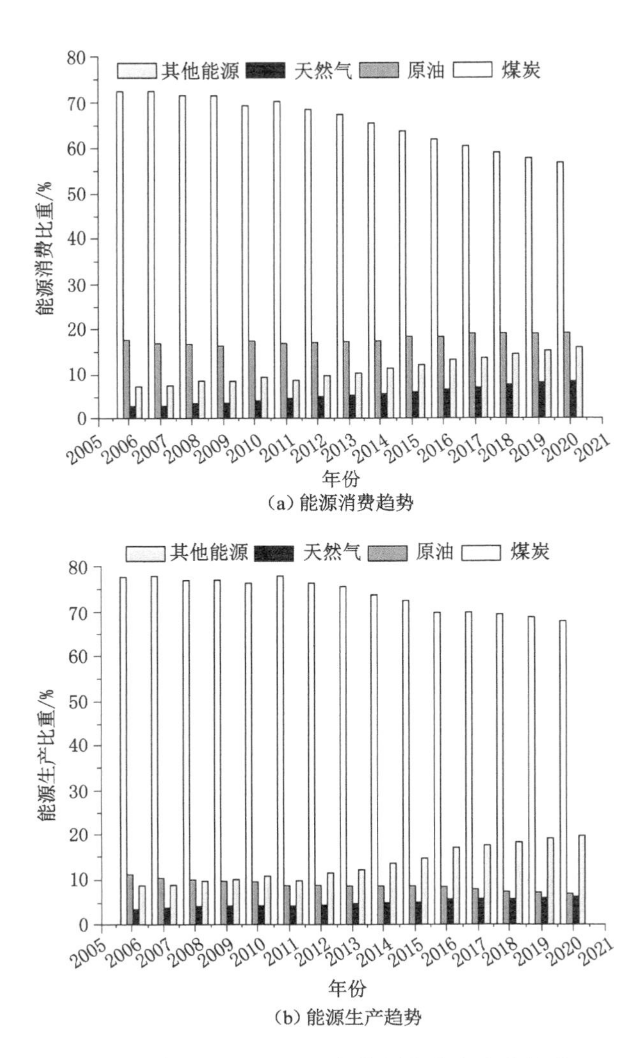

(a) 能源消费趋势

(b) 能源生产趋势

图 1-1　我国 2006—2020 年能源消费和生产趋势

喀斯特山区浅埋煤层开采实践发现:① 由于采场上覆地表多为垂直差异显著的喀斯特地貌,山体对采场顶板的约束条件发生变化。通过分析多个典型浅埋煤层采场的矿压显现规律,发现支架在工作面推进过程中出现了不同程度的压架、安全阀频繁开启和动载显现等现象。② 喀斯特山区浅埋煤层多为近距离煤层群,层数多、层间距小,具有山体赋存和煤层群赋存的双重特点。受多次重复采掘扰动,山坡发育了深度和宽度不等的采动地裂缝。该类采动地裂缝在山坡区域多发育为难以闭合的张拉型裂缝,严重影响了坡体稳定性,极易诱发山体滑坡等地质灾害，同时还会造成水土流失、植被破坏、建筑物损毁和其他次生灾害(图 1-2)。已有比德、普洒和轿子山多个煤矿开采诱发了山体滑坡，其中普洒煤矿开采导致的纳雍县大脚树山体滑坡，造成 17 人死亡、18 人失踪。可见，山地浅埋煤层开采导致的采动地裂缝和山体滑坡等次生灾害已经造成了严重的生态环境破坏，威胁着人民生命和财产安全。

(a) 山体滑坡导致建筑物损毁

(b) 开采沉陷导致房屋开裂

图 1-2　采动地裂缝诱发的次生灾害

采动地裂缝发育形态与开采工艺、关键层位、覆岩结构及岩性、地形地貌、表土层物理力学特性等因素紧密相关[11]。王晋丽、刘辉和李建伟等[12-14]对采动地裂缝分布特征、发育规律、时空演化机理及治理技术进行了研究，为西北矿区生态环境保护与建设提供了理论依据和技术借鉴，然而，上述理论研究与工程实践基本都在西北浅埋煤层分布区开展，目前针对喀斯特山区浅埋煤层分布区采动地裂缝的研究依然极少。针对喀斯特山区浅埋煤层分布区，浅埋煤层赋存环境及其对采动地裂缝发育的影响特点如何？采动地裂缝的发育形态、发育尺度及空间分布、动态发育规律、发育过程和影响因素如何？浅埋煤层采矿环境对采动地裂缝发育的响应特征、采动地裂缝形成机理与预测方法如何？浅埋煤层采动地裂缝减损控制原理如何？只有这些关键科学问题得到深入系统研究，才能深刻揭示喀斯特山区浅埋煤层采动地裂缝的形成机理，进而在开采过程中实现对采动地裂缝的科学控制与治理。煤炭资源索取与生态环境保护矛盾的日益尖锐化，迫使我们对矿区生态环境保护这一重要课题必须予以重视，对喀斯特山区浅埋煤层采动地裂缝开展深入系统研究已经刻不容缓。同时，“绿水青山就是金山银山”的科学论断也需要我们树立全新的矿业生态文明观，研究喀斯特山区浅埋煤层采动地裂缝这一典型的采动损害现象，为开展喀斯特矿区生态修复与生态文明型矿山建设提供关键的理论和技术支撑。

本书将重点探索喀斯特山区浅埋煤层采动地裂缝发育形态、空间分布规律、尺度发育特征，采动地裂缝发育过程及关键影响因素，采动地裂缝形成机理及预测方法，采动地裂缝减损控制原理和治理技术这些关键问题，研究成果具有重要的科学意义和实践指导意义。以云贵川矿区安顺煤矿、龙鑫煤矿和小宝鼎煤矿开采实践中相应的关键科技难题——喀斯特山区浅埋煤层采动地裂缝发育规律与控制为例，综合采用现场调研、实地踏勘、理论分析、数值模拟和工程实践等多种方法，深入探索喀斯特山区浅埋煤层采动地裂缝的发育规律及控制策略，并将研究成果应用于现场工程实践。研究成果将填补喀斯特山区浅埋煤层采动地裂缝研究的空白，将进一步丰富和完善采动地裂缝的理论体系，有效推动喀斯特矿区安全高产高效建设步伐，对助力我国矿山生态环境保护与建设具有重要的现实意义和借鉴价值。

1.2 国内外研究现状

1.2.1 采动地裂缝发育规律及形成机理研究现状

目前国内余学义、胡振琪和戴华阳等学者以神府、榆林等矿区为依托对采动地裂缝发育形态、发育规律和形成机理进行了探索研究。下面从采动地裂缝发育规律和形成机理两个方面展开叙述。

1.2.1.1 采动地裂缝发育规律研究现状

胡振琪、王新静、陈超等[15-17]针对西北风积沙区，通过运用井上下相结合的空间坐标控制体系和动态地裂缝监测装置研究了地裂缝从发育至尖灭的全过程。研究指出动态地裂缝超前于工作面向前发展，且超前距与工作面日推进度呈线性正相关关系。边缘裂缝以“带状”和“O”形圈形态分布于工作面开采边界内侧，且整体向内收缩。在采动过程中，裂缝宽度呈显著的双周期变化特征。

郭俊廷等[18]研究发现了神东矿区采动地裂缝以裂缝带形式发育，主裂缝间距与工作面周期来压步距基本一致，其发育条数、宽度与表土层性质紧密相关。

刘辉等[19]通过典型工作面现场实测，将西部黄土沟壑区采动地裂缝发育类型分为塌陷型、拉伸型、挤压型和滑动型等多种类型。对大柳塔矿典型工作面的采动地裂缝发育进行了持续动态监测，研究发现随着工作面推进，临时性采动地裂缝呈现增大—减小—闭合的动态发育规律。采动地裂缝发育深度与宽度呈线性增大的正比关系，深度与落差呈对数关系。采动地裂缝发育的宽度、深度和落差均呈现先增大后减小的规律。

李建伟[20]统计分类了西部浅埋厚煤层高强度开采工作面地表采动地裂缝，将其分为张开型裂缝、塌陷型裂缝、台阶型裂缝及闭合型裂缝。另外，根据地裂缝是否与采空区贯通，将其分为非贯通型裂缝和贯通型裂缝。贯通型裂缝随工作面推进周期性出现；非贯通型裂缝主要分布在工作面前方或地表移动盆地边缘。

范立民等[21-22]以陕西榆神矿区为例，运用遥感结合实地调查等方法发现地裂缝在地表分布具有明显的分带性。黄土沟壑高强度开采区地裂缝发育密集，地表破坏严重；风积沙区部分地裂缝能自然闭合，地表破坏表象不明显。

陈超[17]根据风积沙超大工作面开采的土地损伤特征，将采动地裂缝分为拉伸型、切落型和滑动型。根据实地实时测量结果将地裂缝扩展特征分为“椭圆—圆—椭圆”三个阶段。

王新静等[23]针对西部风沙区高强度开采情况下地裂缝动态发育监测难点，开发了采动地裂缝发育周期监测装置。研究发现地裂缝随着顶板“稳定—失稳—稳定”出现“裂开—初次闭合—再裂开—完全闭合”的现象。动态地裂缝扩展程度较弱并快速闭合，边缘地裂缝以“O”形圈形态分布于开采边界，裂缝角呈近似垂直角。地裂缝的发育具有明显的“分区”特征。

徐乃忠等[24]现场实测了黄土沟壑区近浅埋深厚煤层综放开采工作面地表裂缝发育规律，研究发现工作面推进速度变化、综放开采放出煤层厚度变化、地貌和地应力影响是地表反向台阶裂缝形成的特殊原因。工作面沿走向方向的地表裂缝间距与直接顶周期破断步距相近。

王云广等[25]基于沉陷盆地移动变形特征将地表移动变形影响区分为拉伸区、压缩区和先拉伸后压缩区。采动地裂缝多出现在边界拉伸区域和平底中心区域的复合影响区域。采空区外边缘的裂缝（永久性裂缝）位于拉伸变形区，充分采动和非充分采动时裂缝分布近似“O”形，超充分采动时裂缝分布近似椭圆形。在超充分采动的平底区，裂缝呈现“产生—宽度逐渐发育—宽度至最大—宽度变小—发育停止或闭合”的生命周期。

朱川曲等[26]在考虑采动附加应力的前提下，结合土层强度理论和广义胡克定律，建立了采动作用下地裂缝发育极限深度的力学模型。将地裂缝产生大致分为移动累积期、裂缝产生期、裂缝扩展期和裂缝闭合期。表土层受采掘扰动影响越明显，极限深度越大。

以上成果主要通过现场实测和理论分析，研究了采动过程中地裂缝的发育类型、发育位置和动态发育规律。此外还有其他学者通过数值模拟、物理相似模拟试验对采动地裂缝发育规律进行了探索研究。其中，刘辉等[27]使用通用离散单元法程序（UDEC）数值模拟软件模拟了滑动型裂缝的发育规律，将其发育周期分为累积期、形成期、动态发展期和稳定期 4 个阶段。滑动型裂缝角与沟谷坡度之间呈二次多项式关系，与沟谷位置呈线性关系。Yang 等[28]运用物理模拟

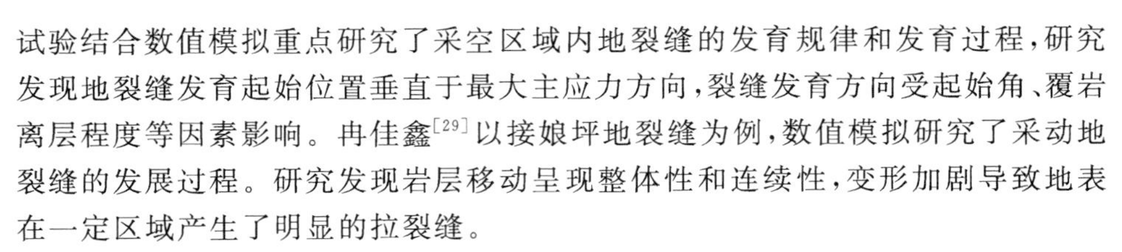

试验结合数值模拟重点研究了采空区域内地裂缝的发育规律和发育过程，研究发现地裂缝发育起始位置垂直于最大主应力方向，裂缝发育方向受起始角、覆岩离层程度等因素影响。冉佳鑫[29]以接娘坪地裂缝为例，数值模拟研究了采动地裂缝的发展过程。研究发现岩层移动呈现整体性和连续性，变形加剧导致地表在一定区域产生了明显的拉裂缝。

1.2.1.2　采动地裂缝形成机理研究现状

通过对采动地裂缝形成机理相关文献梳理分析，发现现有研究主要基于某一种类型的采动地裂缝。采动地裂缝发育形态各异，它是下伏岩层运动和上覆地表沉陷综合作用的体现。

李建伟[20]从覆岩运动视角出发，指出当承载关键层位于垮落带时，覆岩破断后块体形成台阶岩梁结构，失稳运动形式为滑落失稳，此时地表贯通型地裂缝发育形态为台阶型裂缝。当承载关键层位于裂隙带时，覆岩破断后块体形成类砌体梁结构，失稳运动形式为回转失稳，此时地表贯通型地裂缝发育形态为塌陷型裂缝。承载关键层失稳是导致贯通型地裂缝产生的主要因素，其回转下沉过程决定了采动地裂缝的动态发育规律和时空分布特征。

王晋丽等[30]指出了影响采动地裂缝产生的两大因素：① 采掘地质条件，包括覆岩岩性、表土层物理力学性质、地形微地貌；② 开采技术条件，包括采煤方法、深厚比、煤层倾角、采空区尺寸、工作面推进速度。指出地形地貌、表土层物理力学特性和采煤方法是影响采动地裂缝空间分布的主要因素。

刘辉等[31]研究了拉伸型、挤压型、塌陷型和滑动型地裂缝的形成机理。他认为采空区中部上方覆岩主要受水平拉伸作用，覆岩破坏主要是由拉伸破坏引起的，因而易形成拉伸型裂缝。而采空区中部区域与边界区域的交界处主要出现挤压应力，易出现挤压型地裂缝。基于薄板理论的基本顶破断原理，定性解释了塌陷型地裂缝主要受覆岩“O-X”形破断的影响。而滑动型地裂缝是在沟谷地形条件下开采时，水平分力、附加剪切力和附加垂直张力导致地表坡体滑移发生局部破断的结果。

于秋鸽等[32-33]提出了开采地裂缝形成主要与覆岩运动紧密相关的观点，利用尖点突变理论分析了浅埋单一关键层断裂是造成地表塌陷裂缝的主要原因，其断裂步距决定了裂缝间距。

余学义等[34-35]研究了西部巨厚湿陷性黄土层地表裂缝的形成机理，指出地表裂缝发育主要受控于 4 个条件：① 黄土层的垂直裂隙相对发育并在土层中形成弱面，弱面阻滞了应力的连续传递过程，垂直裂隙受拉伸变形作用而沟通扩展，发生水平移动与变形进而形成开裂裂缝。② 受开采沉陷作用，地表出现拉伸变形区，采空区边缘附近易发育永久性裂缝和超前采煤工作面的动态裂缝。

③ 由于地表非均匀沉陷，垂直裂隙间土层的连续性较差，地表两点下沉差较大时，在土层自重作用下，弱面一侧岩土体沿拉伸裂隙方向发生整体下沉，进而形成台阶型地裂缝。④ 西部黄土沟壑区沟壑梁峁的起伏地貌条件下，地表较大的水平移动导致坡体滑移，将形成张开型滑移式裂缝。

付华等[36]从地表沉陷视角探究了地表裂缝形成过程，指出岩体最大剪切变形和最大拉伸变形是影响地裂缝产生的两个关键因素。最大剪切变形使地表发生塌陷，而最大拉伸变形使岩体出现贯通型地裂缝。两者共同作用造成地表滑移，从而出现了浅部地裂缝、深部地裂缝和卸荷地裂缝。

康建荣[37]对山区地表沉陷进行了较为系统的研究，发现覆岩破断失稳传递至地表后形成不均匀移动，产生的水平和垂直拉应力造成地表土体在水平和垂直方向上拉开，进而形成地表裂缝。

Ju 等[38]得到了与于秋鸽等相一致的观点，指出西部浅埋特厚煤层综放开采条件下，台阶型地裂缝形成的主要原因是关键层滑落失稳，大采高浅埋煤层上覆岩层的主关键层破断是地裂缝产生的根本原因。

综合上述观点，可以看出地裂缝形成机理主要从覆岩运动、土体变形破坏和地表沉陷三个视角进行了探究。有的学者从单一视角研究而有的学者则是从两个甚至三个视角进行综合探究。

1.2.2 采动地裂缝治理与控制技术研究现状

余学义[39]提出从开采方法和工艺方式来控制或减弱地表裂缝破坏程度。限制地表沉陷的方法主要包括充填管理顶板方法、离层充填法、条带开采法、分层开采法。同时提出采用分块顺序开采加大基本顶周期断裂步距，进而从加大闭合裂缝步距的角度减少地裂缝的产生。对于采空区边界外缘的永久性裂缝，提出采用边界充填带或边界部分开采减小地表拉伸变形和曲率。

Zhu、刘辉等[40-41]针对开采过程中产生的临时性地裂缝提出了以下治理步骤：① 构建地裂缝灾害评价体系，即对导水裂隙带发育高度和地裂缝扩展深度进行探测，科学评价地裂缝灾害对安全生产的影响；② 建立健全安全监测机制，即确定影响安全生产的地裂缝发育的最小宽度和落差，建立裂缝动态监测网，实时监测裂缝发育情况；③ 采用临时性裂缝治理技术，即防止地表风积沙、黄土和积水灌入工作面，采用“就地取材—填平裂隙—平整土地”的技术措施。

陈超和王新静[17,42]针对风沙区超大工作面地裂缝灾害提出了分区差异化修复方法，即基于地裂缝发育的“分区”特征，对均匀沉陷区采取“植物引入”的自然封闭修复模式，非均匀沉陷区采取“边界裂缝充填＋水土保持＋优选植物配种＋根际改良”的以植物修复为主的人工诱导修复模式。对采空区边缘裂缝，采取周围土壤或土壤替代材料充填的方法。

黄庆享等[43]结合浅埋煤层煤柱留设，提出了通过合理确定不同区段煤柱错距减小煤柱集中应力，实现地表均匀沉降和地裂缝耦合控制的方法。即通过研究不同区段煤柱错距时的应力集中程度和覆岩裂隙演化特征，确定合理的煤柱错距实现地表均匀沉降。

钱鸣高、许家林等[44-46]从控制关键层结构稳定性的视角出发，提出了“煤柱留设＋覆岩离层注浆”综合控制技术，即基于覆岩关键层结构，设计合理的工作面采宽并在相邻工作面间留设隔离煤柱，高压注浆充填采空区，从而达到联合控制关键层结构稳定性，减小地表沉陷和地裂缝发育的目的。

Li 等[16]针对浅埋厚煤层开采诱发的地裂缝提出了留设窄煤柱、限制采高、充填开采和加快工作面推进速度等措施来减缓或控制地裂缝的发育。

田军[47]认为采掘深度越大，基岩厚度越大，覆岩的稳定性越强，对地裂缝发育尺度的控制也就越强。关键层和松散层厚度越大，地裂缝发育尺度相对越小。

综合上述最新研究进展，学者们从改变开采工艺、留设煤柱、改变采掘参数和地表充填等角度研究了控制或减弱地裂缝发育的效果。但目前尚未有从科学部署工作面方式的视角来削弱控制地裂缝发育的相关报道。

1.2.3 浅埋煤层覆岩运动与开采沉陷研究现状

采动地裂缝是采场上覆岩层运动和表土层沉陷变形共同耦合的结果，从采矿视角要明晰采动地裂缝的发育规律与形成机理必须开展覆岩运动和开采沉陷方面的研究。

1.2.3.1 浅埋煤层覆岩运动规律研究现状

国外对浅埋煤层覆岩运动的研究起始于 20 世纪 80 年代初，研究学者们来自俄罗斯、澳大利亚和印度。其中，俄罗斯学者 M. 秦巴列维奇根据现场观测成果提出了台阶下沉学说，认为浅埋煤层开采过程中顶板呈斜六面体沿煤壁斜面塌陷至地表，支架载荷应考虑整个上覆岩层作用。B. B. 布德列克发现了浅埋煤层开采时顶板来压十分猛烈，支架出现动载的现象。澳大利亚学者 B. 霍勃尔伊特通过现场观测发现浅埋煤层回采后采空区迅速压实，煤壁附近岩层发生整体移动，支架出现动载，安全阀频繁开启。赵宏珠通过调研印度江基拉煤矿发现浅埋煤层开采时垮落带和裂隙带交叉，裂隙带发育高度较大，顶板周期来压步距较小[48-51]。

20 世纪 90 年代初，我国矿业类高校与科研院所的学者们开始研究浅埋煤层覆岩运动与控制，代表性成果主要体现在以下两个方面：

第一方面：浅埋煤层采场矿压显现特性与顶板运动规律研究。

黄庆享等[52-55]提出了浅埋煤层采场基本顶周期来压的短砌体梁和台阶岩梁的结构力学模型，揭示了工作面动载和顶板台阶下沉的主要原因是顶板滑落失稳。将顶板来压分为两个阶段，建立了基本顶触矸前的非对称三铰拱和触矸后的单斜岩梁结构力学模型，基于支架-围岩互相作用关系，提出了支架处于"给定失稳"工作状态的观点。

侯忠杰、谢胜华等[56-59]首次开展了浅埋煤层关键层运动规律研究，指出浅埋煤层覆岩运动为全厚整体台阶切落形式。在此基础上，提出了组合关键层的概念，并推导了组合关键层弹性模量、载荷和极限跨距的计算方法，揭示了组合关键层不能形成三铰拱式平衡的机理。

朱卫兵[60-61]将浅埋近距离重复采动的关键层结构分为三类，即上煤层已采单一关键层结构、上煤层已采无典型关键层结构和上煤层已采多层关键层结构。指出了当上煤层已采只有单一关键层结构时，主关键层破断后形成的砌体梁结构处于失稳状态。当下煤层重复采动时，单一关键层将出现滑落失稳。

黄庆享、张沛等[62-63]从顶板动态结构的研究角度出发，通过现场实测揭示了浅埋煤层矿压显现的动态特征，发现了浅埋煤层厚砂土层的"拱状"和"弧形岩柱"破坏特征，建立了厚砂土层"拱状"破坏的力学模型，揭示了主关键层滞后亚关键层发生破断是造成工作面大小周期来压交替变化的主因。

此外，石平五、杨治林、张杰、吕军等[64-67]通过现场实测、数值模拟和理论分析等手段对浅埋煤层矿压显现规律、顶板运动特征和顶板破断结构进行了富有成效的探究。

第二方面：浅埋煤层采场矿压显现与顶板运动控制研究。

张杰、吕军等[68-69]针对浅埋煤层亚坚硬顶板进行了深孔预裂爆破的物理相似模拟试验，研究发现深孔预裂爆破后基本顶断裂步距减小，基本顶断裂位置和断裂厚度发生了变化，减小了基本顶初次来压步距。石平五经过现场观测和物理相似模拟试验指出提高支架初撑力和进行采空区充填是控制顶板切落的有效方法。

吕军等[70]指出松散层厚度、基岩厚度、支架工作阻力、采高及推进速度是影响浅埋煤层采场矿山压力的重要因素，提出应从提高支架工作阻力、合理限制采高和调控工作面推进速度等角度控制顶板运动。

李正昌[71]根据浅埋煤层采场厚层坚硬顶板来压猛烈、顶板台阶下沉、顶板来压速度快、冲击性强和支架增阻快等特点，提出了地面钻孔爆破控制技术。而杨治林[66]从顶板空间的角度指出，浅埋煤层初次来压期间顶板控制的关键区位于采场中部，并指出只有合理限制采高才能控制顶板下沉量。

黄森林、余学义等[72-73]提出了控制开采的概念，指出控制开采是采用合适

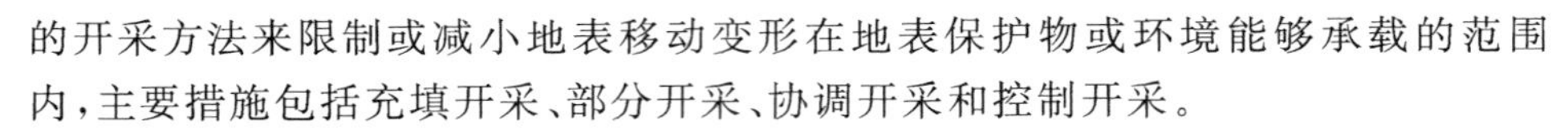

的开采方法来限制或减小地表移动变形在地表保护物或环境能够承载的范围内，主要措施包括充填开采、部分开采、协调开采和控制开采。

1.2.3.2　浅埋煤层地表移动规律研究现状

洪兴[74]总结了陕北浅埋煤层开采的地表移动参数，指出浅埋煤层的地表沉降系数大于一般开采条件时的地表沉降系数，而地表水平移动系数与一般开采条件时的基本相同，地表移动角比一般开采条件时的要小。边界角与采空区边缘处岩土层性质、地形地貌紧密相关，边界角的不同造成了地表移动的非对称性。

赵兵朝、余学义等[75-76]指出典型浅埋煤层开采的地表移动以非连续变形为主，一般表现为塌陷槽、台阶下沉、裂缝和滑塌等。王旭锋[6]获得了冲沟发育矿区浅埋煤层地表坡体移动规律，指出向沟开采时产生顺坡滑移，背沟开采时产生反坡倒转；并首次提出了冲沟切割系数概念，依据冲沟切割系数与坡体角度对冲沟坡体进行了敏感性分类。

李敏、秦长才等[77-78]研究了山区浅埋煤层重复采动的地表移动和变形规律，指出山地地貌对地表移动和变形影响主要体现在水平移动上，而重复采动对地表移动变形影响主要体现在垂直下沉上。重复采动时的地表最大下沉量和下沉系数明显增加。

龚云等[79]运用数值模拟方法研究了西部黄土山区浅埋煤层采场的地表沉陷规律，单一斜坡滑移与开采沉陷叠加后，坡顶的地表水平位移和下沉量增大，坡底的部分地表水平位移和下沉量减小。凸坡滑移方向与采动沉陷变形方向相反，进而形成“抵消”效应，使斜坡地表变形减小。凹坡滑移与采动沉陷变形方向相反，进而形成“叠加”效应，使斜坡地表变形增大。

刘宾[80]阐明了黄土沟壑区浅埋近距离煤层群开采的地表移动变形规律，指出地表移动剧烈而移动期较短，沟壑对地表移动变形有较大影响。在坡体自身稳定性差的情况下，工作面开采易破坏坡体自身稳定性，进而导致坡体产生滑坡。

崔健[81]探讨了近浅埋煤层条带开采的地表移动变形规律，地表下沉值随采留比增大而增大，随采出率增大而增大。采留比相同的情况下，地表下沉值随采宽增大而增大。采出条带宽度决定了采动影响剧烈程度，而保留条带宽度影响了地表下沉盆地的形态。地表沉降值随采高增大而增大。

通过归纳总结浅埋煤层采动地裂缝发育规律及形成机理、采动地裂缝治理与控制技术、浅埋煤层覆岩运动与开采沉陷研究现状，学者们取得了丰富的成果。但目前关于浅埋煤层采动地裂缝的研究基本都在西北浅埋煤层分布区开展，针对喀斯特山区赋存环境下浅埋煤层采动地裂缝发育规律及形成机理的研究成果依然很少。而且以往削弱地裂缝发育程度的方法未考虑矿井采掘系统部署这一本质因素，因此亟须开展喀斯特山区浅埋煤层采动地裂缝的有关研究，进一步丰富采动地裂缝研究的理论体系。

1.3 研究内容与研究方法

1.3.1 研究内容

(1) 喀斯特山区浅埋煤层赋存环境特征及其对采动地裂缝发育的影响

通过统计分析发耳煤矿、宏发煤矿和兴林煤矿等喀斯特山区浅埋煤层典型矿井的煤层赋存特征、地层特征、地貌特征及表土层特征，对煤层赋存、地层特性、地貌特征和表土层类型进行归纳分类，获得喀斯特山区浅埋煤层赋存分类结果。同时，依据大量山区浅埋煤层地勘钻孔资料进行统计分析，并结合室内岩石力学试验等方法，明晰山区浅埋煤层顶板特性，对顶板结构进行分类。采用UDEC数值模拟方法，阐明顶板结构对采动地裂缝发育的具体影响规律。

(2) 喀斯特山区浅埋煤层采动地裂缝发育规律及其影响因素

通过现场踏勘安顺煤矿9100工作面、大宝顶煤矿43158工作面和龙鑫煤矿11601工作面，实测获得采动地裂缝的发育长度、宽度、落差及发育位置等数据，总结分析喀斯特山区浅埋煤层采动地裂缝的发育类型、发育尺度及空间分布特征。通过监测安顺煤矿9100工作面和大宝顶煤矿43158工作面的典型采动地裂缝动态发育全过程，明晰采动地裂缝随工作面推进的时空演变规律，探究采动地裂缝的动态发育规律。通过建立不同影响因素的UDEC数值计算模型，明确采高、坡度和山坡起伏变化对采动地裂缝发育的具体影响特点。

(3) 喀斯特山区浅埋煤层采动地裂缝形成机理及预测方法

通过现场实测，明确山区浅埋煤层地表沉陷、覆岩运动对采动地裂缝发育的响应特征，探析覆岩处于不同地形地貌赋存条件时的运动形式，明确地表移动变形与采动地裂缝发育的内在关联。从山区浅埋煤层表土层变形破坏、采动覆岩及坡体活动的研究视角，揭示采动地裂缝形成机理。基于山区开采沉陷理论，通过预测山区浅埋煤层地表移动变形，进而获得采动地裂缝发育位置的预测方法。

(4) 喀斯特山区浅埋煤层采动地裂缝减损控制原理与技术

通过借鉴现场工程实践经验，总结归纳喀斯特山区浅埋煤层采动地裂缝减损控制的原则，为采动地裂缝减损控制与治理提供针对性指导。总结归纳采动地裂缝减损的工作面部署方式，通过研究不同工作面部署方式的采动损害程度，获得利于减弱采动地裂缝发育程度的工作面部署优选方式。同时根据采动损害

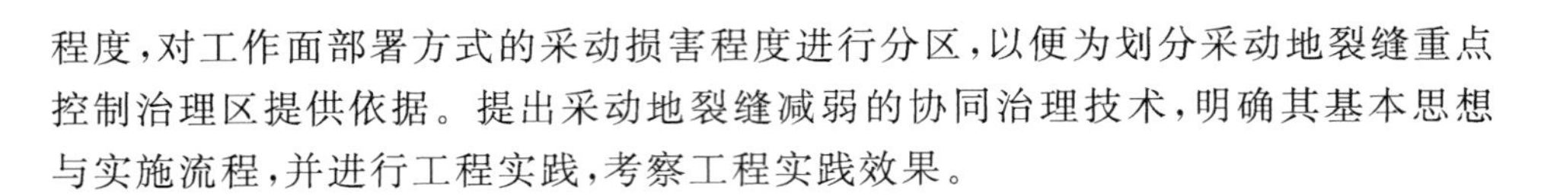
程度，对工作面部署方式的采动损害程度进行分区，以便为划分采动地裂缝重点控制治理区提供依据。提出采动地裂缝减弱的协同治理技术，明确其基本思想与实施流程，并进行工程实践，考察工程实践效果。

1.3.2 研究方法

喀斯特山区浅埋煤层采动地裂缝发育规律、形成机理及科学减损控制是一个涉及采矿科学、岩土力学和开采沉陷学等诸多领域的科学问题。本书从覆岩运动与开采沉陷的视角出发，以喀斯特山区浅埋煤层采动地裂缝勘测与防治工程实践为依托，采用现场踏勘、实地监测、数值模拟、室内试验、理论分析和工程实践等综合方法，开展有关采动地裂缝发育规律及其影响因素、动态发育规律、形成机理及预测方法、控制原理及治理技术等关键科学问题的探究。

（1）现场踏勘与实地监测

现场调研安顺煤矿、大宝顶煤矿和龙鑫煤矿等典型浅埋煤层矿井的采掘地质条件、采掘系统部署、煤层赋存特征、矿区地形地貌等情况；实地监测典型工作上覆地表采动地裂缝的发育宽度、发育长度和落差等，并掌握采动地裂缝空间分布；开展典型工作面的矿压显现、地表沉陷等观测工作。通过统计分析观测数据，明晰浅埋煤层赋存特点、采动地裂缝的动静态发育规律、矿压显现规律和地表沉陷规律。

（2）室内试验

现场采集某矿区 M8 煤层顶板煤岩样，进行单轴压缩、三轴压缩和拉伸等岩石力学试验，获得物理力学参数，如抗拉强度、抗压强度、弹性模量和泊松比；现场采集闽安煤矿、华航煤矿和石梯子煤矿等典型浅埋煤层矿井的表土层样，对其进行土的密度、含水量、液塑限、直剪和固结等土力学试验，获得土样的含水率、密度、土粒比重、孔隙比、液限、塑限、压缩系数、压缩模量、内摩擦角等物理力学参数。

（3）数值模拟

采用 UDEC 数值模拟软件建立数值计算模型，明晰顶板结构、采高、坡度、山坡起伏变化等因素对采动地裂缝发育形态及尺度的影响特点；以安顺煤矿 9100 工作面为数值建模背景，建立能真实再现工作面上覆地表起伏变化的 UDEC 数值计算模型，分析单层采动和重复采动时的覆岩破断失稳特征及采动地裂缝发育过程；根据不同工作面部署方式的开采方案，利用 UDEC 数值模拟软件对比分析不同工作面部署方式的岩层移动角和断裂角、地表下沉和水平移动、采动地裂缝发育尺度等，进而确定工作面优选部署方式。

（4）理论分析

通过归纳总结喀斯特山区浅埋煤层采动地裂缝发育规律及工作面矿压显现规律，阐明采动地裂缝发育位置的优选性和矿压显现的分区性；获得不等坡度地表的采动地裂缝发育的起裂判据；以岩土力学为基础，建立采动地裂缝一侧岩土体结构力学模型；以采矿科学和开采沉陷学为基础，建立采动坡体活动的斜型体结构力学模型，明晰拉伸型和台阶型采动地裂缝发育的充分条件；以开采沉陷学为基础，确定采动地裂缝发育位置的预测方法。

(5) 工程实践

根据工程实践经验积累，提出采动地裂缝减弱的协同治理技术，明确基本思想和实施流程，并在安顺煤矿开展工程实践，验证其工程实践效果。

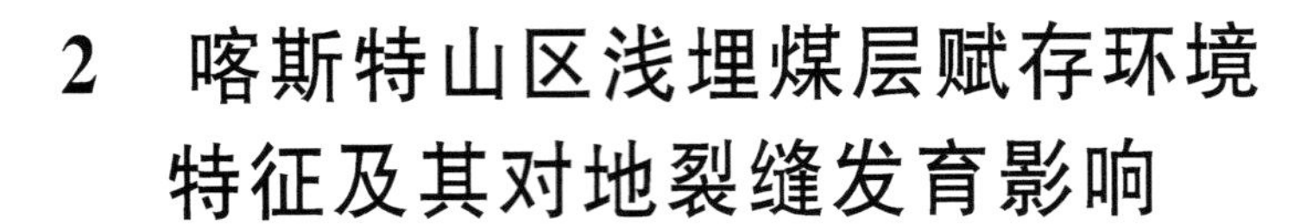

2　喀斯特山区浅埋煤层赋存环境特征及其对地裂缝发育影响

本章主要明晰喀斯特山区浅埋煤层赋存环境特征及其对地裂缝发育的具体影响。首先，通过现场勘测研究了地裂缝宏观显现特征，根据多个典型浅埋煤层矿井归纳总结浅埋煤层开采的煤层赋存特征、地层特征、地貌特征和表土层特征；其次，试验分析顶板岩性及其具体物理力学参数，划分顶板结构类型；最后，通过数值模拟方法研究顶板结构对地裂缝发育影响的演化过程，明晰不同顶板结构赋存条件的水平位移变化规律。

2.1　喀斯特山区浅埋煤层赋存环境特征

2.1.1　喀斯特山区典型浅埋煤层采动损害现场勘测

2.1.1.1　浅埋煤层采动损害现场勘测工程实例一

兴林煤矿位于贵州省织金县中寨镇，设计生产能力为 45 万 t/a。矿区范围东自中寨-老羊场一线，西至大荒图-大冲顶一线，北至石旮旯-石板寨一线，南至老鹰岩-纸厂一线。矿区地表形态为峰丛、山谷、洼地相间的中山地貌，矿区范围及地形地貌如图 2-1 所示。

1. 采掘工程地质概况

兴林煤矿采用平硐开拓方式、走向长壁后退式综采采煤法。主要煤层包括6#、7#、16#、27#、30#、32#煤层，煤层顶底板主要以黏土岩、黏土质粉砂岩和粉砂岩为主，属软岩组，抗压强度普遍较低，顶板和底板稳定性较差。围岩主要为碎屑岩，呈层状结构。该矿划分为一个水平两个采区，其中矿区西部为一采区，东部为二采区。表土层主要为黄灰色砂质黏土和紫灰色粉砂质黏土，平均厚度为 6.18 m。矿区位于三塘向斜北西翼，整体为单斜构造，断层构造不发育。

2. 采动损害现场勘测情况

为明晰兴林煤矿采动损害情况，对矿井区域内崩塌、滑坡、地裂缝和地表塌陷等采动次生灾害进行了现场勘测。现场勘测主要情况分述如下：

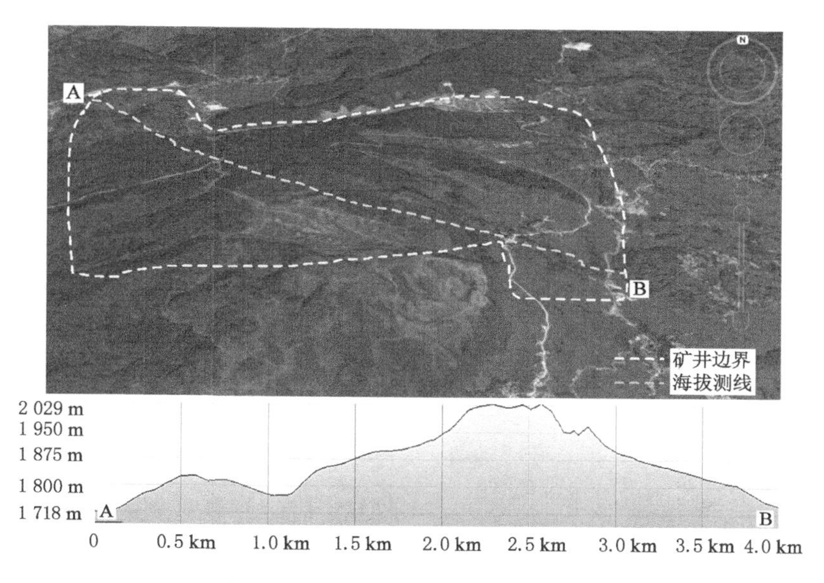

图 2-1　兴林煤矿矿区范围及地形地貌

（1）地裂缝：通过实地勘测，矿区范围内发育有 7 处永久性地裂缝，现场勘测结果见表 2-1。由表 2-1 可以看出，采动地裂缝发育位置主要位于 16# 和 27# 煤层采空区上方地表斜坡，发育类型主要有张开型和拉伸型（如图 2-2 所示）。结合地形图来看，兴林煤矿采动地裂缝空间发育位置与等高线斜交或大致平行。采空区上覆地表范围内并无很明显的沉陷盆地。

表 2-1　兴林煤矿采动地裂缝现场勘测结果

序号	发育位置	发育形态	裂缝走向	延伸长度/m	裂缝宽度/m	可见深度/m	落差/m
DLF-1	一采区北东部 27# 煤层采空区对应地表斜坡	张开型	北西西	＞150	0.2～0.5	0.1～0.5	0.03～0.05，局部可达 0.1
DLF-2	二采区 16# 煤层采空区对应地表斜坡	挤压型	北西	45～50	0.02～0.05	0.01～0.02	无落差
DLF-3	二采区 16# 煤层采空区对应地表斜坡	张开型	北北东	约 100	0.05～0.2	0.01～0.1	落差不大，局部可达 0.05
DLF-4	二采区 27# 煤层采空区对应地表斜坡	张开型	北东	80～100	0.1～0.2	0.05～0.2	＜0.05

表 2-1(续)

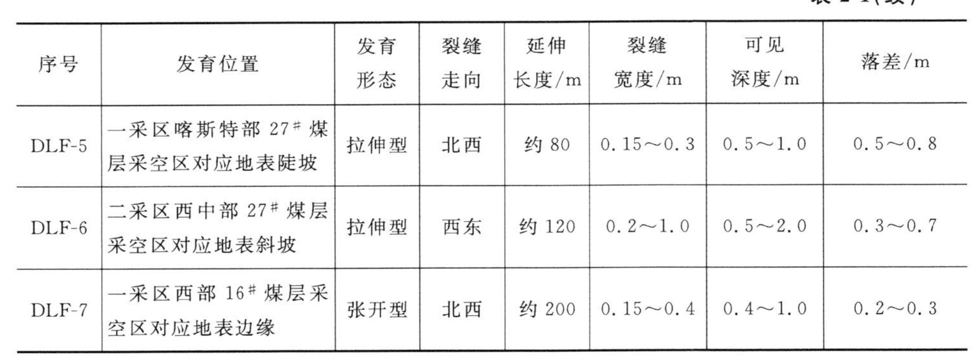

序号	发育位置	发育形态	裂缝走向	延伸长度/m	裂缝宽度/m	可见深度/m	落差/m
DLF-5	一采区喀斯特部 27# 煤层采空区对应地表陡坡	拉伸型	北西	约 80	0.15～0.3	0.5～1.0	0.5～0.8
DLF-6	二采区西中部 27# 煤层采空区对应地表斜坡	拉伸型	西东	约 120	0.2～1.0	0.5～2.0	0.3～0.7
DLF-7	一采区西部 16# 煤层采空区对应地表边缘	张开型	北西	约 200	0.15～0.4	0.4～1.0	0.2～0.3

(a) 采动地裂缝 DLF-6

(b) 采动地裂缝 DLF-7

图 2-2　采动地裂缝发育形态

(2) 崩塌:在南方峰丛地貌区,崩塌一般发生于陡崖地带,受地下强烈采掘扰动加之地形陡峭,岩土强度减弱,随之易发生崩塌灾害。经现场勘测,矿区南部的老鹰岩-纸厂一带分布一延伸长度近 2 km 的陡崖,岩性为灰岩、粉砂岩和泥质岩,岩体节理发育。目前矿井开采影响范围内未见崩塌灾害发生。后期受矿井重复采动影响,可能会对陡崖稳定性产生一定影响。

(3) 滑坡:矿区南部老鹰岩-纸厂一带分布有冲沟流经的斜坡,相对高差约为 150 m,表土层为残坡积物形成的黏土或砂质黏土,由于强烈的地下采掘扰动加之降水入渗,该处发生滑坡的可能性较大。纸厂村北西 50 m 处有两处斜坡,属冲沟发育的陡坎区,由于处在矿区开采影响范围内,该处发生了小型采动滑坡。

(4) 塌陷坑:矿井二采区范围内,16# 煤层采空区上方有一处直径约 5.5 m、深约 2.6 m 的塌陷坑,塌陷坑内灌木丛生,发育状态基本稳定。由于兴林煤矿开采历史较长，老窑分布较多，开采深度一般为 30～50 m。浅部资源的滥采滥挖，造成沿煤层露头附近形成多处塌陷区。

2.1.1.2　浅埋煤层采动损害现场勘测工程实例二

宏发煤矿位于贵州省织金县珠藏镇，属兼并重组矿井，设计生产能力为 45 万 t/a。矿井范围北至务阿车-小寨一线，南至煤洞上-羊场脚一线，西至箐脚村，东至河头上-羊场坡一线。矿区内主要为构造侵蚀中山地貌，沟谷交错。宏发煤矿矿区范围及地形地貌分布如图 2-3 所示。

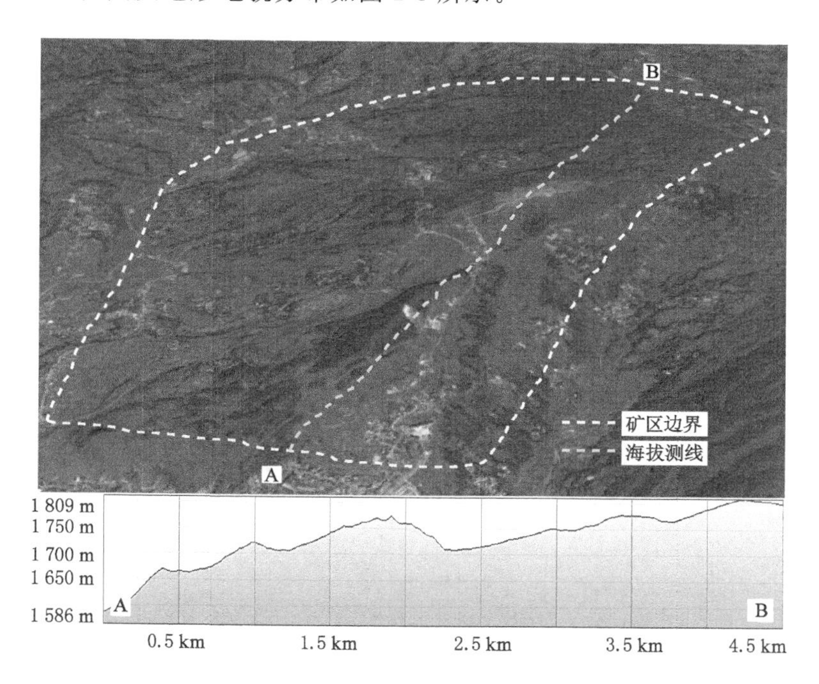

图 2-3　宏发煤矿矿区范围及地形地貌

1. 采掘工程地质概况

宏发煤矿采用斜井开拓方式、走向长壁后退式综采采煤法。矿井划分为一个水平上、下煤组联合开拓，其中上煤组(16#、17# 煤层)划分为一采区，下煤组(23#、27#、28#、30#、32# 煤层)划分为二采区。矿井采用下行式开采，先采一采区再采二采区。煤组间的煤层最大间距为 21 m，属近距离煤层重复采动类型。煤层顶板主要为粉砂岩、钙质细砂岩和石灰岩，底板主要为泥岩和粉砂岩，围岩属于软岩组，顶板稳定性差。矿区整体位于珠藏向斜轴部北东端，区内断层不发育。区内坡度变化较大，一般为 2°～40°，表土层为黄壤和黄棕壤，土体厚度为 8～150 cm。

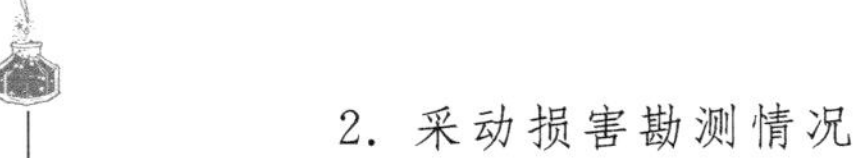

2. 采动损害勘测情况

为明晰宏发煤矿采动损害情况，对矿井区域内崩塌、滑坡、地裂缝和地表塌陷等采动次生灾害进行了现场勘测。现场勘测主要情况分述如下：

（1）地裂缝：通过实地勘测，宏发煤矿矿区范围内发育有 6 处永久性地裂缝，现场勘测结果见表 2-2。从勘测结果来看，采动地裂缝主要发育于采空区对应的地表斜坡上，发育类型以拉伸型、张开型为主。地裂缝发育走向与等高线延伸方向大致平行或呈一定角度斜交。

表 2-2　宏发煤矿采动地裂缝现场勘测结果

序号	发育位置	发育形态	裂缝走向	延伸长度/m	裂缝宽度/m	可测深度/m	落差/m
DLF-1	矿区西部 16# 煤层采空区中部对应地表斜坡	拉伸型	北西	＞100	0.15	0.8～1.0	0.1～0.3
DLF-2	矿区西部 16# 煤层采空区中部对应地表斜坡，位于 DLF-1 地裂缝西侧，相距约 30 m	张开型	北西	＞80	0.1	0.5～1.0	局部最大达 0.1
DLF-3	矿区东北部采空区对应地表斜坡，大竹林村内	拉伸型	西东	＞80	0.15	0.5～1.0	0.3～0.5
DLF-4	矿区东北部采空区对应地表斜坡，位于 DLF-3 地裂缝南侧，相距 10～35 m	张开型	北东	＞45	0.1	0.6～1.2	最大处约 0.15
DLF-5	矿区喀斯特角煤洞上寨东侧山坡	拉伸型	南东	约 90	0.3～0.5	0.5～1.0	0.6～0.9
DLF-6	矿区喀斯特角煤洞上寨东侧山坡，与 DLF-5 位于同一区域，呈交叉状态	拉伸型	北西	＞70	0.1	0.5～1.0	0.3～0.7

（2）崩塌：位于工业广场北部约 100 m 的乡村公路拐弯处采空区上覆地表，崩塌体岩性主要为粉砂岩，稳定性较差。崩塌处地段坡度约为 55°，崩落高度约为 40 m，总体规模较小，如图 2-4(a)所示。

（3）滑坡：该处滑坡位于矿区北部边缘季节小溪南侧，下部堆积物被冲刷殆尽。滑坡主要是地下重复采掘扰动所致，对河头上南部村寨构成了一定威胁，如图 2-4(b)所示。

(a) 崩塌　(b) 滑坡　(c) 地裂缝　(d) 房屋裂缝

图 2-4　宏发煤矿采动损害类型

(4) 塌陷坑:位于宏发煤矿重复采掘扰动影响区,主井井口东北方向 100 m 处。塌陷坑直径约为 5 m,坑深约为 5 m。塌陷坑主要是重复采掘扰动所致,状态基本稳定。

宏发煤矿采动损害类型如图 2-4 所示。

2.1.2　喀斯特山区浅埋煤层赋存特点及分类

为明晰喀斯特山区浅埋煤层赋存条件对采动地裂缝发育的具体影响,对喀斯特山区 13 个典型浅埋煤层矿井的煤层赋存特征、地貌特征和表土层特征进行了归纳总结,见表 2-3。通过归纳分析,喀斯特山区浅埋煤层赋存具有 5 个突出特点:近距离煤层群、重复采动、峰丛地貌、薄表土层-厚基岩和地层岩性为上硬下软。为深入明晰喀斯特山区浅埋煤层赋存特点,对煤层赋存特征、地层特征、地貌特征和表土层特性进行详细阐述。

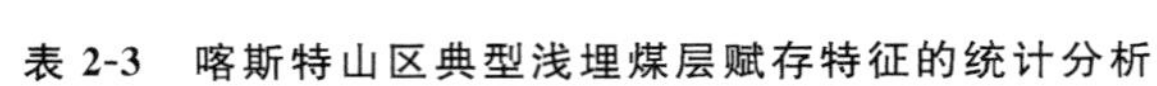

表 2-3　喀斯特山区典型浅埋煤层赋存特征的统计分析

矿井名称	煤层赋存特征	地貌特征	表土层特性
发耳煤矿	可采煤层 11 层，分为上煤组和下煤组，其中 $1^{\#}$、$3^{\#}$、$5^{-2\#}$、$5^{-3\#}$、$7^{\#}$、$10^{\#}$ 为上煤组，$12^{\#}$、$13^{-1\#}$、$13^{-2\#}$、$14^{\#}$、$16^{\#}$ 为下煤组，煤组各煤层属于近距离煤层，间距为 8.8～21.6 m	地形跌宕起伏，构造侵蚀而成的低中山～高中山地貌，相对高差为 300～400 m	以亚黏土和砂砾石为主，由坡残积物、冲洪物组成，厚度约为 0～18.7 m
宏发煤矿	可采煤层 7 层，其中 $16^{\#}$、$17^{\#}$ 为上煤组，$23^{\#}$、$27^{\#}$、$28^{\#}$、$30^{\#}$、$32^{\#}$ 为下煤组，煤组间距为 42 m，煤组各煤层属近距离煤层，间距为 5～21 m	沟谷交错，构造侵蚀峰丛中山地貌，相对高差为 139.1 m	主要为基岩风化碎石块和亚黏土、黏土，以残积物和坡积物为主，平均厚度为 5 m 左右
金鸡煤矿	可采煤层 6 层，其中 $6^{\#}_{\text{下}}$、$7^{\#}$、$8^{\#}$、$9^{\#}$ 为上煤组，$14^{\#}$、$15^{\#}$ 为下煤组，煤组间距为 29.92 m，煤组煤层间最大间距为 16.32 m，最小间距为 1.87 m，属近距离～极近距离煤层	喀斯特地貌发育，山坡沟谷发育分明，侵蚀-溶蚀低中山地貌，相对高差为 207 m	以残积物、坡积物为主，主要为砂土、砂质黏土、黏土和碎石，平均厚度为 8.37 m
闽安煤矿	可采煤层 5 层，其中 $4^{\#}$ 和 $9^{\#}$、$13^{\#}$ 煤层间距分别为 22.9 m 和 27.45 m，$13^{\#}$、$14^{\#}$、$15^{\#}$ 煤层为近距离煤层，最大煤层间距为 11.17 m	以缓坡、陡坡和陡崖为主，低中山溶蚀-侵蚀地貌，黔中山原向黔西北高原山地过渡带	主要为残积、坡积的黄色、褐黄色黏土、亚黏土，不整合于下伏地层，厚度为 0～20 m
马场煤矿	可采煤层 2 层，$6^{\#}_{\text{中}}$、$14^{\#}$ 分别位于龙潭组上部和中部，煤层间距平均为 69.69 m，属远距离煤层	溶蚀-侵蚀中山地貌，碎屑岩分布区多形成单斜山和槽谷地貌，山间发育“V”形冲沟	以残积物和坡积物为主，分布于矿区坡地和冲沟内，厚度小于 20 m，孔隙性较好
华航煤矿	可采煤层 4 层(C5、C7、C8、C12)，其中 C7 和 C8 煤层间距为 8.9 m、C8 和 C12 煤层间距为 11.2 m，煤层间最大间距为 16.5 m，属近距离煤层群	溶蚀-侵蚀作用为主的浅切割中低山地貌，斜坡、洼地和冲沟交错分布	主要为褐黄色砂土、黏土和碎石，不整合角度覆盖于基岩上，厚度为 0～10 m
大营煤矿	可采煤层 2 层(M8、M11)，煤层间距约为 30 m，顶板为细砂岩和泥岩，底板为泥岩和泥质粉砂岩	溶蚀-侵蚀的低中山地貌，沟谷、斜坡和洼地交错分布，冲沟发育	以坡积、残积和冲积物为主，主要有砂质黏土、亚黏土且常夹砂泥岩，与下伏地层不整合接触

表 2-3(续)

矿井名称	煤层赋存特征	地貌特征	表土层特性
石梯子矿	可采煤层 1 层(M13),属单层采动,煤层顶板为泥岩、碳质泥岩、粉砂岩和细砂岩,底板为泥岩、碳质泥岩和细砂岩	侵蚀型山地、浸蚀河谷分布其中,属低中山地貌,最大相对高差为 187.5 m	主要为残积、坡积和冲积物,分布于地势低洼处,厚度为 0～10 m,与下伏地层不整合接触
药儿山矿	可采煤层 3 层($2^{\#}$、$8^{\#}$、$9^{\#}$),$2^{\#}$ 和 $8^{\#}$ 煤层间距为 12～28 m,$8^{\#}$ 和 $9^{\#}$ 煤层间距为 8～16 m,属近距离煤层	低中山切割地貌,相对高差为 263.2 m,山地地貌普遍发育	主要为黏土、棕红色土壤,部分含有砂质砂砾,平均厚度为 5 m
绿塘煤矿	可采煤层 7 层($6^{\#}_{中}$、$6^{\#}_{下}$、$7^{\#}$、$10^{\#}$、$16^{\#}$、$26^{\#}$、$33^{\#}$),其中 $6^{\#}_{中}$、$6^{\#}_{下}$、$7^{\#}$、$10^{\#}$、$16^{\#}$ 为上煤组,最大间距为 24 m,$26^{\#}$、$33^{\#}$ 为下煤组,$16^{\#}$ 和 $26^{\#}$ 煤层间距为 57.84 m	高中山地貌,地形切割强烈,且有多处悬崖峭壁,山地与沟谷相间	以黏土、亚黏土和砂土为主,夹杂砂砾石、砂泥岩,厚度小于 10 m
富邻煤矿	可采煤层 3 层(C7、C8、C9),C7 和 C8 煤层间距为 8 m,属近距离煤层,C8 和 C9 煤层间距为 28 m	地形切割强烈,高中山地貌,冲沟发育,洼地、山地和冲沟交错分布	地表主要为坡积、残积和冲积物,以砂质黏土、亚黏土为主
四合煤矿	可采煤层 4 层(C205、C204、C202、C201),分上煤组(C205、C204)和下煤组(C202、C201),煤组间距为 30 m,煤组各煤层间距为 12 m	以构造剥蚀中山地貌为主,地表起伏变大,斜坡地貌,最大坡度达 60°	以残积、坡积物为主,由碎石土和黏土组成,主要分布于山坡表层和坡脚沟谷地带,厚度为 0～10 m
哲庄煤矿	可采煤层 3 层,煤层间距最大为 7 m,属近距离煤层群,顶板为泥质粉砂岩和粉砂质泥岩,底板为泥岩	高原中山地貌,冲沟发育,洼地与山坡相间分布	零星分布,多为泥砾、砂砾、黏土等以残积和冲积物为主,厚度为 0～15 m

2.1.2.1 喀斯特山区浅埋煤层赋存特征

从煤层赋存空间特点来看,喀斯特山区浅埋煤层赋存类型分为单一煤层采动、两层煤层重复采动和煤层群重复采动,其中煤层群重复采动是喀斯特山区浅埋煤层赋存的最主要特点。两层煤层重复采动,可分为近距离、中远距离和远距离三类。煤层群重复采动可分为近距离多煤层重复采动、单一煤层和煤组重复采动、分煤组重复采动,其中:

(1) 近距离多煤层重复采动是指煤层群各煤层间距都较小,无须划分为煤组进行开采[如图 2-5(a)所示];

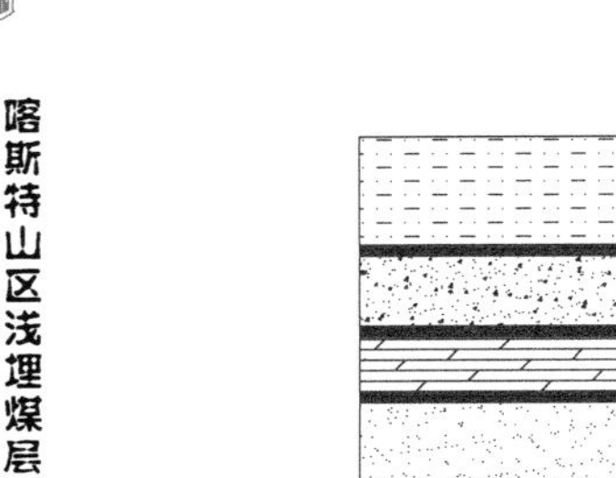

(a) 近距离多煤层重复采动

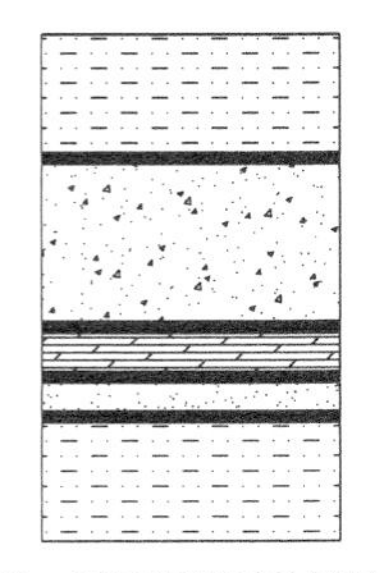

(b) 单一煤层和煤组重复采动

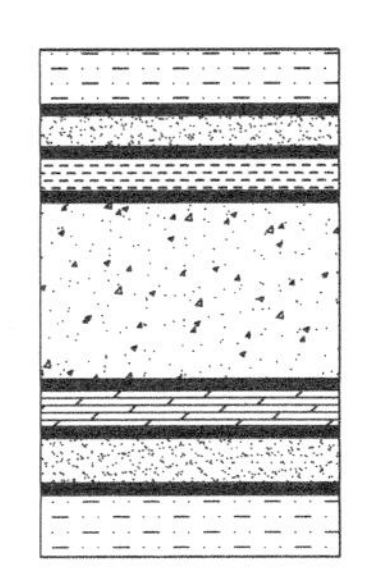

(c) 分煤组重复采动

图 2-5　煤层群重复采动分类

(2) 单一煤层和煤组重复采动是指单一煤层和煤组之间的间距较大，而煤组各煤层的间距较小，可划分为一个煤组进行开采[如图 2-5(b)所示]；

(3) 分煤组重复采动是指煤层群可划分为两个或多个煤组进行开采，煤组间的间距较大，而煤组各煤层之间的距离较小，煤组各煤层属极近距离～近距离煤层[如图 2-5(c)所示]。

通过统计分析数十层的煤层厚度可知：喀斯特山区浅埋煤层以薄煤层和中厚煤层为主，比重高达 96%，厚煤层比重仅占 4%(见图 2-6)；其中 1 m 以下的薄煤层占薄煤层的比重为 64%，2.3 m 以下的中厚煤层占中厚煤层的比重为 91%，仅有 2 层煤大于 3 m。可见喀斯特山区浅埋煤层厚度主要在 2.3 m 范围内，其他厚度的煤层赋存较少。

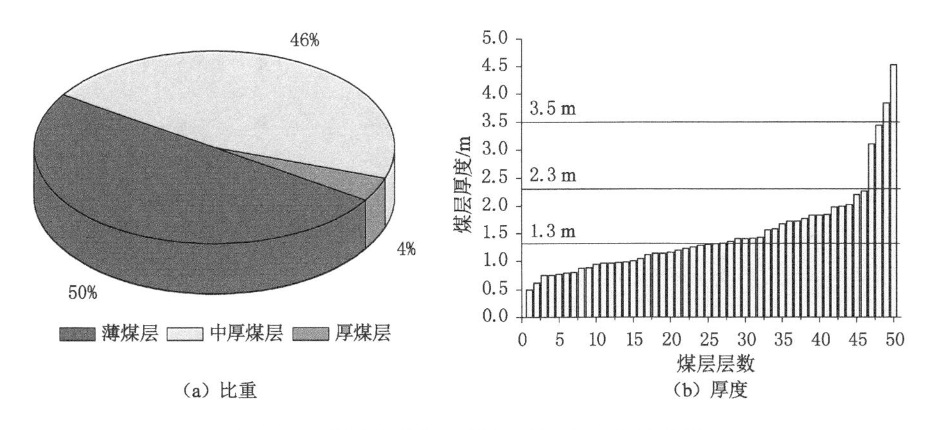

(a) 比重　　(b) 厚度

图 2-6　喀斯特山区浅埋煤层赋存厚度及比重

2.1.2.2　喀斯特山区浅埋煤层地层特征

喀斯特山区浅埋煤层赋存地层主要有龙潭组、玄武岩组、飞仙关组、永宁组、茅口组、长兴组、夜郎组、宣威组和第四系，含煤地层为二叠系龙潭组[82]。喀斯特山区浅埋地层岩性分为坚硬岩组、半坚硬岩组、软质岩组和松散层组。

(1) 坚硬岩组：主要是微度～中度风化的三叠系飞仙关组，二叠系部分长兴组、部分玄武岩组和茅口组，这些地层以灰岩、玄武岩和硅质岩为主，质地坚硬，抗压和抗拉强度较大，多大于 60 MPa。

(2) 半坚硬岩组：主要包括三叠系夜郎组、永宁组、部分长兴组和部分玄武岩组，地层钻孔揭露了黏土质粉砂岩、黏土岩、砂岩、玄武岩和灰质黏土岩，力学强度较低，岩体完整性为差～中等，岩石质量等级以Ⅱ～Ⅲ级为主。

(3) 软质岩组：主要是二叠系龙潭组，以黏土岩、黏土质粉砂岩、粉砂岩和煤层为主，该类岩石力学强度较低，岩芯岩石质量指标(RQD)常见值为 55%～78%。岩体完整性为差～中等，岩石质量为劣～中等，岩石质量等级以Ⅲ～Ⅳ级为主。

(4) 松散层组：主要是第四系黏土，以黏土、亚黏土、砂土和砂质黏土为主，局部含有砂砾石和碎石，主要分布于冲沟、山间洼地和斜坡地带。岩组结构松散，压缩性好，工程地质特性较差。

由以上分析可知，喀斯特山区浅埋煤层地层赋存特征具有“上硬下软”的特性，该结论与已有研究成果[83-84]分析一致。

2.1.2.3　喀斯特山区浅埋煤层地貌与表土层特征

我国喀斯特地区有高原、山地、台地和丘陵等多种地貌，其中主要为山地和丘陵，具有山高谷深、峰丛地貌的突出特点，如图 2-7 所示。通过对典型浅埋煤层地貌特征的归纳分析可知，喀斯特山区浅埋煤层地貌主要为以溶蚀-侵蚀作用为主的低中山(海拔<900 m)和中山(海拔 900～1 600 m)地貌，洼地、山地和冲沟纵横交错。其中按照中国陆地基本地貌形态划分原则[85-88]，结合喀斯特山区地表起伏度划分为三类：中起伏低山、中起伏中山和大起伏中山。同时根据地表起伏相对工作面的空间位置关系，可将上覆山地划分为四类：单一山坡、复合山坡、凹形山坡和凸形山坡。喀斯特地区表土层主要为残积物和坡积物，以黏土、亚黏土、砂土和砂质黏土为主[89-91]，厚度一般小于 20 m。因而浅埋煤层地层赋存特点从空间来看具有薄表土层-厚基岩的显著特点。根据表土层特点将其分为两类：砂土质型和黏土质型。

通过对喀斯特山区浅埋煤层的煤层赋存特征、地貌特征、地层特征和表土层特性的梳理分析，获得了喀斯特山区浅埋煤层赋存条件的分类结果，如图 2-8 所示。

图 2-7　喀斯特山区浅埋煤层地貌

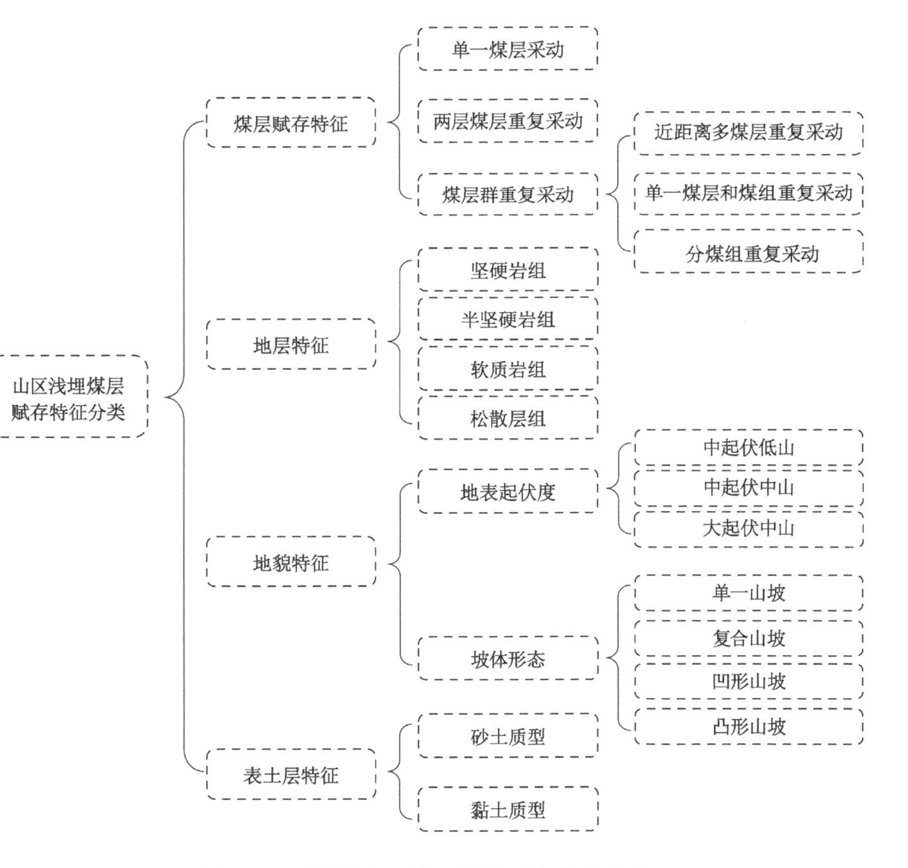

图 2-8　喀斯特山区浅埋煤层赋存特征分类

2.2 喀斯特山区浅埋煤层顶板岩层特性及顶板结构

2.2.1 喀斯特山区浅埋煤层顶板特性

顶板物理力学参数是评价围岩稳定性的重要指标，对明晰顶板变形特性进而研究顶板破断失稳位态和评估采动损害程度具有重要指导意义[92]。现场采集了某矿区 M8 煤层的顶板岩样以及闽安煤矿、华航煤矿和石梯子煤矿等矿井的表土层土样，通过岩石力学试验和土力学试验，详细分析顶板岩性和表土层特性。

2.2.1.1 顶板岩石物理力学性质

根据国际岩石力学测试标准对 M8 煤层顶板岩样进行了试件加工，对试件开展了拉伸试验、单轴压缩试验和三轴压缩试验，以期获得抗拉强度、单轴抗压强度和三轴抗压强度等力学参数。

1. MTS815.03 电液伺服岩石试验系统

MTS815.03 电液伺服岩石试验系统（图 2-9）可进行岩石的单轴压缩、三轴压缩、孔隙水压和水渗透等多种试验。它配备了三套独立的伺服系统分别控制轴向压力、围压与孔隙（渗透）压力，试验中可采用任意加载波形和速率，三种控制方式可自动切换，为获取准确的岩石力学参数奠定了硬件基础。

(a) MTS815.03电液伺服试验系统

(b) 岩石试件及传感器

图 2-9 MTS815.03 电液伺服岩石试验系统

2. 岩石拉伸试验

采用巴西劈裂法测试岩石抗拉强度，将现场采集的顶板岩样加工成矮圆柱形，对试件进行拉伸试验。岩石试件拉伸破坏情况如图 2-10 所示。

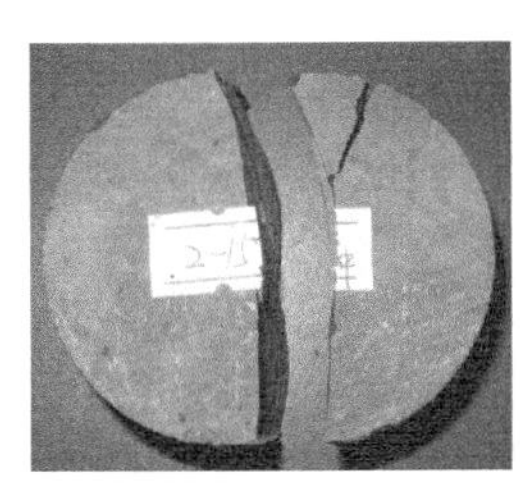 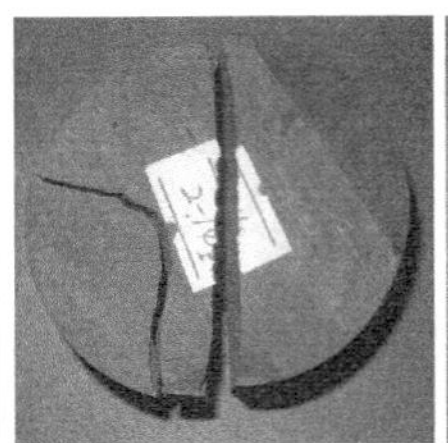 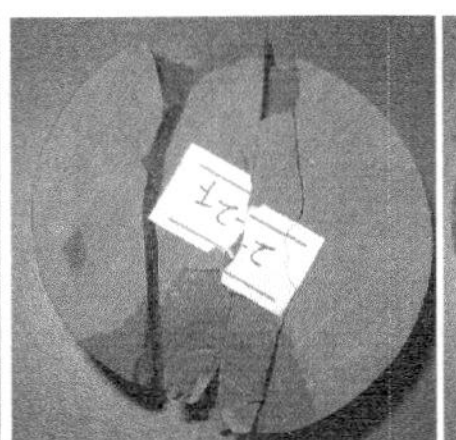 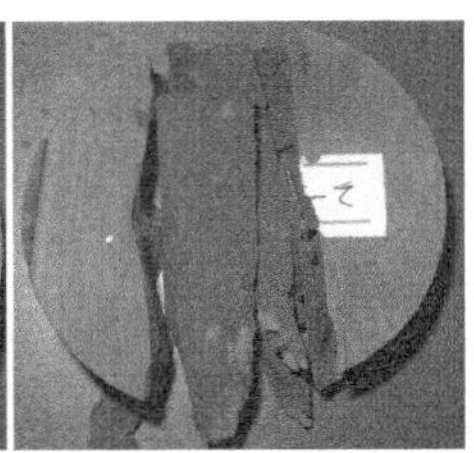

图 2-10　岩石试件拉伸破坏情况

岩石试件拉伸试验结果见表 2-4。

表 2-4　岩石试件拉伸试验结果

岩性	试件编号	取芯编号	直径/mm	高度/mm	最大压力/kN	抗拉强度/MPa	
直接顶：粉砂岩泥质砂岩	ZL-1	1-1	23.80	53.10	52.668 8	13.531 5	17.492 8
	ZL-2	2-2$_{上}$	21.00	53.60	54.638 5	15.902 6	
	ZL-3	2-2$_{下}$	23.40	53.60	57.383 5	19.126 4	
	ZL-4	3-10$_{下}$	23.80	55.30	35.946 4	17.387 4	
	ZL-5	1-4	22.10	55.50	41.453 9	21.515 9	
基本顶：石灰岩	LL-1	2-15$_{中}$	22.10	55.50	37.359 3	19.390 7	21.988 8
	LL-2	2-15$_{下}$	20.20	55.40	45.040 6	25.622 5	
	LL-3	2-12$_{下}$	16.10	53.30	37.094 7	27.519 3	
	LL-4	2-14$_{上}$	23.30	55.50	37.116 5	18.272 5	
	LL-5	2-14$_{下}$	18.70	55.40	31.145 1	19.138 9	

3. 岩石单轴压缩试验

将岩石试样加工成圆柱体，为避免压力达到试件极限强度后迅速破坏而无法获得峰值后的应力-应变曲线，MTS815.03 电液伺服岩石试验系统采用位移加载方式，峰前加载速度采用 0.1 mm/s，峰后加载速度采用 0.2 mm/s。通过分析单轴压缩试验结果，试件破坏具有明显的破裂面或非连续面，大部分试件表征为脆性破坏。损伤形式主要为剪切破坏或拉伸破坏，试件单轴压缩典型破坏情况如图 2-11 所示。

当确定试件单轴压缩的力学参数时，取试件的最大支撑强度为极限强度，取时间和应变持续变化而应力基本保持不变的最终支撑强度为残余强度。根据试验经验，取极限强度 65%时的泊松比为试件泊松比，全应力-应变曲线峰值之前弹性阶段的平均割线弹性模量为试件弹性模量。将各试件的平均抗压强度、弹

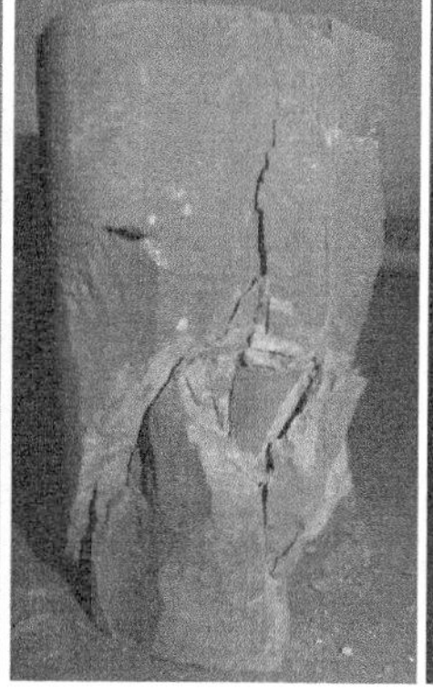
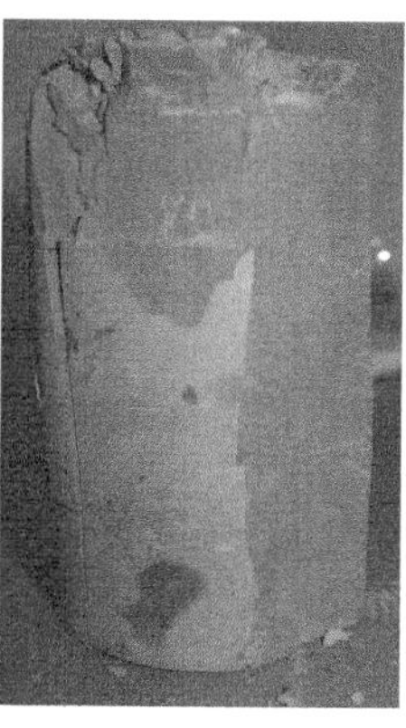

图 2-11 岩石试件单轴压缩典型破坏情况

性模量和泊松比作为该岩层的单轴抗压强度、弹性模量和泊松比。

岩石试件单轴压缩试验结果如表 2-5 所示。

表 2-5 岩石试件单轴压缩试验结果

岩性	试件编号	取芯编号	直径/mm	高度/mm	破坏载荷/kN	强度极限/MPa	普氏系数	弹性模量/GPa	泊松比
直接顶：粉砂岩泥质砂岩	ZU-1	3-6	54.90	93.15	191.82	81.09	8.109	12.589 7	0.201 8
	ZU-2	$3\text{-}7_{下}$	55.50	76.70	163.87	67.79	6.779	12.852 7	0.211 4
	ZU-3	3-4	55.15	78.45	223.98	93.83	9.383	12.682 3	0.208 9
	ZU-4	2-6	53.50	80.30	121.07	53.90	5.390	8.649 3	0.243 1
	ZU-6	3-5	54.85	77.80	141.80	60.06	6.006	8.374 0	0.176 4
	ZU-7	3-8	55.40	78.50	248.63	103.22	10.322	10.679 0	0.210 3
	平均值				155.88	76.65	7.665	10.971 0	0.208 7
基本顶：石灰岩	LU-1	$2\text{-}15_{上}$	55.40	78.10	303.61	126.05	12.605	12.251 2	0.176 1
	LU-2	$2\text{-}11_{上}$	55.30	93.30	335.64	139.85	13.985	16.991 7	0.167 4
	LU-3	$3\text{-}17_{上}$	55.40	66.70	283.28	117.61	11.761	13.010 9	0.162 8
	LU-4	3-18	55.35	91.36	155.12	64.52	6.452	7.875 4	0.203 1
	LU-5	2-13	53.32	72.55	292.22	130.97	13.097	11.950 4	0.183 3
	平均值				273.97	115.80	11.580	12.415 9	0.178 5

4. 岩石三轴压缩试验

采场围岩往往处于两向或三向受力状态，因此对岩石试件进行三轴压缩试验，以获得岩石的三轴压缩强度。研究岩石变形特性和破裂发展过程对探究顶板破裂形态具有重要意义。本次进行的三轴压缩试验为常规三轴压缩试验。在试验过程中，首先给试件加载一个较小的轴向应力 σ_0，然后同时加载并增大围压，时刻保持 $\sigma_1-\sigma_2=\sigma_0$；然后在围压结束后将轴向位移和环向位移传感器的数据清零，保持恒定围压以位移控制方式增大轴向压力直至试件破坏。作者分别开展了围压为 2 MPa 和 5 MPa 时的三轴压缩试验，试件三轴压缩破坏情况如图 2-12 所示。

图 2-12　岩石试件三轴压缩破坏情况

岩石试件三轴压缩试验结果见表 2-6。

表 2-6　岩石试件三轴压缩试验结果

岩层	试件编号	取芯编号	高度/mm	直径/mm	围压/MPa	破坏主应力差/kN	三轴强度极限/MPa	残余强度/MPa
直接顶：粉砂岩泥质砂岩	ZT-21	3-7上	55.10	83.50	2	228.55	97.92	49.26
	ZT-22	3-10上	55.60	100.65	2	497.46	207.04	55.09
	ZT-51	3-13	55.40	81.90	5	410.01	175.22	70.74
	ZT-52	3-15	55.42	94.40	5	427.04	182.15	66.78
基本顶：石灰岩	LT-21	2-12上	53.10	100.30	2	252.92	116.30	39.12
	LT-22	3-16	55.50	77.30	2	294.55	123.85	34.57
	LT-51	2-11下	54.90	100.10	5	684.50	294.38	72.04
	LT-52	3-17下	55.50	100.10	5	578.94	244.49	69.15

2.2.1.2 表土层工程地质特性分析

喀斯特山区浅埋煤层的黏土质型表土层主要为残积物和坡积物，以褐黄色、棕红色黏土为主。我国喀斯特地区广布石灰岩、白云岩和泥质泥岩等硅酸盐类岩石，这些岩石在亚热带湿热气候和风化作用的双重影响下形成以残积物和坡积物为主的褐红色、棕红色或褐黄色的高塑性黏土[93-94]。喀斯特山区浅埋煤层赋存的表土层主要为残坡积型红黏土，主要分布在缓坡和山地斜坡，其主要矿物成分是高岭石，其次是伊利石和绿泥石。根据已有文献[93]发现残坡积型红黏土主要为块状或团块结构，富黏性，垂直裂隙发育。为明晰表土层工程地质特性，对5个典型浅埋煤层矿井的表土层分别进行了不同深度的取样，进行了土的密度、含水量、液限、塑限、直剪和固结试验等土力学试验，红黏土物理和力学特性分别见表2-7和表2-8。

表2-7 红黏土物理特性

矿井名称	土样编号	含水量/%	密度/(g/cm³)	土粒比重	孔隙比	液限/%	塑限/%	液性指数	塑性指数	状态
闽安煤矿	MTY1-1	51.45	1.63	2.57	1.39	71.3	40.2	0.36	31.1	可塑
	MTY1-2	52.60	1.75	2.69	1.35	86.7	42.5	0.23	44.2	硬塑
华航煤矿	HTY2-1	58.71	1.65	2.61	1.51	82.5	48.6	0.30	33.9	可塑
	HTY2-2	57.43	1.72	2.67	1.44	90.4	49.7	0.19	40.7	硬塑
石梯子矿	STY3-1	66.22	1.55	2.74	1.94	94.3	57.3	0.24	37.0	硬塑
	STY3-2	59.47	1.68	2.64	1.51	88.2	54.3	0.15	33.9	硬塑
四合煤矿	HTY4-1	50.39	1.62	2.72	1.53	79.5	40.2	0.26	39.3	可塑
	HTY4-2	67.08	1.73	2.68	1.59	96.3	58.7	0.22	37.6	可塑
哲庄煤矿	ZTY5-1	56.75	1.70	2.61	1.41	77.6	46.9	0.32	30.7	可塑
	ZTY5-2	65.36	1.58	2.69	1.81	86.5	54.8	0.33	31.7	可塑

表2-8 红黏土力学特性

矿井名称	土样编号	压缩系数/MPa⁻¹	压缩模量/MPa	内摩擦角/(°)	黏聚力/kPa
闽安煤矿	MTY1-1	0.32	7.47	19	43.5
	MTY1-2	0.33	7.12	18	42.8
华航煤矿	HTY2-1	0.37	6.78	15	38.0
	HTY2-2	0.36	6.77	15	38.9
石梯子矿	STY3-1	0.42	7.02	12	33.7
	STY3-2	0.37	6.78	14	37.5

表 2-8(续)

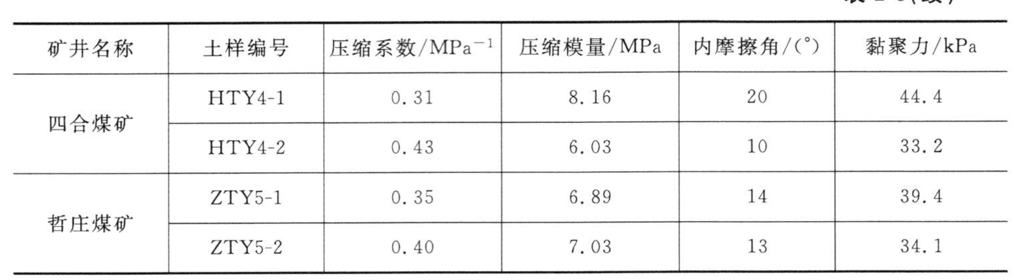

矿井名称	土样编号	压缩系数/MPa^{-1}	压缩模量/MPa	内摩擦角/(°)	黏聚力/kPa
四合煤矿	HTY4-1	0.31	8.16	20	44.4
	HTY4-2	0.43	6.03	10	33.2
哲庄煤矿	ZTY5-1	0.35	6.89	14	39.4
	ZTY5-2	0.40	7.03	13	34.1

由表 2-7 和表 2-8 可知喀斯特山区浅埋煤层表土层工程地质特性主要有以下两点：

(1) 红黏土具有较高的含水量，其值在 50%～70%之间；孔隙比高，大部分土样的测值多大于 1.3，处于硬塑和可塑状态。对一般类型的黏土，含水量和孔隙比越大，其力学强度会越小。而红黏土却具有较好的力学特性。含水量和孔隙比虽然较大，但多属于中压缩性黏土；内摩擦角较小(多小于 20°)，黏聚力却较大(多大于 33 kPa)，说明其具有较好的承载能力。

(2) 已有成果[93]发现红黏土具有“上硬下软”的特点。表土层上部土层多处于硬塑或可塑状态，强度较好。但表土层下部由于地下水聚集，土体常呈软塑至流塑状态。这个特点就给我们研究浅埋煤层采动地裂缝的发育提供了启示。红黏土本身垂直裂隙比较发育，加之我国南方地区雨水天气较多，裂隙面为降水入渗提供了通道，进而降低了土体强度。同时，当地下煤层采动破坏含水层完整性时，会导致含水层位下降。处于基岩与表土层交界面处的黏土会处于失水状态，进而导致土体收缩降低了其力学强度，原有垂直裂隙进一步发育，部分新裂隙产生。加之采动诱发的开采沉陷作用，采动地裂缝在多种因素综合作用下势必产生。

2.2.2 喀斯特山区浅埋煤层顶板结构

顶板结构类型及运动位态影响着上覆地层和地表的移动变形规律，对采动地裂缝的发育规律有着重要影响。顶板结构类型划分主要考虑岩层厚度、岩性、岩层的空间相对位置和垮落步距等因素。为明晰顶板结构对采动地裂缝发育的影响规律，对喀斯特矿区的宏发、龙鑫和闽安等多个矿井的 100 余层煤层的顶板结构进行了详细梳理。喀斯特山区浅埋煤层顶板结构主要分为 4 种类型，即薄层直接顶与基本顶组合形式、中厚层直接顶与基本顶组合形式、分层顶板形式和厚硬顶板形式，具体分类及特点见表 2-9。

表 2-9 喀斯特山区浅埋煤层顶板结构类型

序号	类型	岩性	特点
1	薄层直接顶与基本顶组合形式	直接顶主要为粉砂质泥岩、黏土岩等；基本顶多为粉砂岩、细砂岩等	直接顶厚度较薄，小于 2.3 m；基本顶较厚，大于 4.0 m，一般小于 10 m
2	中厚层直接顶与基本顶组合形式	直接顶主要为粉砂质泥岩、泥岩等；基本顶多为粉砂岩、细砂岩等	直接顶厚度为 2.7～5.8 m；基本顶较厚，大于 5.9 m，个别厚度达到 16 m，多为 6.0～9.0 m
3	分层顶板形式	粉砂岩、粉砂质泥岩、黏土岩、细砂岩等	一般为 3 层分层，单层厚度为 3.0～8.0 m，顶分层上部无厚硬岩层
4	厚硬顶板形式	灰岩、细砂岩等	厚度大于 11 m，无明显直接顶和基本顶

喀斯特山区浅埋煤层顶板结构示意图如图 2-13 所示。

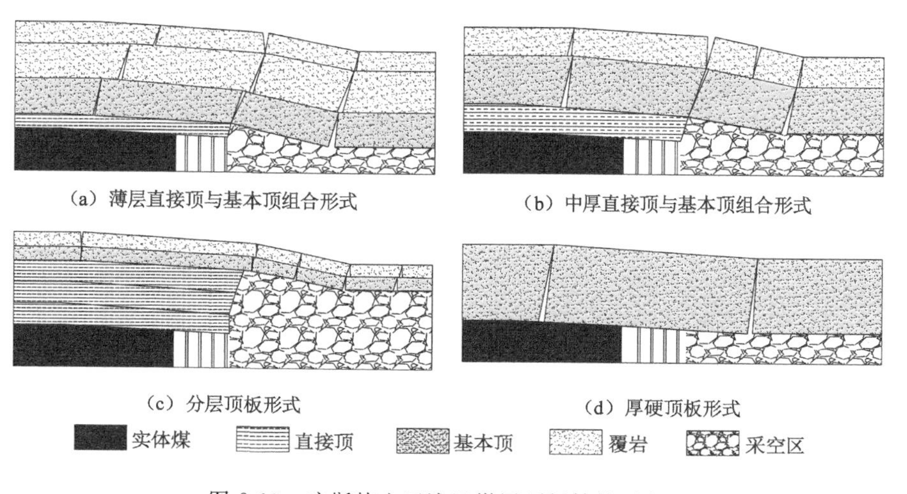

图 2-13 喀斯特山区浅埋煤层顶板结构示意图

2.3 顶板结构对地裂缝发育的影响规律

2.3.1 数值模型建立

数值模拟尤其是离散元数值模拟是研究顶板运动形式及覆岩变形破坏的良好手段。为了阐明顶板结构对地裂缝发育的影响规律，采用 UDEC 数值模拟软

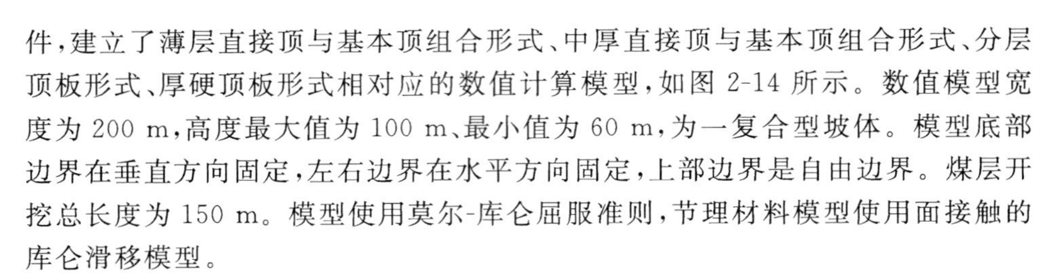

件，建立了薄层直接顶与基本顶组合形式、中厚直接顶与基本顶组合形式、分层顶板形式、厚硬顶板形式相对应的数值计算模型，如图 2-14 所示。数值模型宽度为 200 m，高度最大值为 100 m、最小值为 60 m，为一复合型坡体。模型底部边界在垂直方向固定，左右边界在水平方向固定，上部边界是自由边界。煤层开挖总长度为 150 m。模型使用莫尔-库仑屈服准则，节理材料模型使用面接触的库仑滑移模型。

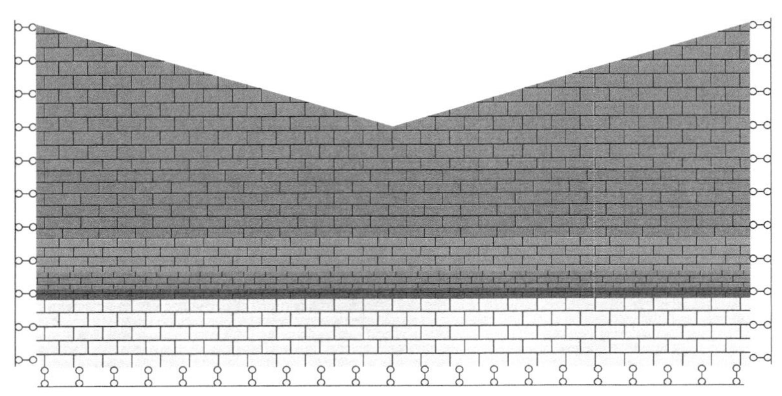

图 2-14　喀斯特山区浅埋煤层数值模型

依据顶板结构特点，制定了四种不同的数值模拟方案：① 方案一为薄层直接顶与基本顶组合形式，直接顶厚度为 2 m，基本顶厚度为 5 m；② 方案二为中厚直接顶与基本顶组合形式，直接顶厚度为 5 m，基本顶厚度为 10 m；③ 方案三为分层顶板形式，分层厚度为 3 m；④ 方案四为厚硬顶板形式，顶板厚度为 15 m。四种方案的煤层和底板厚度均一致，煤层厚度为 3 m，底板厚度为 20 m，煤层和底板的物理力学特性、上覆岩层厚度和岩性均一致，旨在重点揭示顶板结构对采动地裂缝发育的影响规律。煤岩体与节理的物理力学参数分别见表 2-10 和表 2-11，其中煤岩体主要依据前述岩石力学试验结果、邻近煤矿有关地勘资料与煤岩层物理力学参数经验参考值综合确定。

表 2-10　煤岩体物理力学参数

岩层名称	密度 /(kg/m^3)	体积模量 /GPa	剪切模量 /GPa	抗拉强度 /MPa	黏聚力 /MPa	内摩擦角 /(°)
坡体	1 700	1.8	1.1	1.5	2.0	22
覆岩	2 400	4.0	3.0	3.0	2.8	27
基本顶	2 550	6.9	4.5	4.4	5.5	38

表 2-10(续)

岩层名称	密度/(kg/m³)	体积模量/GPa	剪切模量/GPa	抗拉强度/MPa	黏聚力/MPa	内摩擦角/(°)
直接顶	2 100	3.0	1.3	2.0	2.5	26
煤层	1 400	1.7	1.0	1.4	1.6	20
底板	2 650	6.6	4.0	3.7	3.2	30

表 2-11　煤岩体节理物理力学参数

岩层名称	法向刚度/GPa	切向刚度/GPa	抗拉强度/MPa	黏聚力/MPa	内摩擦角/(°)
坡体	3.0	1.5	0.01	0.02	13
覆岩	4.0	2.5	0	0.10	17
基本顶	7.0	3.0	0	0.03	20
直接顶	3.0	1.5	0.04	0.02	14
煤层	2.0	1.0	0	0.05	12
底板	10.0	8.0	1.0	0.12	20

2.3.2　顶板结构对地裂缝发育影响的演化过程分析

采动地裂缝是覆岩破断失稳和地表沉陷综合作用的体现。下伏岩层破断失稳导致竖向裂隙不断纵向扩展；与此同时，地表受开采沉陷作用出现水平、倾斜等移动变形。当表土层所受应力超过其极限强度时，将沿纵向裂隙优选发育方向逐渐扩展，进而形成地裂缝。综合上述分析可见，岩层裂隙发育和地表移动变形是评价地裂缝发育程度的重要依据。为明晰顶板结构对地裂缝发育的影响规律，从裂隙发育和地表移动变形两个角度分析采动地裂缝的发育特征。因数值模拟的整幅图片难以清晰显示地裂缝发育形态，对地裂缝发育区域进行了局部放大处理，以便直观清晰地展示其发育特征。

2.3.2.1　方案一地裂缝发育过程(图 2-15)

工作面整个推进过程中，地表共发育了 5 条地裂缝，其中 2 条发育于地表下坡段、裂缝间距为 56 m，3 条发育于地表上坡段，裂缝间距约为 26 m。地裂缝 1 发育于采空区边界，属永久性地裂缝，发育形态为张拉型。随着工作面持续推进，地裂缝 1 不断扩展。工作面分别推进 75 m、100 m、125 m 和 150 m 时，地裂缝 1 发育宽度分别为 36.7 cm、59.2 cm、67.7 cm 和 75.2 cm。可见工作面由 75 m 推进至 100 m 时，地裂缝 1 发育宽度呈突增趋势；工作面由 100 m 推进至 150 m 时，发育宽度增幅不大。地裂缝 2 发育于靠近冲沟的山坡下坡段，属临时

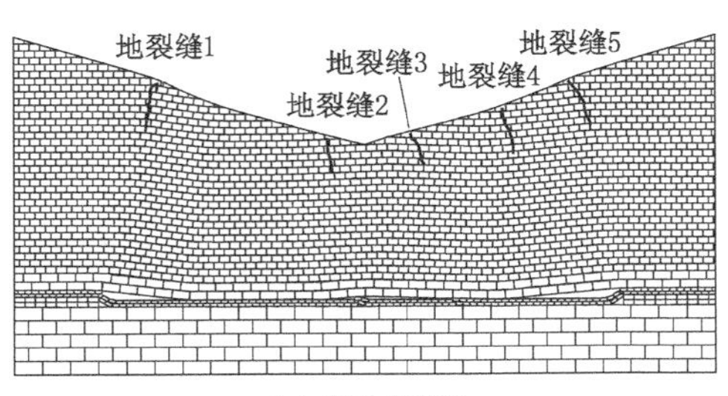

（a）整体示意图

	地裂缝 1	地裂缝 2	地裂缝 3	地裂缝 4	地裂缝 5
开挖 75 m					
开挖 100 m					
开挖 125 m					
开挖 150 m					

（b）地裂缝局部放大图

图 2-15　方案一地裂缝发育过程

性裂缝，发育形态为张开型，发育宽度为 11.8 cm。当工作面由 75 m 推进至 100 m 时，地裂缝 2 由张开型变为闭合型。地裂缝 3 发育于靠近冲沟的山坡上坡段，属临时性裂缝，发育形态为张开型，发育宽度为 14.5 cm。当工作面由 100 m 推进至 125 m 时，地裂缝 3 由张开型变为闭合型。地裂缝 4 发育于地表山坡上坡段，与地裂缝 3 间隔 26 m，属临时性裂缝，发育形态为张开型，发育宽度为 16.8 cm。地裂缝 5 发育于工作面终采线对应的地表斜坡，属永久性地裂缝，发育形态为张拉型，发育宽度为 28.4 cm。综上所述可知，顶板为薄层直接顶与基本顶组合结构时，地裂缝发育形态主要为张拉型和张开型。

通过分析工作面推进度与地裂缝发育位置，地裂缝 2、地裂缝 3、地裂缝 4 和地裂缝 5 滞后于工作面推进位置的距离分别为 10.4 m、12.7 m、13.6 m 和 14.3 m。地裂缝 2、地裂缝 3、地裂缝 4 间距约为 26 m，此间距与基本顶周期来压步距基本一致。

2.3.2.2 方案二地裂缝发育过程（图 2-16）

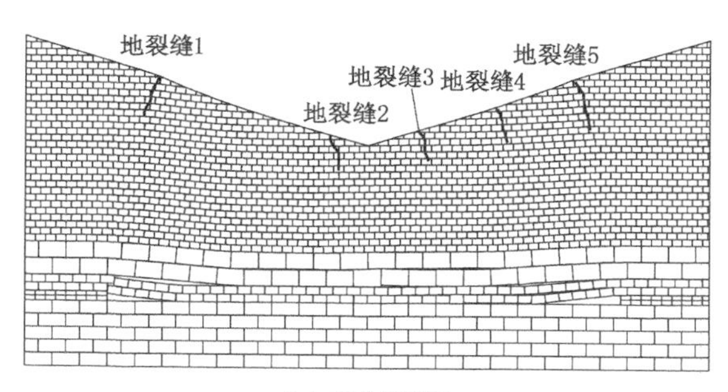

（a）整体示意图

	地裂缝 1	地裂缝 2	地裂缝 3	地裂缝 4	地裂缝 5
开挖 75 m					
开挖 100 m					
开挖 125 m					
开挖 150 m					

（b）地裂缝局部放大图

图 2-16 方案二地裂缝发育过程

由图 2-16 可知，当顶板为中厚直接顶与基本顶形式的结构时，地表共发育了 5 条地裂缝。地裂缝 1 和地裂缝 5 发育于采空区边界，属永久性地裂缝，发育形态为张拉型。地裂缝 1 随着工作面持续推进，发育宽度不断增加。工作面推进 75 m、100 m、125 m 和 150 m 时，发育宽度分别为 28.5 cm、37.1 cm、37.4 cm 和 39.7 cm。可见工作面由 75 m 推进至 100 m 时，其发育宽度由 28.5 cm 突增至 37.1 cm；而工作面由 100 m 推进至 150 m 时，增幅较小。地裂缝 2、地裂缝 3 和地裂缝 4 均属临时性地裂缝，其发育过程为先张开后闭合。地裂缝 2 和地裂缝 3 发育于靠近冲沟的山坡地段，发育形态为台阶型，其落差分别为 34.16 cm 和 34.09 cm。地裂缝 2 和地裂缝 3 分别随工作面由 75 m 推进至 100 m、由 100 m 推进至 125 m 时由张开型变为闭合型。地裂缝 4 为张开型，发育宽度为 12.2 cm。当工作面由 125 m 推进至 150 m 时，地裂缝 4 由张开型变为闭合型。地裂缝 5 发育形态也为张拉型，发育宽度为 23.8 cm，其发育位置位于工作面终采线附近对应的山坡上坡段。

通过分析工作面推进度与地裂缝发育位置，地裂缝 2、地裂缝 3、地裂缝 4 和地裂缝 5 发育位置分别滞后于工作面推进位置的距离分别为 10.4 m、11.1 m、12.6 m 和 14.1 m，可见滞后距离往上坡方向而不断增加。地裂缝 3、地裂缝 4 和地裂缝 5 的间距分别为 23.07 m 和 21.73 m，小于基本顶周期来压步距 25 m。

2.3.2.3 方案三地裂缝发育过程

图 2-17 为分层顶板形式结构的地裂缝发育过程。工作面在整个推进过程中共发育了 5 条地裂缝。地裂缝 1 位于采空区边界，属永久性地裂缝，发育形态为张拉型。工作面推进至 75 m、100 m、125 m 和 150 m 时，发育宽度分别为 37.1 cm、54.2 cm、63.9 cm 和 74.3 cm，可见发育宽度随工作面持续推进而不断增加。地裂缝 2 发育于靠近冲沟的山坡下坡段，属临时性地裂缝，发育宽度约为 26 cm，发育形态为张开型。当工作面由 75 m 推进至 100 m 时，发育状态由张开变为闭合。地裂缝 3 发育于靠近冲沟的山坡上坡段，属临时性地裂缝，落差为 18.5 cm，发育宽度为 13.4 cm，发育形态为台阶型。当工作面由 100 m 推进至 125 m 时，发育状态由张开变为闭合。当工作面推进至 125 m 时，地裂缝 4 产生，发育形态为张开型，发育宽度为 12.5 cm。地裂缝 5 发育位于工作面终采线对应的地表斜坡，属永久性地裂缝，发育宽度为 32.5 cm。

地裂缝 2 与地裂缝 3 的间距为 20.7 m，地裂缝 3 与地裂缝 4、地裂缝 5 的间距分别为 23.7 m、47.5 m。通过分析工作面推进度与地裂缝发育位置的对应关系，地裂缝 2、地裂缝 3、地裂缝 4 和地裂缝 5 滞后于工作面推进位置的距离分别为 8.86 m、11.1 m、12.6 m 和 14 m。滞后距离持续增大的趋势与山坡上坡段的坡体活动密切相关。

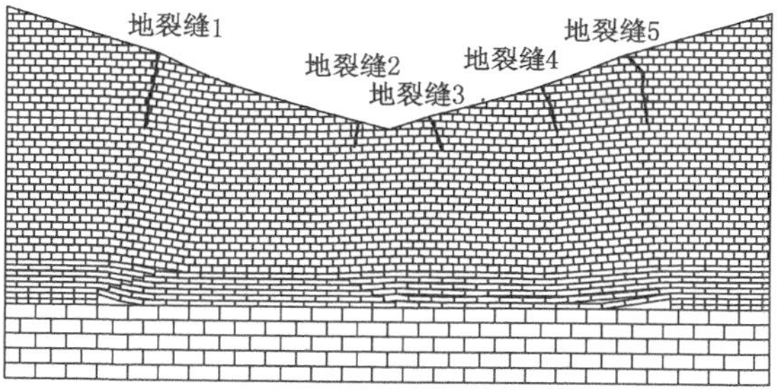

(a) 整体示意图

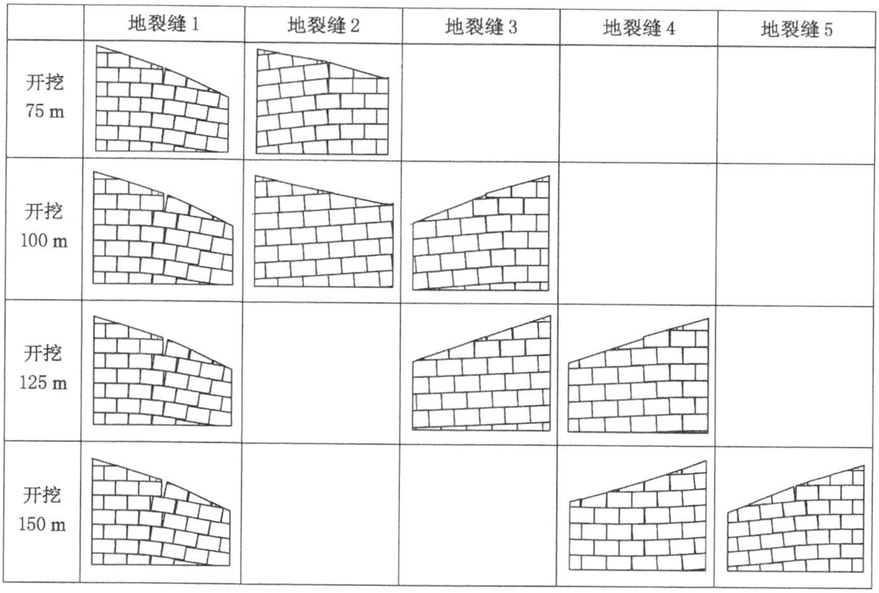

(b) 地裂缝局部放大图

图 2-17 方案三地裂缝发育过程

2.3.2.4 方案四地裂缝发育过程(图 2-18)

当顶板结构为厚硬顶板时，工作面整个推进过程中共发育了 4 条地裂缝。地裂缝 1 和地裂缝 4 发育于采空区边缘，属永久性地裂缝，而地裂缝 2 和地裂缝 3 属于临时性裂缝。地裂缝 1 的发育宽度在工作面推进 75 m、100 m、125 m 和 150 m 时分别为 20.3 cm、30.6 cm、33.4 cm 和 38.2 cm。工作面由 75 m 推进至 100 m 时，发育宽度明显增加；工作面由 100 m 推进至 150 m 时，发育宽度变化不大。地裂缝 2 和地裂缝 3 分别发育于靠近冲沟的下坡段和上坡段，发育形态均属于台阶型，发育宽度分别为 28.6 cm 和 15.7 cm，落差分别为 25.3 cm 和

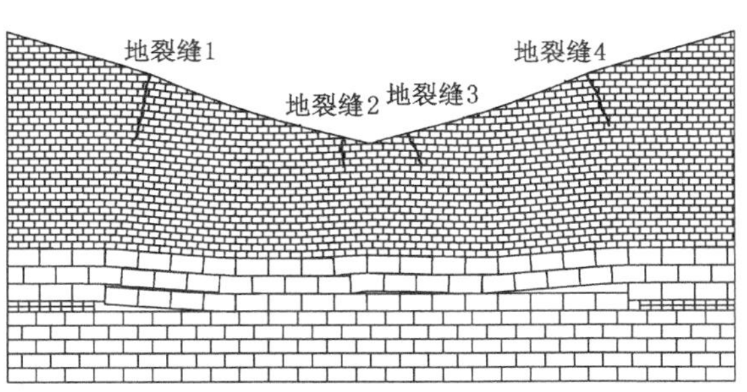

（a）整体示意图

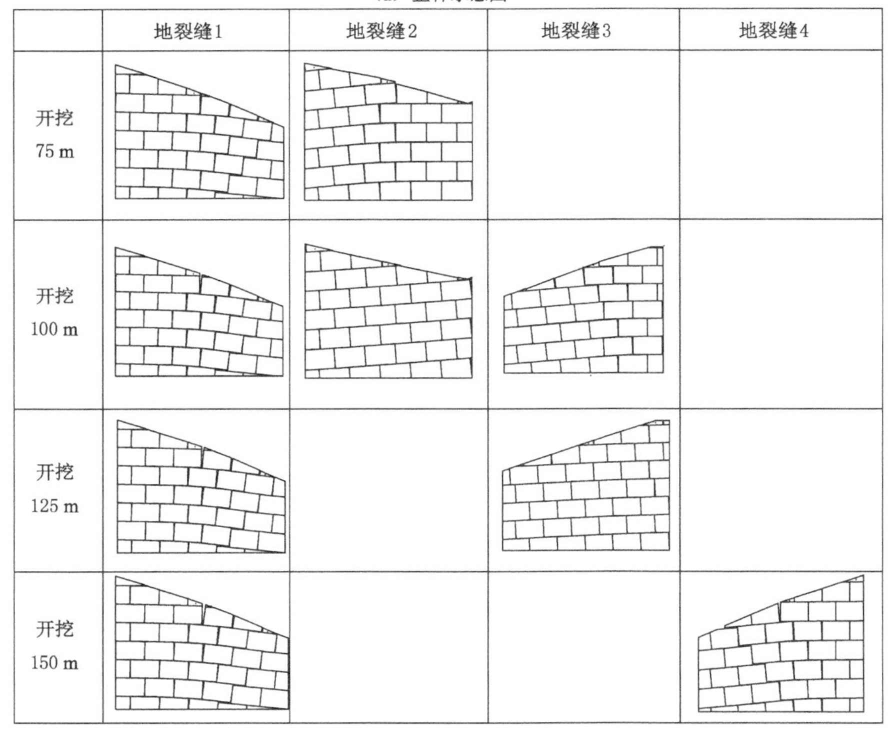

（b）地裂缝局部放大图

图 2-18　方案四地裂缝发育过程

12.2 cm。地裂缝 2 和地裂缝 3 随工作面由 75 m 推进至 100 m、由 100 m 推进至 125 m 时由张开型变为闭合型。地裂缝 4 位于工作面终采线对应的地表山坡，发育形态为张开型，发育宽度为 33.1 cm。地裂缝 2 和地裂缝 3 的间距约为 21 m，地裂缝 2 与地裂缝 1、地裂缝 3 与地裂缝 4 的间距分别约为 57 m 和 55 m。地裂缝 2、地裂缝 3 和地裂缝 4 滞后于工作面推进位置的距离分别为 7.4 m、

12.7 m和14.3 m。

综合上述4种顶板结构下的地裂缝发育演化过程，喀斯特山区浅埋煤层地裂缝发育具有以下共同特征：① 地裂缝发育类型分为永久性地裂缝和临时性地裂缝，其中永久性地裂缝通常发育于采空区边缘，临时性地裂缝发育于在工作面推进过程中，发育过程为“张开—闭合”的动态过程，该点研究结论与已有研究成果一致。② 永久性地裂缝的发育形态多为张拉型，临时性地裂缝的发育形态多为张开型。当顶板结构为分层顶板形式和厚硬顶板形式时，临时性地裂缝发育形态为台阶型。③ 临时性地裂缝间距与基本顶周期来压步距基本一致，临时性地裂缝滞后于工作面推进位置的距离为7.4～14.3 m，平均值为11.9 m。越往上坡方向，滞后距离越大。④ 通过对比分析不同顶板结构下的地裂缝1发育宽度(图2-19)，发育宽度按大小依次排序为薄层直接顶与基本顶形式＞分层顶板形式＞中厚直接顶与基本顶形式＞厚硬顶板形式，随工作面持续推进呈先突增而后缓慢增加的规律。

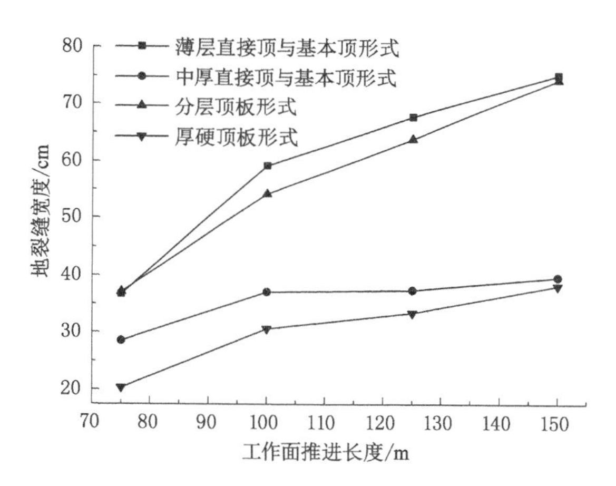

图2-19 地裂缝1宽度随工作面推进长度的变化规律

2.3.3 不同顶板结构的位移场分析

为探析不同顶板结构的地表移动变形规律，沿数值计算模型 y 方向设置水平位移监测点。4种顶板结构下的水平位移变化曲线如图2-20所示。

图2-20(a)显示水平位移最大值为0.63 m，最小值为0.3 m，工作面推进75 m、100 m、125 m和150 m时，水平位移最大值分别为0.3 m、0.48 m、0.58 m和0.63 m。由此可见采掘空间逐步扩大化会导致水平位移持续增加。工作面推进75 m时，水平位移曲线在45 m、70 m和80 m处出现了波峰，其值分别为

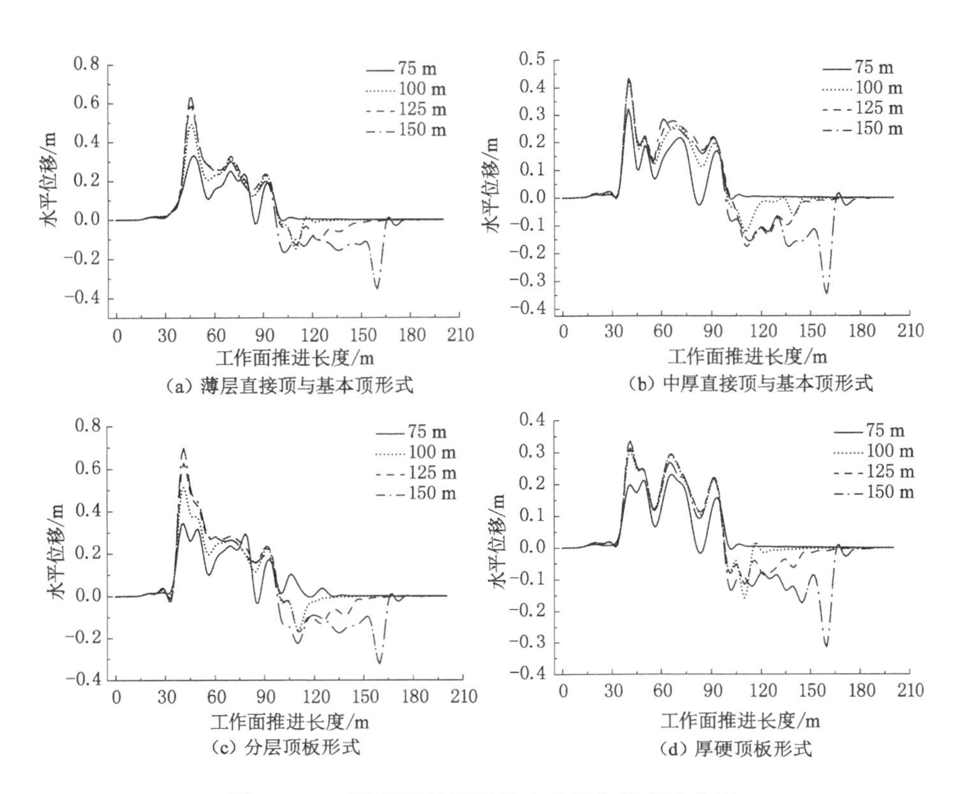

图 2-20 不同顶板结构下地表水平位移变化曲线

0.3 m、0.25 m 和 0.22 m。结合地裂缝发育位置分析，地裂缝 1 和地裂缝 2 分别发育于距模型左侧边界 43 m 处和 82.6 m 处，可见地裂缝发育位置与水平位移波峰值位置相对应。通过分析工作面推进 100 m、125 m 和 150 m 时的水平位移曲线，发现仍具有同样的规律。图 2-20(b)、(c)、(d)显示工作面推进 75 m、100 m、125 m 和 150 m 时，水平位移最大值分别为 0.32 m、0.42 m、0.43 m 和 0.44 m，0.34 m、0.49 m、0.59 m 和 0.67 m，0.23 m、0.29 m、0.31 m 和 0.32 m。可见当顶板结构分别为中厚直接顶与基本顶形式、分层顶板形式和厚硬顶板形式时，水平位移依然随采掘空间逐步扩大而持续增加。

通过综合分析 4 种顶板结构下的水平位移曲线，得出以下结论：① 采掘空间逐步扩大化造成水平位移峰值持续增加。这是由于随着采掘空间逐步扩大化，地表受采掘扰动程度持续叠加，势必增大地表沉陷程度。② 通过分析水平位移峰值，得出 4 种顶板结构下的采掘扰动程度按大小依次排序为薄层直接顶与基本顶形式＞分层顶板形式＞中厚直接顶与基本顶形式＞厚硬顶板形式；

③ 地裂缝发育位置与水平位移波峰值紧密相关，地裂缝发育区域附近往往出现水平位移波峰。因而可以通过水平位移波峰来预测地裂缝发育位置。

2.4　本章小结

（1）通过分析喀斯特山区浅埋煤层赋存环境可知：煤层赋存特征按煤层赋存条件和采动程度可分为单一煤层采动、两层煤重复采动和煤层群重复采动；根据岩性，地层可分为坚硬岩组、半坚硬岩组、软质岩组和松散层组；根据地表起伏度，地貌可分为中起伏低山、中起伏中山和大起伏中山；根据地表坡体形态，可将上覆山地划分为单一山坡、凹形山坡、凸形山坡和复合山坡；表土层类型主要分为砂土质型和黏土质型，其中红黏土是喀斯特山区表土层的特有类型。喀斯特山区浅埋煤层赋存具有5个突出特点：近距离煤层群、重复采动、峰丛地貌、薄表土层-厚基岩和地层岩性为上硬下软。

（2）将喀斯特山区浅埋煤层顶板结构划分为4种类型，即薄层直接顶与基本顶形式、中厚直接顶与基本顶形式、分层顶板形式和厚硬顶板形式，为针对性地研究顶板结构对地裂缝发育的影响特征奠定了基础。

（3）明晰了顶板结构对地裂缝发育的影响规律。当顶板结构为分层顶板形式和厚硬顶板形式时，临时性地裂缝多为台阶型；而当顶板结构为薄层直接顶与基本顶形式、中厚直接顶与基本顶形式时，临时性地裂缝多为张开型。地裂缝发育宽度与顶板结构密切相关，其值按大小依次排序为薄层直接顶与基本顶形式＞分层顶板形式＞中厚直接顶与基本顶形式＞厚硬顶板形式。发育宽度随工作面持续推进呈先突增而后缓慢增加的规律。通过分析水平位移曲线可知，地裂缝发育位置与水平位移波峰紧密相关，地裂缝发育区域附近往往出现水平位移波峰。

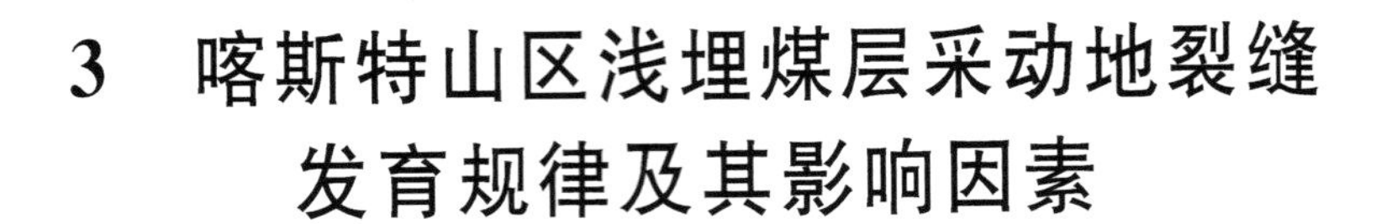

3 喀斯特山区浅埋煤层采动地裂缝发育规律及其影响因素

本章重点探究喀斯特山区浅埋煤层采动地裂缝发育尺度特征及其动态发育规律、采动地裂缝发育过程及其影响因素。首先，通过分析喀斯特典型山区浅埋煤层工作面的地裂缝实测数据，明确地裂缝发育尺度特征、空间分布规律及动态发育规律；然后，通过建立能真实再现地表起伏的数值计算模型，阐明单层采动和重复采动的覆岩断裂失稳形态及地裂缝发育过程。最后，明晰采高、坡度、山坡起伏变化、工作面相对位置对采动地裂缝发育的影响规律。

3.1 喀斯特山区浅埋煤层采动地裂缝尺度特征及空间分布

为了阐明喀斯特山区浅埋煤层采动地裂缝发育规律，作者所在课题组以安顺煤矿 9100 工作面、龙鑫煤矿 11601 工作面和大宝顶煤矿 43158 工作面的工程实践为依托，对地裂缝发育尺度及空间发育位置进行了现场勘测。工作面基本概况如表 3-1 所列。

表 3-1 工作面基本概况

工作面名称	埋深/m	开采煤层	采高/m	走向长/m	倾向长/m	基本顶初次来压步距/m	基本顶周期来压步距/m
安顺煤矿 9100 工作面	220	M9	2.0	1 000	190	32	22.0
大宝顶煤矿 43158 工作面	113	15	2.3	1 008	185	35	15.0
龙鑫煤矿 11601 工作面	140	17	1.7	780	132	40	14.5

3.1.1 安顺煤矿 9100 工作面地裂缝发育尺度特征

3.1.1.1 生产地质条件

安顺煤矿 9100 工作面位于一采区下部，是一采区第二个工作面，采用单一走向长壁综采采煤法；其西与三盘区上部工作面相邻，南以轨道回风联络巷为界，东和总回风暗斜井相邻。工作面走向长约为 1 000 m，倾斜长为 190 m。工作面开采 M9 煤层，煤层赋存稳定，平均厚度为 2.0 m，煤层最大埋深为 220 m、最小埋深为 104 m。M9 煤层的上覆岩层主要为石灰岩、泥质砂岩和粉砂岩，底板以粉砂岩或粉砂质黏土岩为主。通过现场勘测结合采掘工程平面图分析，工作面上覆地表为中低山地貌，地表山坡为复合型坡体，如图 3-1 所示。表土层为棕黄色或褐黄色的黏土，厚度约为 4 m。矿压显现实测结果显示基本顶初次来压步距和周期来压步距分别为 32 m 和 22 m。

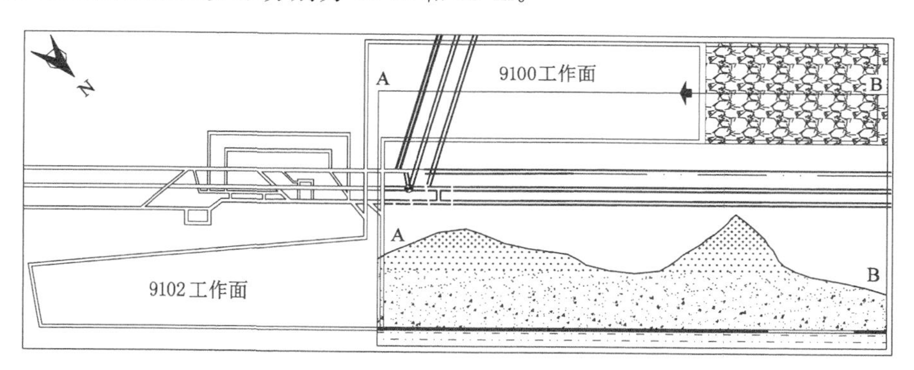

图 3-1 安顺煤矿 9100 工作面位置及地表起伏示意图

3.1.1.2 地裂缝发育特征

在 9100 工作面整个推进过程中，经过多次现场踏勘，获得了较为齐全的采动地裂缝发育尺度实测数据。地表共发育了 13 条地裂缝，地裂缝的发育形态、宽度、落差及发育位置坡度见表 3-2。

表 3-2 9100 工作面回采稳定后的地裂缝实测结果

序号	编号	发育形态	宽度/m	落差/m	发育位置坡度/(°)
1	ZK-1	张开型	0.15	0.02	12.5
2	ZK-2	张开型	0.27	0.08	20.9
3	LS-1	拉伸型	0.67	0.89	49.5
4	LS-2	拉伸型	0.73	0.62	54.7

表 3-2(续)

序号	编号	发育形态	宽度/m	落差/m	发育位置坡度/(°)
5	LS-3	拉伸型	0.58	0.97	46.2
6	TJ-1	台阶型	0.07	0.18	12.3
7	TJ-2	台阶型	0.06	0.22	23.3
8	LS-4	拉伸型	0.12	0.27	26.1
9	TJ-3	台阶型	0.03	0.32	6.0
10	TJ-4	台阶型	0.12	0.65	12.3
11	LS-5	拉伸型	0.18	0.49	25.4
12	LS-6	拉伸型	0.66	0.75	24.8
13	TJ-5	台阶型	0.08	0.42	17.5

注:地裂缝编号从工作面开切眼侧的上覆地表依次排序。

9100 工作面地裂缝的发育形态主要为拉伸型、台阶型和张开型。其中:拉伸型地裂缝的发育宽度和落差较大,发育宽度最大达到 0.73 m,最大落差接近 1 m;台阶型地裂缝的落差较大而发育宽度较小,裂缝多呈切落形态,发育宽度多小于 0.1 m,落差多大于 0.2 m;张开型地裂缝与拉伸型地裂缝相比,其落差较小而发育宽度较大。9100 工作面地裂缝发育宽度和落差的最大值分别为 0.73 m 和 0.97 m。通过现场勘测 9100 工作面地裂缝的发育位置(图 3-2),发现张开型地裂缝主要分布于采空区外侧的边缘地带,延伸方向与地表起伏变化密切相关,呈不规则形态延伸,大致与等高线方向平行或斜交。

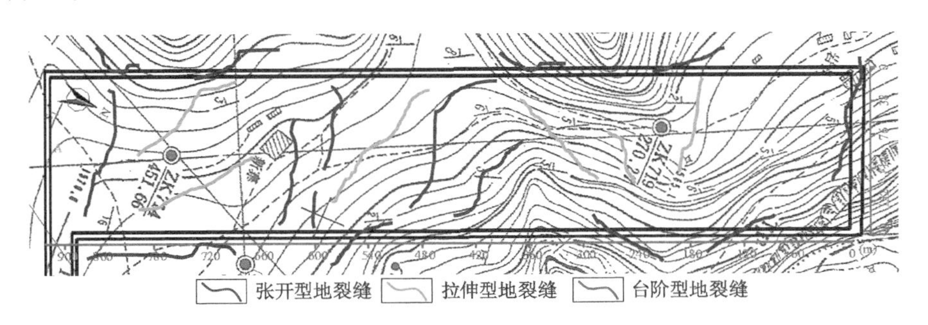

图 3-2　9100 工作面回采稳定后地裂缝分布

工作面 0～160 m 的推进范围内,开切眼上部地表发育了张开型地裂缝 ZK-1,地表坡度为 12.5°。运输巷上部地表发育了张开型地裂缝 ZK-2,地表坡度为 20.9°。

工作面 160～400 m 推进范围内，采空区上部对应的斜坡发育了 3 条拉伸型裂缝（LS-1、LS-2 和 LS-3）。该区域内斜坡坡度为 38°～65°。

工作面 400～530 m 推进范围内，地表发育了 2 条台阶型地裂缝（TJ-1、TJ-2）。该处为平缓的冲沟地带，坡度为 6°～8°。

工作面 530～560 m 推进范围内，采空区上部对应的斜坡发育了 1 条拉伸型地裂缝（LS-4）。该处地表坡度变化较大，坡度由 14°增加至 36°。

工作面 560～670 m 推进范围内，地表发育了 2 条台阶型地裂缝（TJ-3、TJ-4）。该处地表坡度为 8°～13°。

工作面 670～820 m 推进范围内，采空区上部对应的斜坡发育了 2 条拉伸型地裂缝（LS-5、LS-6）。该处地表坡度约为 24°。拉伸型地裂缝是导致山体滑坡的主要诱因。

工作面 830～900 m 推进范围内，地表发育了 1 条台阶型地裂缝（TJ-5）。该处地表坡度约为 21°。

通过上述分析可知，9100 工作面地裂缝发育空间分布具有显著的“分区”特性，即拉伸型地裂缝多发育于坡度较大的斜坡或坡度陡然变化的地形过渡带，台阶型地裂缝多发育于坡度较小的缓坡或邻近缓坡的冲沟地带。

3.1.2 大宝顶煤矿 43158 工作面地裂缝发育尺度特征

3.1.2.1 生产地质条件

43158 工作面位于大宝顶煤矿第三采区，工作面以东为已回采完毕的 $4315^{-3}6$ 和 $4315^{-3}8$ 工作面，以西为 1400 轨道上山，以南被滥采的小窑破坏，以北还未回采。工作面走向长为 1 008 m，倾斜长为 185 m。工作面回采 15# 煤层，平均厚度为 1.5 m，采高为 2.3 m。煤层结构比较复杂，分为 6 个煤分层和 6 层夹矸，夹矸岩性为碳质泥岩和泥质粉砂岩。煤层最大埋深为 113 m，伪顶为 0.17 m 厚的泥质粉砂岩，直接顶为 2.29 m 厚的泥质粉砂岩，基本顶为近 4 m 厚的粉砂岩，底板为 1.82 m 厚的粉砂岩。地质构造相对简单，F1 和 F2 断层对回采影响不大。地表为中低山地貌和复合型坡体。43158 工作面地表起伏示意图如图 3-3 所示。

3.1.2.2 地裂缝发育特征

经过多次现场踏勘，发现 43158 工作面上覆地表沉陷较严重，出现了不同发育程度和发育形态的地裂缝。为详细确定地裂缝空间发育位置，采用 GPS-RTK 测量系统对地裂缝平面位置进行测量；采用高精度钢尺选择地裂缝发育长度的中心位置测量发育宽度和落差。43158 工作面回采稳定后，累计观测到地裂缝 18 条，其中张开型地裂缝 3 条、拉伸型地裂缝 7 条和台阶型地裂缝 8 条。地裂缝发育形态、宽度、落差和发育位置坡度见表 3-3。

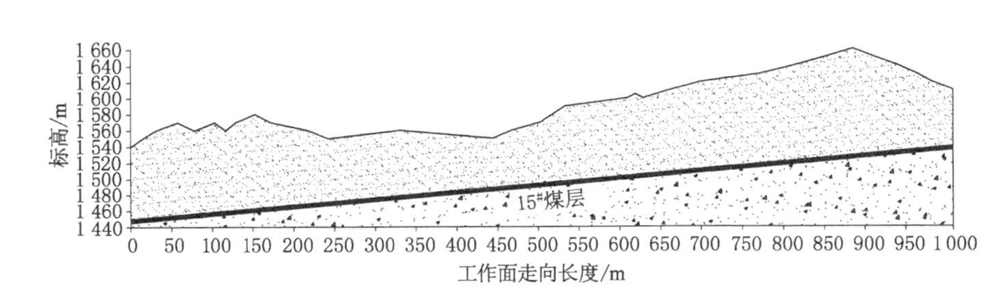

图 3-3　43158 工作面地表起伏示意图

表 3-3　43158 工作面回采稳定后的地裂缝实测结果

序号	编号	发育形态	宽度/m	落差/m	发育位置坡度/(°)
1	ZK-1	张开型	0.56	0.08	15.8
2	LS-1	拉伸型	0.34	0.17	22.0
3	LS-2	拉伸型	0.45	0.14	17.5
4	LS-3	拉伸型	0.38	0.21	19.7
5	TJ-1	台阶型	0.10	0.42	16.2
6	TJ-2	台阶型	0.07	0.53	7.0
7	LS-4	拉伸型	0.27	0.68	32.0
8	TJ-3	台阶型	0.12	0.31	13.0
9	TJ-4	台阶型	0.05	0.15	5.0
10	TJ-5	台阶型	0.03	0.57	6.5
11	TJ-6	台阶型	0.02	0.28	4.0
12	TJ-7	台阶型	0.06	0.62	7.0
13	TJ-8	台阶型	0.14	0.43	12.0
14	LS-5	拉伸型	0.37	0.74	27.0
15	LS-6	拉伸型	0.67	0.46	40.0
16	LS-7	拉伸型	0.49	0.35	36.0
17	ZK-2	张开型	0.62	0.11	32.0
18	ZK-3	张开型	0.43	0.16	28.0

注：地裂缝编号从工作面开切眼侧的上覆地表依次排序。

统计结果表明 43158 工作面地裂缝发育类型主要有张开型、拉伸型和台阶型。张开型地裂缝的发育宽度较大而落差相对较小，发育宽度最大值为 0.62 m，落差最大值为 0.16 m；拉伸型地裂缝的发育宽度和落差均较大，沿深度方向多发育为楔形形态，发育宽度和落差最大值分别为 0.67 m 和 0.74 m；台阶型地裂缝与安顺煤矿 9100 工作面台阶型地裂缝发育形态一致，呈切落形态，落差较大而发育宽度较小。根据地裂缝空间分布的现场踏勘结果(图 3-4)，张开型地裂缝主要分布于工作面采空区边缘地带，距采空区边界对应地表的距离约为 8 m，属于永久性地裂缝，不具有自愈合特征。

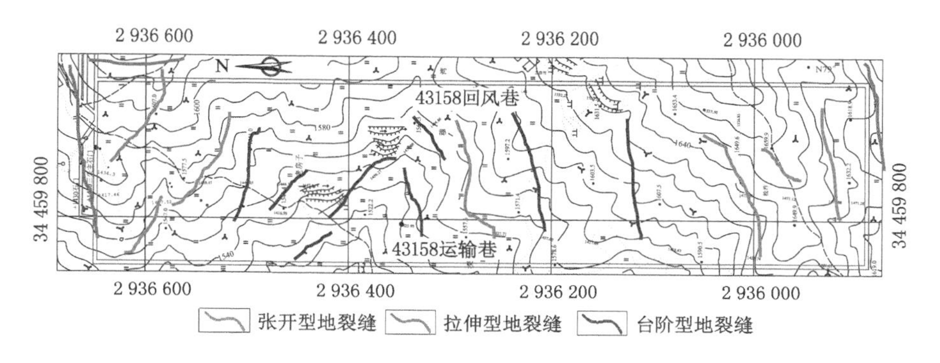

图 3-4　43158 工作面回采稳定后地裂缝分布

工作面 50～200 m 推进范围内，地表发育了 1 条张开型地裂缝(ZK-1)和 3 条拉伸型地裂缝(LS-1、LS-2 和 LS-3)，显著不同于西北浅埋厚煤层高强度开采的地裂缝发育形态[12-13,42,95]，裂缝发育形态没有明显的“O”形分布，受地表起伏的影响较为明显，进而呈不规则状延伸。

工作面 200～450 m 推进范围内，地表发育了 2 条台阶型地裂缝(TJ-1、TJ-2)。该处地表为平缓斜坡，裂缝落差分别为 0.42 m 和 0.53 m，发育形态呈较明显的切落形式。

工作面 450～500 m 推进范围内，地表坡度由 7.0°增加至 32.0°。该处地表发育了 1 条拉伸型地裂缝(LS-4)，发育宽度和落差分别为 0.27 m 和 0.68 m，延伸方向明显受到了地表起伏的影响。

工作面 500～780 m 推进范围内，地表发育了 6 条台阶型地裂缝(TJ-3、TJ-4、TJ-5、TJ-6、TJ-7、TJ-8)，落差为 0.15～0.62 m，地表属于坡度较小的平缓地带；发育形态并不与工作面倾斜方向平行，而是大致与等高线延伸方向平行或斜交。

工作面 780～850 m 推进范围内，地表发育了 1 条拉伸型地裂缝(LS-5)，地表坡度由 12.0°增加至 27.0°；裂缝发育于该处斜坡上部，延伸方向与等高线斜交。

工作面 850～950 m 推进范围内，地表发育了 2 条拉伸型地裂缝(LS-6 和 LS-7)。该处地表起伏较大，发育有 3 个斜坡，坡度约为 40.0°；地裂缝的落差和发育宽度最大值分别为 0.67 m 和 0.46 m，地裂缝的发育严重影响了坡体稳定

性，容易引发山体滑坡等次生灾害。

工作面 950～1 000 m 推进范围内，工作面终采线对应地表边界的外缘地带发育了 1 条张开型地裂缝(ZK-2)，发育宽度为 0.62 m；距工作面运输巷对应地表区域以外约 7 m 处发育了另一条张开型地裂缝(ZK-3)，发育宽度为 0.43 m。

3.1.3 龙鑫煤矿 11601 工作面地裂缝发育尺度特征

3.1.3.1 生产地质条件

11601 工作面为一采区的首采工作面，工作面以西为龙鑫矿与龙井矿的井田边界，以东是龙鑫矿与红岩脚矿的井田边界，以北为 1603 工作面，以南为 16 采区轨道上山。工作面走向长 950 m，倾斜长 132 m。主采 16# 煤层，平均厚度为 1.83 m。煤层顶板为粉砂岩或细砂岩，底板为灰色泥岩。地表为构造侵蚀中山地貌，地形为复合型坡体。表土层为黄壤和黄棕壤，厚度一般为 8～150 cm。11601 工作面地表起伏示意图如图 3-5 所示。

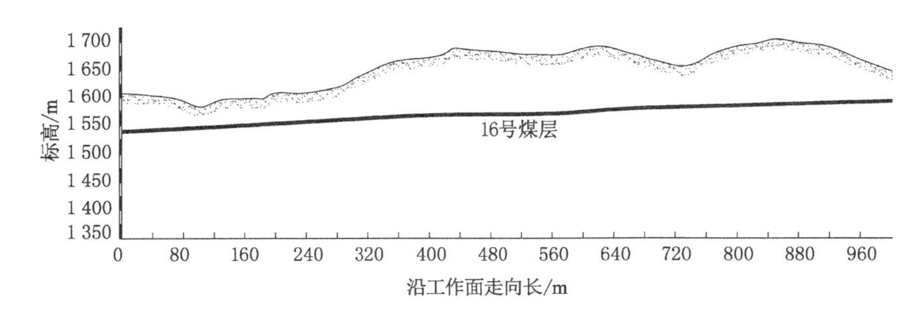

图 3-5 11601 工作面地表起伏示意图

3.1.3.2 地裂缝发育特征

11601 工作面地表发育了 15 条地裂缝，其中张开型地裂缝 2 条、拉伸型地裂缝 7 条、台阶型地裂缝 4 条和地堑型地裂缝 2 条，具体实测数据见表 3-4。

表 3-4 11601 工作面回采稳定后的地裂缝实测结果

序号	编号	发育形态	宽度/m	落差/m	发育位置坡度/(°)
1	ZK-1	张开型	0.35	0.05	2
2	LS-1	拉伸型	0.82	0.47	28
3	DQ-1	地堑型	0.07	0.64	8
4	LS-2	拉伸型	0.73	0.38	30
5	TJ-1	台阶型	0.10	0.58	5

表 3-4(续)

序号	编号	发育形态	宽度/m	落差/m	发育位置坡度/(°)
6	LS-3	拉伸型	0.23	0.61	40
7	TJ-2	台阶型	0.12	0.78	12
8	LS-4	拉伸型	0.49	0.66	27
9	LS-5	拉伸型	0.32	0.71	37
10	TJ-3	台阶型	0.04	0.39	7
11	TJ-4	台阶型	0.16	0.43	18
12	DQ-2	地堑型	0.09	0.55	5
13	LS-6	拉伸型	0.37	0.29	20
14	LS-7	拉伸型	0.67	0.21	25
15	ZK-2	张开型	0.39	0.06	4

注:地裂缝编号从工作面开切眼侧的上覆地表依次排序。

工作面 0～80 m 推进范围内,地表发育了 1 条拉伸型地裂缝(LS-1)。该处地表坡度为 28°,裂缝的发育宽度和落差分别为 0.82 m 和 0.47 m。结合剖面图可知该处煤层埋深仅有 46 m,地表处于裂隙带,容易形成贯通型地裂缝,影响工作面安全生产。

工作面 80～130 m 推进范围内,地表发育了 1 条地堑型地裂缝(DQ-1)。该处地表为冲沟地带,地裂缝发育于冲沟底部,与冲沟两侧坡体产生相对滑移,进而形成地堑型地裂缝。

工作面 130～200 m 推进范围内,地表发育了 1 条拉伸型地裂缝(LS-2)。该处地表坡度由 8°增加至 30°,地裂缝发育于工作面推进至 185 m 对应的山坡上部,发育宽度和落差分别为 0.73 m 和 0.38 m。

工作面 200～290 m 推进范围内,地表发育了 1 条台阶型地裂缝(TJ-1)。该处地表为平缓带,裂缝的发育宽度和落差分别为 0.10 m 和 0.58 m,呈切落形态。

工作面 290～365 m 推进范围内,地表发育了 1 条拉伸型地裂缝(LS-3)。该处地表为 40°的斜坡,裂缝发育于斜坡中上部,与该处地形等高线大致平行。

工作面 365～410 m 推进范围内,地表发育了 1 条台阶型地裂缝(TJ-2)。该处地表较为平缓,地裂缝的发育宽度和落差为 0.12 m 和 0.78 m。

工作面 410～650 m 推进范围内,地表发育了 2 条拉伸型地裂缝(LS-4、LS-5)。LS-4 地裂缝发育于工作面推进至 425 m 时对应的斜坡处,该处地表坡度为 27°,为平缓地带中隆起的上坡。LS-4 地裂缝的发育宽度和落差分别为 0.49 m 和 0.66 m。LS-5 地裂缝发育于工作面推进至 650 m 时对应的斜坡处,该处地表为 37°降斜坡，坡体底部为冲沟地带。LS-5 地裂缝的发育宽度和落差分别为 0.32 m 和 0.71 m。

工作面 650～820 m 推进范围内，地表发育了 2 条台阶型地裂缝（TJ-3、TJ-4）和 1 条地堑型地裂缝（DQ-2）。该处地表为冲沟地带，冲沟两侧为缓坡。台阶型地裂缝发育于冲沟两侧的斜坡，地堑型地裂缝发育于冲沟地带。

工作面 820～920 m 推进范围内，地表发育了 2 条拉伸型地裂缝（LS-6、LS-7）。该处坡度为 20°～25°，地形由升斜坡过渡为降斜坡。张开型地裂缝（ZK-1、ZK-2）分布于采空区边缘地带。11601 工作面回采稳定后地裂缝分布如图 3-6 所示。

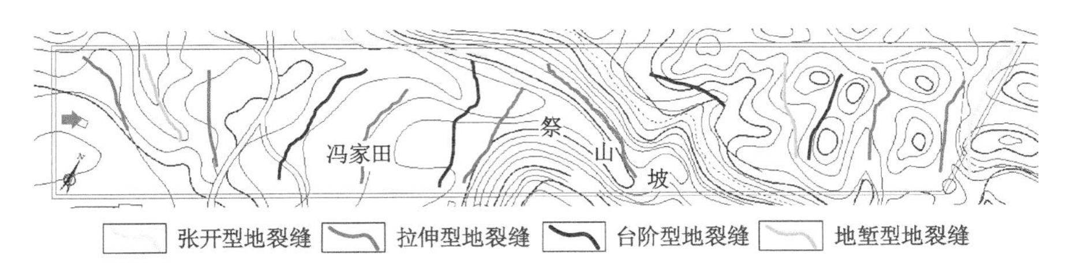

图 3-6　11601 工作面回采稳定后地裂缝分布

3.1.4　采动地裂缝发育尺度及空间分布特征

喀斯特山区浅埋煤层采动地裂缝发育尺度及空间分布具有以下特征：

（1）喀斯特山区浅埋煤层开采因受多煤层重复采掘扰动和山区峰丛地貌的双重胁迫作用，采动地裂缝并不以某种类型为主，主要有张开型、拉伸型和台阶型，如图 3-7 所示。经过现场踏勘及实测结果分析，张开型地裂缝为边界性裂缝，属于永久性裂缝，主要分布于地表沉陷盆地的边缘地带，靠采空区侧岩土体向采空区内侧倾斜。拉伸型地裂缝多发育于斜坡或坡度陡然变化的地形过渡带，地表因受开采沉陷和坡体滑移的双重作用进而产生拉伸变形，严重影响坡体稳定性。台阶型地裂缝一般发育于缓坡或冲沟地带，覆岩垮落进而导致地表发生台阶错动，其发育形态呈台阶切落形式。

（2）与西部黄土沟壑区采动地裂缝的分布规律显著不同，喀斯特山区浅埋煤层采动地裂缝分布并无明显的倒“C”形规律。地裂缝空间分布深受地表起伏变化的影响，延伸方向各异，多与等高线走向大致平行或斜交。张开型地裂缝的发育尺度特点为发育宽度大于落差，发育宽度多为 0.2～0.8 m，而落差多小于 0.2 m，裂缝两侧岩土体错动量较小。张开型地裂缝发育于采空区边缘的拉伸区，延伸方向大致平行于开采边界，裂缝发育宽度随采空区范围逐步扩大而持续增加，至地表沉陷稳定后而不再扩展。台阶型地裂缝的鲜明特点是落差较大而

(a) 拉伸型地裂缝

(b) 台阶型地裂缝

(c) 张开型地裂缝

图 3-7　喀斯特山区浅埋煤层开采地裂缝发育形态

发育宽度较小，呈台阶切落形态。由图 3-8 可知，台阶型地裂缝的发育宽度多小于 0.2 m，拉伸型地裂缝的落差和发育宽度相当，裂缝一侧的岩土体朝下坡方向倾斜，与地表坡度紧密相关。张开型地裂缝和拉伸型地裂缝沿深度方向表现为地表开口较大，至一定深度闭合。

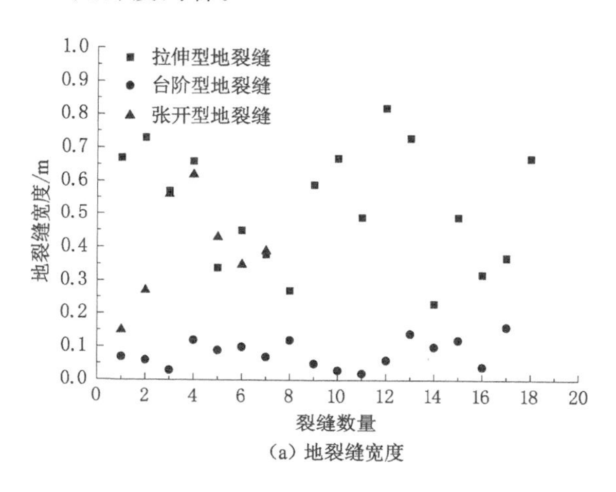

(a) 地裂缝宽度

图 3-8　地裂缝实测数据统计分析

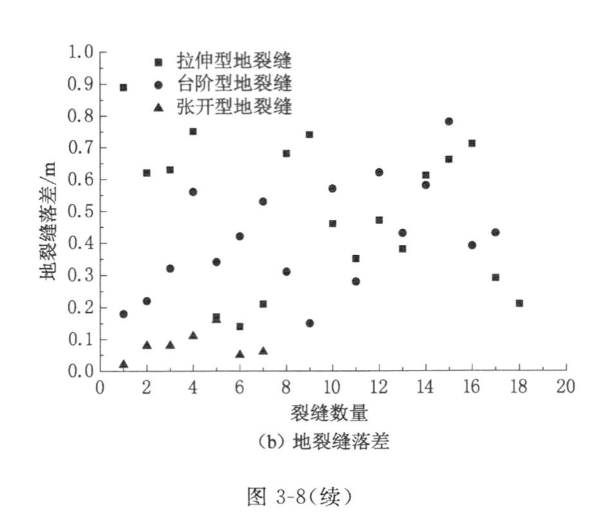

(b) 地裂缝落差

图 3-8(续)

3.2 喀斯特山区浅埋煤层采动地裂缝动态发育规律

有关学者[12-13,42,96-99]研究了西北厚风积沙区浅埋煤层高强度开采诱发的地裂缝动态发育全过程。然而喀斯特山区浅埋煤层“薄表土层—厚基岩—峰丛地貌—重复采掘扰动”的采矿地质环境势必造成地裂缝动态发育规律具有独特的特点。为探究喀斯特山区浅埋煤层采动地裂缝的动态发育规律,以安顺煤矿9100 工作面和大宝顶煤矿 43158 工作面为工程背景开展现场监测。现场选择新发育的裂缝,并对其发育全周期从时空视角进行动态监测。采用 GPS-RTK 测量系统对工作面新发育的地裂缝进行定位,将其作为监测对象,测量发育宽度和落差的初始值。在裂缝两侧岩土体安设测桩,用于监测发育宽度变化。每天量取测桩间距和裂缝落差,同时记录工作面实时推进位置和观测时间,进而探析地裂缝发育的时空演变规律。

3.2.1 安顺煤矿 9100 工作面地裂缝动态发育规律

已有研究成果[100-101]表明地裂缝动态发育规律与采掘扰动紧密相关。为明晰采掘活动对地裂缝动态发育的具体影响特点,结合 9100 工作面作业循环表和生产进度,通过井上下相结合的坐标控制系统对 0～450 m 范围内工作面推进位置前端新裂缝发育位置和工作面推进位置进行了实测统计,见表 3-5。

表 3-5　9100 工作面推进位置和最前端裂缝发育位置的关系

观测次数	工作面推进位置/m	工作面推进长度/m	新裂缝发育位置/m	裂缝超前距/m
1	90.0		117.4	27.4
2	150.0	60.0	165.4	15.4
3	160.0	10.0	183.2	23.2
4	181.5	21.5	211.8	30.3
5	210.0	28.5	233.4	23.4
6	264.4	54.4	283.7	19.3
7	314.3	49.9	340.2	25.9
8	330.0	15.7	339.5	9.5
9	390.7	60.7	403.1	12.4
10	430.8	40.1	448.6	17.8

新发育的地裂缝首先在工作面中部产生，其延伸方向显著受到地表起伏变化的影响。地裂缝以一定距离超前发育于工作面推进位置对应地表，主裂缝之间有若干发育尺度较小的次生裂缝，次生裂缝待工作面往前推进一定距离后逐渐自我愈合。随着工作面继续向前推进，工作面推进位置对应地表前方又产生新的地裂缝。此前已发育的地裂缝不断扩展，而后在该处地表沉陷稳定后趋于稳定状态。由表 3-5 可知，新裂缝超前于工作面推进位置的距离为 9.5～30.3 m，超前距平均值为 20.46 m。通过工作面矿压的实时监测数据分析，9100 工作面基本顶周期来压步距为 19.3～23.1 m，平均值为 22.1 m，可见新裂缝超前距略小于基本顶周期来压步距。结合工作面上覆地表起伏变化情况，新裂缝超前距与地表坡度和煤层埋深具有相关性。通常在地表坡度和煤层埋深较大的新裂缝发育地带，超前距较小；而在地表坡度较小和煤层埋深较小的平缓地带或冲沟发育区，超前距较大。现场勘测过程中，地裂缝优先发育于工作面上覆地表中部，而后向工作面两侧延伸，其与工作面推进位置的相对关系由超前于工作面变为滞后于工作面，这与以往关于地裂缝延伸特征的研究成果[15]一致。

传统观点[83,102]认为地裂缝发育过程可分为四个阶段，即地裂缝产生前的地表变形积累阶段、地裂缝产生阶段、地裂缝产生后的扩展阶段和开采沉陷稳定后的地裂缝闭合阶段。一般来讲，地裂缝随着工作面持续推进而不断扩展延伸，而后当地表沉陷稳定后趋于闭合。其中有学者[15]指出地裂缝发育过程为发育尺寸由小到大而后逐渐闭合的单峰周期。然而，喀斯特山区浅埋煤层开采诱发的

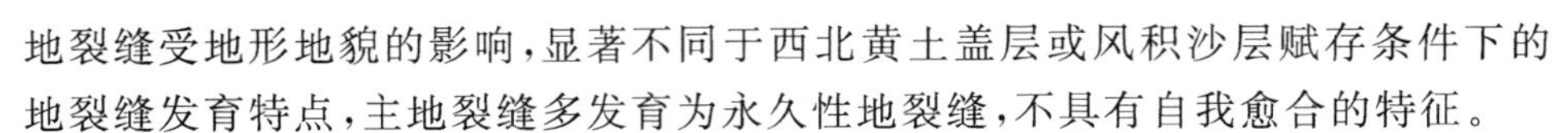

地裂缝受地形地貌的影响，显著不同于西北黄土盖层或风积沙层赋存条件下的地裂缝发育特点，主地裂缝多发育为永久性地裂缝，不具有自我愈合的特征。

如图 3-9 所示，规定地裂缝超前于工作面推进位置的距离为负值，滞后于工作面推进位置的距离为正值。由图 3-9 可以看出：1[#] 地裂缝超前于工作面推进位置对应地表的距离为 23.2 m，发育宽度和落差的初始值分别为 0.05 m 和 0.1 m。随着工作面持续向前推进，发育宽度和落差不断增大。当工作面推进位置滞后于 1# 地裂缝发育位置的距离为 4.2 m 时，发育宽度和落差的实测值突增；当工作面推进位置超前于 1# 地裂缝发育位置的距离为 3 m 时，发育宽度达到最大值 0.73 m，落差仍持续增加。工作面继续向前推进，当 1# 地裂缝由超前于工作面变为滞后于工作面时，其发育宽度由最大值变为趋于稳定，落差也由持续增加趋势变为趋于稳定。综上分析可知：1# 地裂缝随工作面持续推进呈现动态发育特征，发育宽度随工作面推进呈先增大而后趋于减小，并最终趋于稳定的变化规律；落差随工作面推进呈持续增加而后趋于稳定的变化规律。2# 地裂缝的发育宽度和落差的动态变化特征虽不同，但其动态发育规律与 1# 地裂缝一致。3# 和 4# 地裂缝的落差实测值较大而宽度实测值较小。当工作面推进至地裂缝发育位置正下方时，3# 地裂缝的落差实测值突增，由 0.25 m 突然增加至 0.39 m；发育宽度也呈现同样的变化规律，实测值由 3.7 cm 突然增加至 6.9 cm。当工作面推进位置由滞后于地裂缝变为超前于地裂缝时，其发育宽度和落差仍有所增加，但增幅很小。工作面超前于地裂缝的距离为 21.2 m 时，落差实测值趋于稳定而发育宽度实测值有所减小。不同于 3# 地裂缝的落差变化规律，4# 地裂缝落差实测值随着工作面持续推进而逐渐增大。

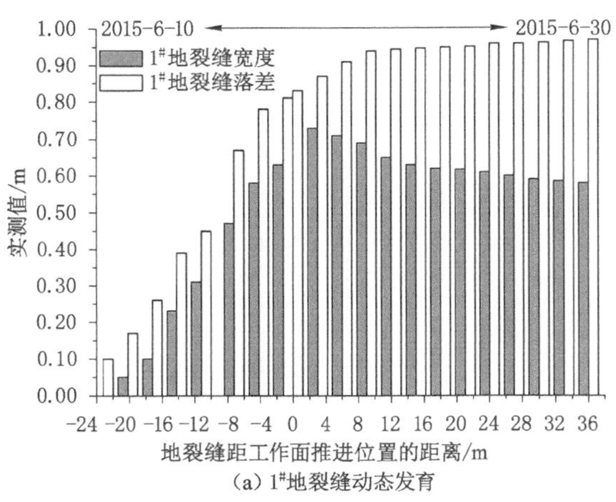

(a) 1#地裂缝动态发育

图 3-9 典型地裂缝动态发育

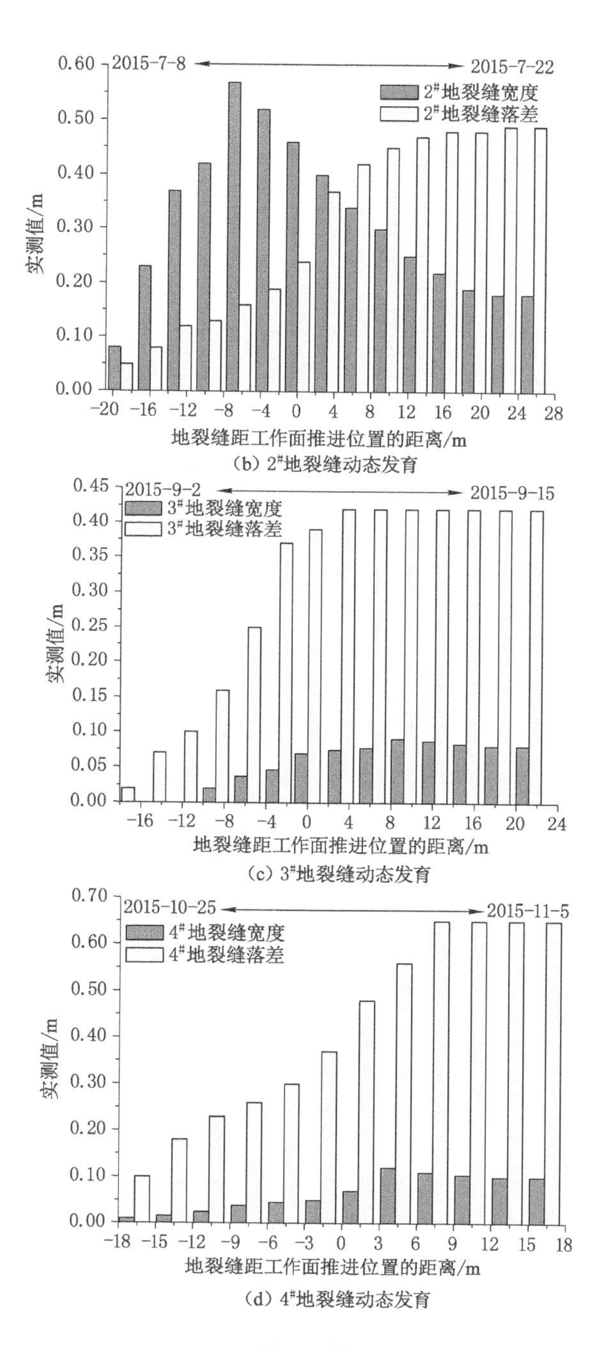

(b) 2#地裂缝动态发育

(c) 3#地裂缝动态发育

(d) 4#地裂缝动态发育

图 3-9(续)

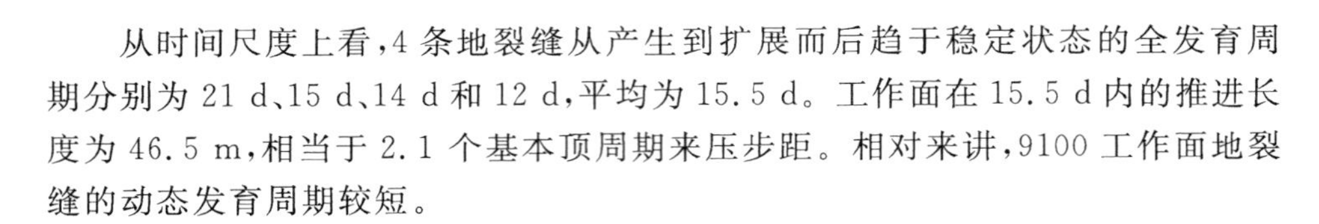

从时间尺度上看，4 条地裂缝从产生到扩展而后趋于稳定状态的全发育周期分别为 21 d、15 d、14 d 和 12 d，平均为 15.5 d。工作面在 15.5 d 内的推进长度为 46.5 m，相当于 2.1 个基本顶周期来压步距。相对来讲，9100 工作面地裂缝的动态发育周期较短。

3.2.2 大宝顶煤矿 43158 工作面地裂缝动态发育规律

采动地裂缝沿工作面倾向的延伸特征与覆岩垮落失稳、地形地貌等因素密切相关。为明晰地裂缝的动态延伸特征，对新发育的地裂缝进行了现场观测，观测周期为 1 d，直至地裂缝延伸趋于稳定状态；同时记录相对应的工作面推进位置，以阐明工作面推进进程对地裂缝动态延伸特征的具体影响。

现场对典型地裂缝长度的动态延伸进行了持续观测，根据现场观测数据绘制了 1# 和 2# 地裂缝长度的动态延伸曲线，如图 3-10 所示。其中规定地裂缝超前于工作面推进位置的距离为负值，滞后于工作面推进位置的距离为正值。由图 3-10 可以看出：1# 地裂缝发育超前于工作面推进位置的距离为 36 m，当工作面推进位置滞后于 1# 地裂缝的距离小于 15 m 时，其发育长度呈缓慢增长态势。随着工作面持续推进，工作面前方的岩土体受采掘扰动影响愈来愈强烈。此时 1# 地裂缝不断向工作面两侧延伸。当工作面推进位置由滞后于 1# 地裂缝变为超前于 1# 地裂缝时，即工作面推进位置相对于 1# 地裂缝的距离为 −15～18 m 时，其延伸长度由 9.8 m 突增至 71.2 m。此后当工作面继续向前推进，1# 地裂缝长度延伸很小，并最终趋于稳定值 73 m。2# 地裂缝发育超前于工作面推进位置的距离为 42 m，发育长度初始值为 0.5 m。当工作面推进位置滞后于 2# 地裂缝的距离小于 16.5 m 时，其发育长度延伸缓慢；当工作面推进位置由滞后于 2# 地裂缝变为超前于 2# 地裂缝时，即工作面推进位置相对于 2# 地裂缝的距离为 −16.5～15 m 时，延伸长度由 6.9 m 突增至 54.1 m。此后当工作面继续向前推进时，2# 地裂缝延伸长度较小，并最终趋于稳定值 58.3 m。

通过分析 1# 和 2# 地裂缝长度的动态延伸曲线，将地裂缝发育长度的动态延伸过程分为三个阶段，即缓慢增长阶段、快速增长阶段和趋于稳定阶段。地裂缝快速增长阶段的延伸长度占总延伸长度的比例大于 90%，可见地裂缝长度的动态延伸过程与工作面采掘扰动影响范围密不可分。

为探究 43158 工作面地裂缝发育宽度和落差的动态发育特点，现场在观测 1# 和 2# 地裂缝延伸长度的同时，对两条地裂缝发育中心位置的发育宽度和落差也进行了观测。典型地裂缝发育宽度和落差的动态发育曲线如图 3-11 所示。1# 和 2# 地裂缝动态发育曲线表明发育宽度和落差的动态发育过程可分为 3 个阶段，即缓慢增长阶段、快速增长阶段和趋于稳定阶段。该特点与地裂缝长度的

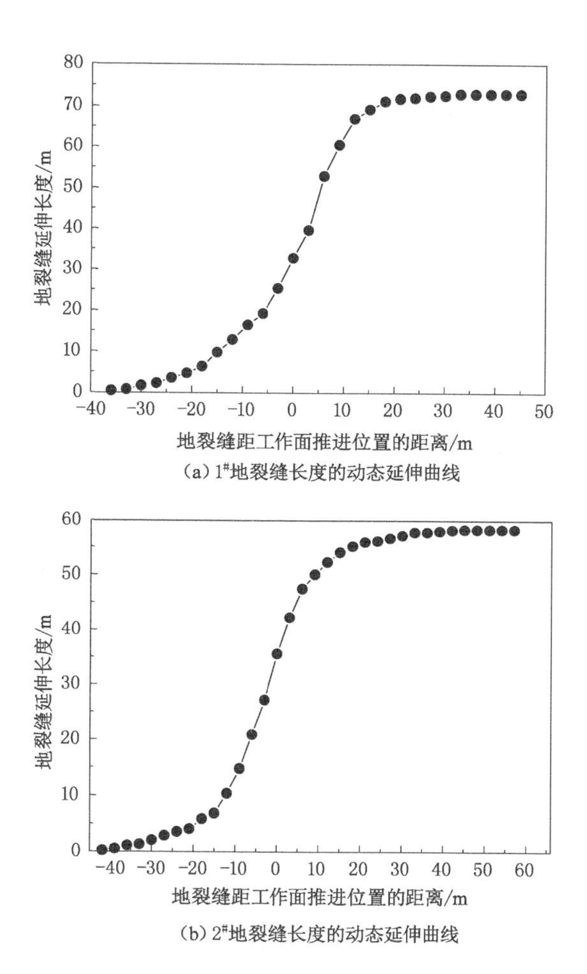

(a) 1#地裂缝长度的动态延伸曲线

(b) 2#地裂缝长度的动态延伸曲线

图 3-10　典型地裂缝长度的动态延伸曲线

动态延伸特点一致。

由图 3-11 可知：1# 地裂缝发育宽度和落差的稳定值为 0.37 m 和 0.74 m，工作面推进位置滞后于 1# 地裂缝的距离为 −36～−12 m 时，其发育宽度和落差的实测值处于缓慢增长阶段，说明此时受工作面采掘扰动的超前影响较小；当工作面推进位置由滞后于 1# 地裂缝变为超前于 1# 地裂缝，即工作面推进位置相对于 1# 地裂缝的距离为 −9～12 m 时，其发育宽度和落差的实测值快速增大，说明 −9～12 m 的范围处于工作面采掘扰动剧烈影响区域；当工作面继续向前推进，其发育宽度和落差的实测值趋于稳定。

当工作面推进位置相对于 2# 地裂缝的距离为 −12～12 m 时，其发育宽度

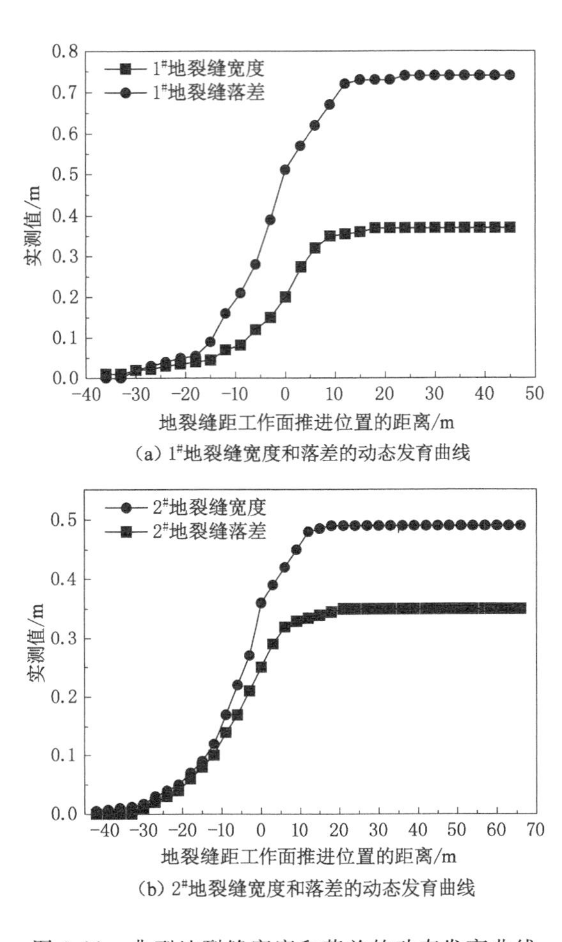

(a) 1#地裂缝宽度和落差的动态发育曲线

(b) 2#地裂缝宽度和落差的动态发育曲线

图 3-11 典型地裂缝宽度和落差的动态发育曲线

和落差也呈现快速增长态势，与 1# 地裂缝该阶段的动态发育特点一致。通过分析地裂缝长度的动态延伸曲线，地裂缝长度处于快速延伸阶段时，工作面推进长度约为 32 m；当地裂缝发育宽度和落差处于快速增长阶段时，工作面推进长度约为 21 m。该结果说明地裂缝中心位置的发育宽度和落差趋于稳定时，其在三维方向的动态发育进程并未终止，而是仍然受到工作面采掘扰动影响。这一点主要表现为地裂缝长度的动态延伸。通过调研 1# 和 2# 地裂缝的发育形态发现，主要表现为工作面对应地表中部位置的地裂缝发育宽度和落差较大；而愈向工作面对应的地表两侧延伸，地裂缝发育宽度和落差愈小。当延伸到一定区域时，地裂缝尖灭。地裂缝发育形态似细纺锤形，延伸方向显著受到地表起伏变化的影响。

3.2.3 采动地裂缝动态发育规律

通过上述对不同生产地质条件下工作面采动地裂缝动态发育的过程分析可知，喀斯特山区浅埋煤层采动地裂缝的动态发育具有以下 3 个特点：

（1）新产生的地裂缝以一定距离超前于工作面当前推进位置发育，超前距与地表坡度和煤层埋深相关。地表坡度较大和煤层埋深较深的陡坡或坡度陡然变化的斜坡，超前距一般较大；而地表坡度较小和煤层埋深较浅的平缓地带或冲沟发育区，超前距一般较小。随着工作面持续推进，地裂缝由工作面中部对应地表向工作面两侧对应地表延伸，延伸方向显著受到地表起伏变化的影响。

（2）地裂缝的发育宽度和落差随工作面推进呈动态变化。当工作面推进位置由滞后于地裂缝变为超前于地裂缝时，发育宽度呈缓慢增加→快速突增→缓慢减小→趋于稳定的动态变化规律，而落差呈缓慢增加→快速突增→趋于稳定的动态变化规律。发育宽度和落差的快速突增阶段也是工作面开采对覆岩及表土层的强烈扰动阶段。

（3）地裂缝长度的动态延伸可分为缓慢增长阶段、快速增长阶段和趋于稳定阶段，其中快速增长阶段为地裂缝延伸的主要阶段。当地裂缝发育宽度和落差趋于稳定值时，其在三维方向的动态发育过程并未终止，而是集中表现为发育长度的动态延伸。该结果表明发育长度的延伸周期大于发育宽度和落差的扩展周期。

3.3 喀斯特山区浅埋煤层开采覆岩破断失稳特征及地裂缝发育过程

由岩体力学理论可知，天然岩体由岩块和结构面如层理、片理、节理和断层等组成，其中结构面对岩体的拉伸、剪切等力学变形行为起着重要作用[103-104]。UDEC 数值模拟软件基于岩体这一特点，充分考虑了岩块单元内的应力、应变情况，同时通过模拟岩块间的接触关系能真实再现结构面与岩块的相互作用，能形象地再现岩块相互错动、垮落失稳或变形破坏，因而适用于模拟煤炭开采过程中的顶板破断失稳和地裂缝发育。喀斯特山区浅埋煤层采动地裂缝的发育及其动态变化是覆岩破断失稳导致地表不均匀沉陷的具体表征。为明晰喀斯特山区浅埋煤层覆岩破断失稳规律及地裂缝发育过程，基于安顺煤矿浅埋煤层工作面重复采动的生产地质条件，采用 UDEC 数值模拟方法分析工作面持续推进的覆岩破断失稳及地裂缝发育过程。

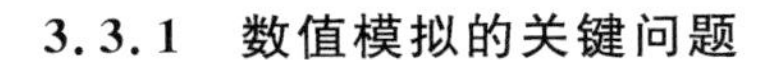

3.3.1 数值模拟的关键问题

3.3.1.1 数值模型

安顺煤矿主采 M8、M9 煤层，煤层间距为 12.24～25.83 m，平均层间距为 18 m，属近距离双煤层重复采动。M8 煤层平均厚度为 1.98 m，直接顶为黏土岩、粉砂质黏土岩，基本顶为石灰岩，底板为黏土质粉砂岩、粉砂质黏土岩。M9 煤层平均厚度为 2 m，直接顶为泥质粉砂岩，基本顶为灰岩，底板为黏土岩、粉砂岩。为探明喀斯特山区浅埋煤层开采的覆岩破断及地裂缝发育过程，以 9100 工作面为数值计算原型，在不影响获得准确数值模拟结果的前提下，通过适当简化建立了真实再现地表起伏变化的 UDEC 数值计算模型，如图 3-12 所示。地表为中低山地貌，山坡为复合型坡体。

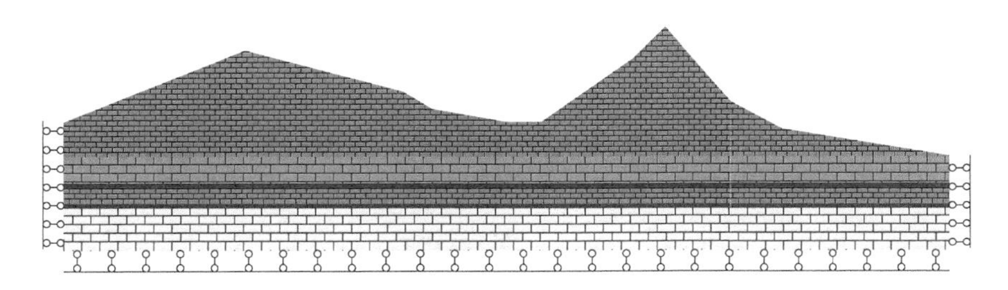

图 3-12　9100 工作面 UDEC 数值计算模型

模型尺寸为 1 000 m×(110～260)m，两侧边界煤柱各为 80 m，工作面推进长度为 840 m，按照基本顶周期来压步距确定每步开挖 22 m。本构方程遵从莫尔-库仑屈服准则，沿模型铅垂方向施加水平应力，侧压系数设定为 1.2；模型底部和侧面边界的位移和速度限定为 0。数值模拟计算过程为：初始应力平衡→M8 煤层分步开挖→M9 煤层分步开挖。沿模型坡面每间隔 10 m 设置 1 个监测点，沿工作面走向共设置 100 个监测点用于记录工作面推进时坡体垂直位移和水平位移的动态变化。

3.3.1.2 煤岩体物理力学参数

准确合理地确定煤岩体物理力学参数对获取合理可靠的数值模拟结果尤为重要。陈晓祥等[105]结合经验、实测与理论，认为煤岩体物理力学参数(如弹性模量、黏聚力和抗拉强度等)的取值应为实验室测值的 20%～33%，泊松比取值为煤岩块的 1.2～1.4 倍。蔡美峰院士[106]建议煤岩体弹性模量、黏聚力和抗拉强度取值为实验室测值的 10%～25%，泊松比取值为实验测定结果的 1.2～1.4 倍。Mohammad 等[107]认为煤岩体刚度取值可取实验室测值的 46.9%，单轴抗

压强度可取实验室测值的28.4%。综合以上学者建议的取值范围，该数值模拟确定煤岩体的体积模量、剪切模量、黏聚力和抗拉强度的取值为实验室测值的20%，泊松比取值为实验室测值的1.2倍。根据煤岩体及其节理的物理力学参数测定结果，得出数值模拟所需的煤岩体及其节理的物理力学参数，分别如表3-6和表3-7所列。

表3-6　煤岩体物理力学参数

岩层名称	密度/(kg/m³)	体积模量/GPa	剪切模量/GPa	抗拉强度/MPa	黏聚力/MPa	内摩擦角/(°)
坡体	1 700	1.8	1.1	1.5	2.0	22
覆岩	2 400	4.0	3.0	3.0	2.8	27
灰质砂岩	2 600	5.2	4.0	3.8	6.0	32
石灰岩	2 750	6.5	5.3	5.0	7.0	38
细砂岩	2 550	6.3	4.8	4.2	5.5	30
黏土质粉砂岩	2 500	6.2	4.5	3.5	3.0	28
黏土岩	2 100	3.0	1.3	2.0	2.5	26
煤层	1 400	1.7	1.0	1.4	1.6	20
底板	2 650	6.6	5.0	3.7	3.2	30

表3-7　煤岩体节理物理力学参数

岩层名称	法向刚度/GPa	切向刚度/GPa	抗拉强度/MPa	黏聚力/MPa	内摩擦角/(°)
坡体	3.0	1.5	0.01	0.02	13
覆岩	4.0	2.5	0	0.10	17
灰质砂岩	7.0	3.5	0.025	0.02	20
石灰岩	9.0	6.5	0.1	0.07	25
细砂岩	7.0	5.2	0.08	0.06	22
黏土质粉砂岩	6.0	3.0	0.06	0.04	18
黏土岩	4.0	2.5	0	0.02	14
煤层	2.0	1.0	0	0.05	12
底板	10	8.0	1.0	0.12	20

3.3.1.3　采动地裂缝发育的评价指标

以往研究成果[108-110]表明采动地裂缝的发育改变了地表水平变形的理论值，并使地表水平移动曲线发生不均匀、不连续变化。水平移动对地表起伏变化

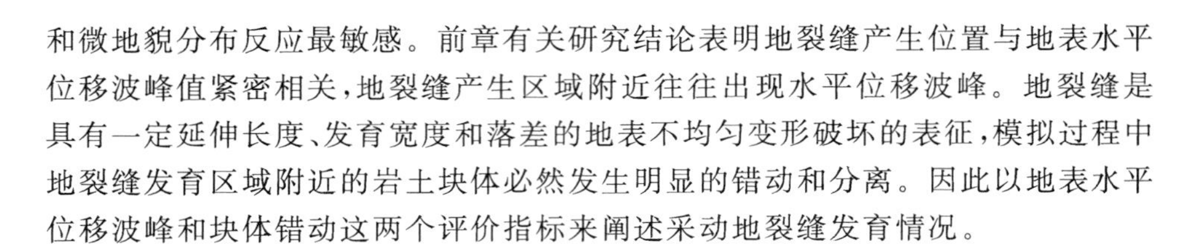

和微地貌分布反应最敏感。前章有关研究结论表明地裂缝产生位置与地表水平位移波峰值紧密相关，地裂缝产生区域附近往往出现水平位移波峰。地裂缝是具有一定延伸长度、发育宽度和落差的地表不均匀变形破坏的表征，模拟过程中地裂缝发育区域附近的岩土块体必然发生明显的错动和分离。因此以地表水平位移波峰和块体错动这两个评价指标来阐述采动地裂缝发育情况。

3.3.2 单层采动的覆岩破断失稳特征及地裂缝发育过程

为准确合理地再现浅埋煤层开采的覆岩破断失稳及地裂缝发育过程，对UDEC数值模拟图进行了放大处理，以便清晰地说明数值模拟效果。

3.3.2.1 地裂缝初始发育阶段

当M8煤层推进60 m时，基本顶发生了初次破断，破断长度约为45 m，此时基本顶的悬顶长度约为6 m。基本顶断裂形式为滑落失稳，基本顶之上的岩层没有明显的离层。

当M8煤层推进90 m时，基本顶发生了第一次周期破断，并垮落进而充满采空区，基本顶与其上覆岩层之间出现了明显的离层。上覆岩层为悬臂梁形式，并发育有水平离层与纵向裂隙，裂隙发育高度约为71.7 m，此时地表未出现明显的地裂缝。

当M8煤层推进120 m时，基本顶继续破断失稳，基本顶下分层以台阶下沉和滑落失稳形式破断，下分层与上分层之间产生离层。基本顶之上的岩层发生垮落失稳，基本顶与其上覆岩层的离层消失，裂隙发育高度和范围明显增加，采动影响范围直达地表，出现了明显的地表下沉。此时距模型左侧边界178 m处的地表发育了地裂缝DLF-1，发育宽度和深度分别为0.316 m和28.2 m；距模型左侧边界210.4 m处发育了地裂缝DLF-2，发育宽度和深度分别为0.10 m和19.8 m。

由图3-13可知，当M8煤层推进90 m时，地表最大下沉量为0.33 m；地表水平位移曲线较为平缓且无明显的波峰值，最大水平位移为0.09 m。通过图3-14可知，此时地表没有地裂缝发育。当M8煤层推进120 m时，地表最大下沉量突增至1.32 m，说明地层发生了整体式运移，采掘扰动范围扩展至地表；地表最大水平位移由0.09 m突增至0.52 m。当工作面分别推进至140 m和175 m时，地表水平位移曲线有两处明显的波峰，波峰值分别为0.52 m和0.41 m。通过图3-14可知，此时地表发育了采动地裂缝DLF-1和DLF-2。

3.3.2.2 地裂缝周期发育阶段

（1）由图3-15可知：

① 当M8煤层推进150 m时，基本顶以悬臂梁形式破断，裂隙发育范围持

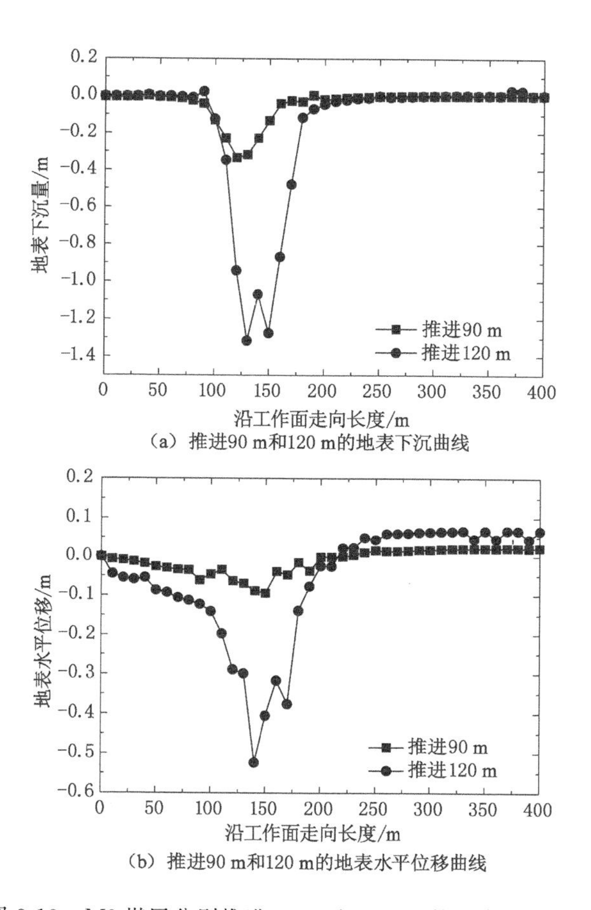

（a）推进90 m和120 m的地表下沉曲线

（b）推进90 m和120 m的地表水平位移曲线

图 3-13　M8 煤层分别推进 90 m 和 120 m 的地表移动曲线

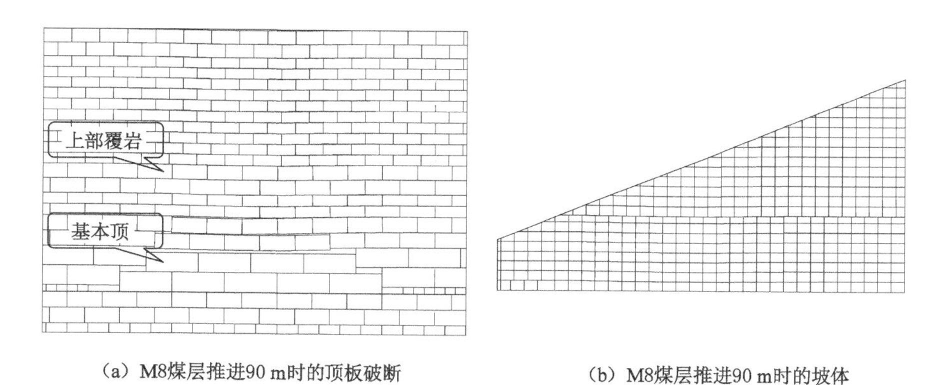

（a）M8煤层推进90 m时的顶板破断　　（b）M8煤层推进90 m时的坡体

图 3-14　地裂缝初始产生阶段

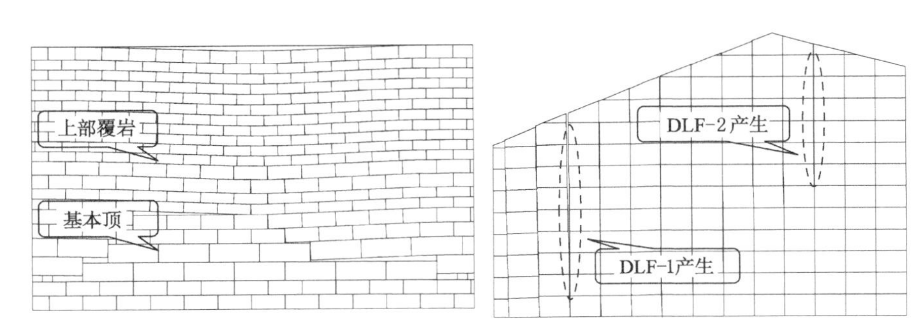

(c) M8煤层推进120 m时的顶板破断　　(d) M8煤层推进120 m时的地裂缝发育

图 3-14(续)

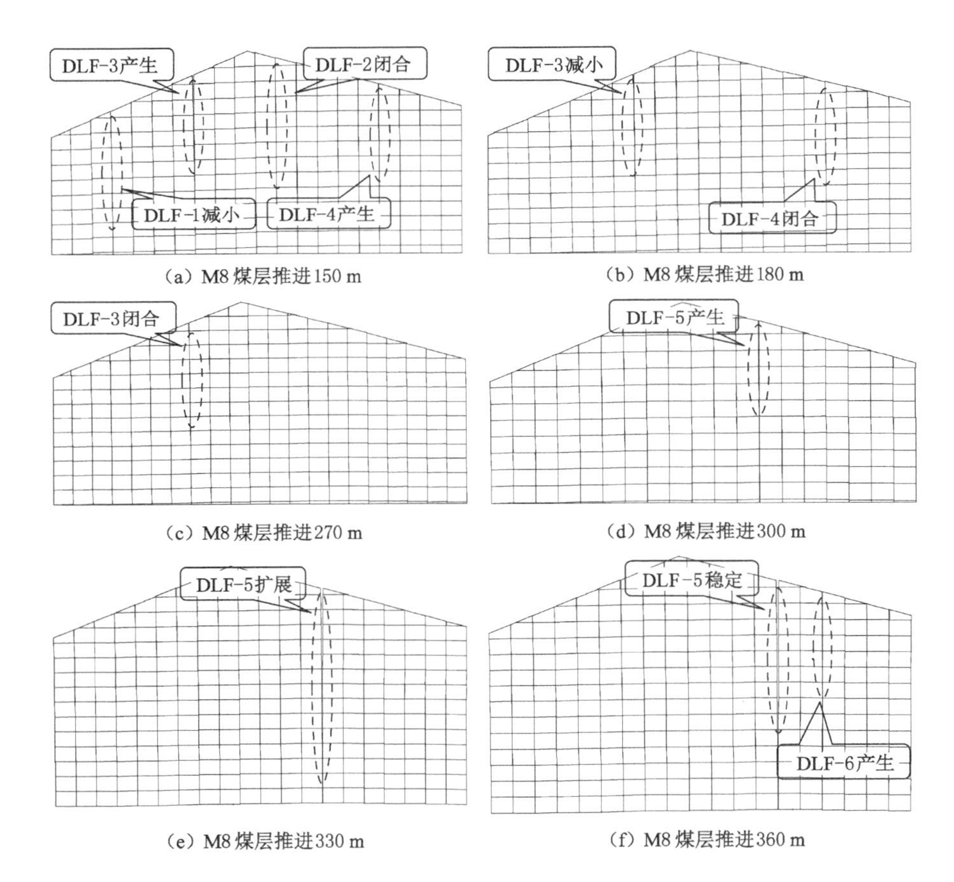

(a) M8 煤层推进150 m　　(b) M8 煤层推进180 m

(c) M8 煤层推进270 m　　(d) M8 煤层推进300 m

(e) M8 煤层推进330 m　　(f) M8 煤层推进360 m

图 3-15　M8 煤层推进 150～360 m 范围时的地裂缝发育过程

续扩大。地裂缝 DFL-1 发育具有动态性，发育宽度由 0.32 m 减小至 0.14 m；地裂缝 DFL-2 由张开变为闭合。距模型左侧边界 193.8 m 处的地表发育了地裂缝 DLF-3，发育宽度和深度分别为 0.36 m 和 22.7 m；距模型左侧边界 230.3 m 处的地表发育了地裂缝 DLF-4，发育宽度为 0.1 m。

② 当 M8 煤层推进 180 m 时，基本顶发生周期来压，仍以悬臂梁形式发生破断。地裂缝 DLF-3 的发育宽度和深度分别减小至 0.22 m 和 4.7 m，地裂缝 DLF-4 闭合。

③ 当 M8 煤层推进 270 m 时，地表没有新的地裂缝发育，原有 4 条地裂缝均闭合。这说明地裂缝具有动态发育性，为"张开—闭合"的动态发育过程。

④ 当 M8 煤层推进 300 m 时，地裂缝 DLF-5 产生，初始发育宽度为 0.1 m。

⑤ 当 M8 煤层推进 330 m 时，因受采掘扰动持续影响，地裂缝 DLF-5 发育宽度增加至 0.51 m。随工作面持续推进，其发育尺度趋于稳定，最终发育为永久性地裂缝。

（2）由图 3-16 可知：

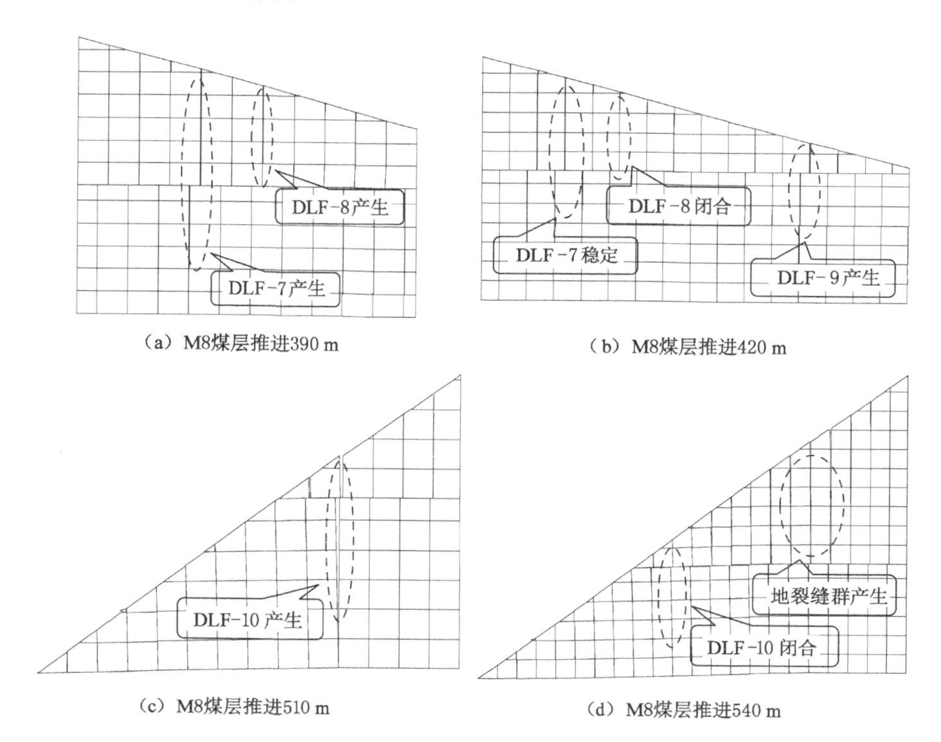

图 3-16　M8 煤层推进 390～540 m 范围时的地裂缝发育

① 当M8煤层推进390 m时，地裂缝DLF-5和DLF-6的发育形态和发育尺度没有显著变化。距模型左侧边界330.5 m和339 m处的地表发育了地裂缝DLF-7、DLF-8，两者相距约8.3 m。地裂缝DLF-7的发育宽度和深度分别为0.12 m和26.36 m，地裂缝DLF-8的发育宽度和深度分别为0.10 m和10.3 m。

② 当M8煤层推进420 m时，地裂缝DLF-7的发育形态和发育尺度趋于稳定，地裂缝DLF-8闭合。距模型左侧边界367 m处的地表发育了地裂缝DLF-9，发育宽度和深度分别为0.2 m和18.6 m。

③ 当M8煤层推进480 m时，地裂缝DLF-9不断扩展，发育宽度和深度分别增加至0.33 m和24.7 m。距模型左侧边界386～540 m范围的地表为平缓地带，地表最大坡度为11°，此处地表没有采动地裂缝发育。

④ 当M8煤层推进510 m时，基本顶仍以悬臂梁形式发生垮落失稳，悬顶长度接近50 m。地裂缝DLF-7、DLF-8和DLF-9发育位置的地表处于沉陷稳定状态，3条地裂缝发育为永久性地裂缝。距模型左侧边界580 m处的地表发育了拉伸型地裂缝DLF-10，发育宽度和深度分别为0.5 m和28.7 m。

⑤ 当M8煤层推进540 m时，地裂缝DLF-10由张开变为闭合，距地裂缝DLF-10 20 m处的地表发育了地裂缝群，由4条地裂缝组成，间距约为5 m，发育宽度分别为0.2 m、0.12 m、0.21 m和0.43 m。

（3）由图3-17可知：

① 当M8煤层推进570 m时，地裂缝群趋于闭合。距模型左侧边界615.4 m处即距地裂缝群10 m处的地表发育了拉伸型地裂缝DLF-11，发育宽度和深度分别为0.7 m和26.3 m。距地裂缝DLF-11发育位置38.5 m处的地表发育了地裂缝DLF-12，发育宽度和深度分别为0.1 m和39.5 m。

② 当M8煤层推进600 m时，地裂缝DLF-11由张开变为闭合，地裂缝DLF-12继续扩展，其发育宽度增加至0.36 m。坡体顶部两侧发育了地裂缝DLF-13和DLF-14，地裂缝DLF-13的发育宽度和深度分别为0.31 m和31.9 m，地裂缝DLF-14的发育宽度和深度分别为0.14 m和28.7 m。

③ 当M8煤层推进630 m时，地裂缝DLF-12由扩展变为闭合，地裂缝DLF-13逐渐扩展，其发育宽度由0.31 m增加至0.45 m，发育深度由31.9 m增加至52 m。地裂缝DLF-14闭合，而地裂缝DLF-15产生。

④ 当M8煤层推进660 m时，地裂缝DLF-13和DLF-15闭合，地裂缝DLF-16产生，其发育宽度和深度分别约为0.41 m和42 m。当M8煤层由690 m推进至840 m时，地表为平缓斜坡，最大坡度为9°，地表没有明显的地裂缝发育。

以上所述，明晰了单层采动时地裂缝随工作面推进的发育过程及顶板破断失稳特征。主要获得了以下两点认识：

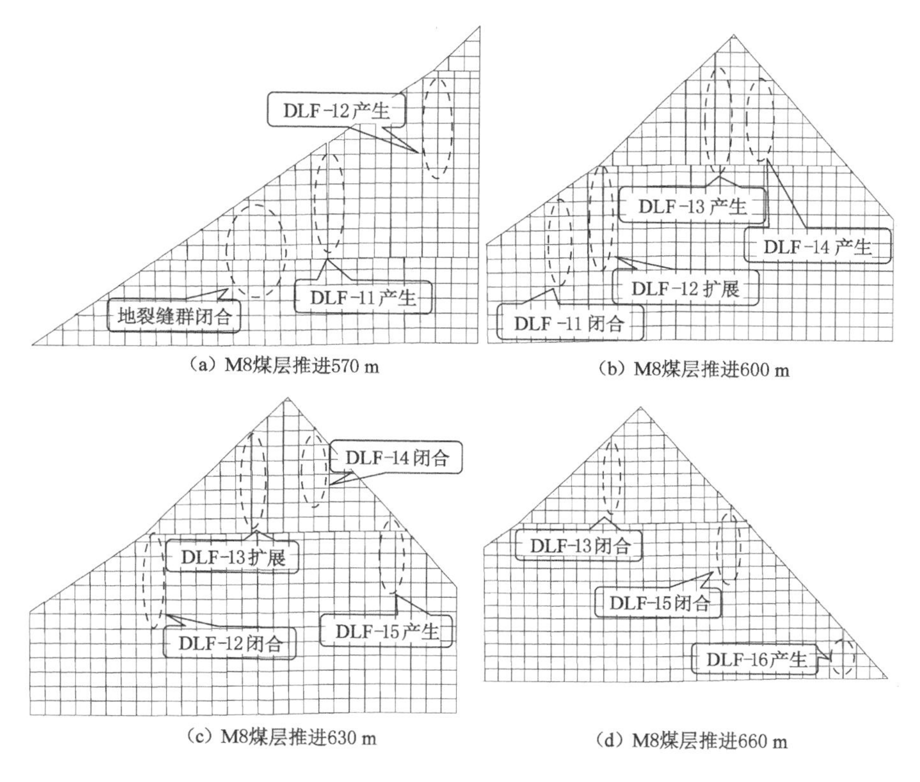

图 3-17　M8 煤层推进 570～660 m 范围时的地裂缝发育

（1）临时性地裂缝具有明显的动态性发育特征，其发育为“产生—扩展—闭合”的动态过程，此结论与现场实测结果一致。永久性地裂缝的发育为“产生—扩展—稳定”的动态过程。受采掘扰动持续作用，地裂缝的发育宽度、延伸长度和深度沿三维方向持续增加。当地表沉陷趋于稳定后，永久性地裂缝的发育尺度也趋于稳定。与临时性地裂缝不同，永久性地裂缝对地表造成了显著损伤。地裂缝的发育主要受控于厚硬岩层破断失稳和地表起伏变化。地裂缝多发育于坡度较大的陡坡或坡度陡然变化的斜坡，此结论与现场实测所得结果一致。

（2）地裂缝发育位置处的下部岩层具有明显的纵向裂缝，裂缝以一定深度延伸，至一定深处尖灭。地表陡坡处易发育地裂缝群，进而容易诱发山体滑坡等地质灾害。地裂缝往往在基本顶破断失稳后，由裂隙扩展至地表后产生。因此地裂缝发育位置相对于工作面推进位置，往往具有一定的滞后距离。

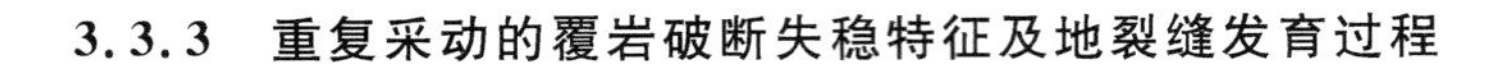

3.3.3 重复采动的覆岩破断失稳特征及地裂缝发育过程

近距离煤层群重复采动是喀斯特山区浅埋煤层赋存的鲜明特点。浅埋煤层重复采动导致地表发育新的地裂缝，同时单层采动时已闭合地裂缝受重复采动作用发生活化，因而明晰重复采动的覆岩破断失稳特征及地裂缝发育过程具有重要的现实意义。以下针对 M9 煤层工作面重复采动的地裂缝发育过程进行详细阐述。

由图 3-18 可知，当 M9 煤层推进 90 m 时，基本顶及其上覆岩层粉砂岩协同破断失稳，与关键层细砂岩形成离层，离层最大值约为 2.36 m。关键层细砂岩未出现破断失稳，以悬臂梁形式承载上覆岩层。因关键层细砂岩对上覆岩层的控载作用，地表没有发育地裂缝。

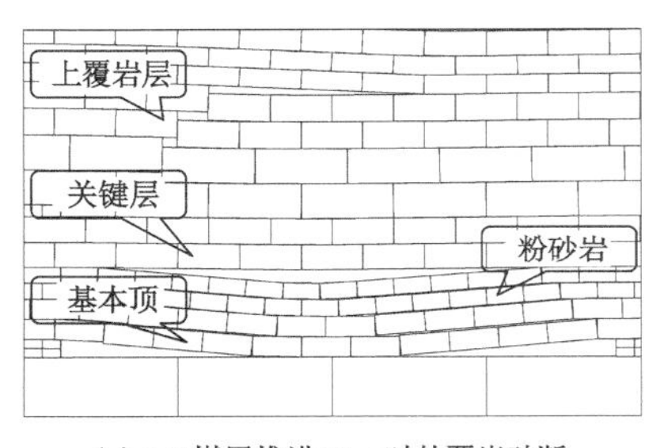

(a) M9煤层推进90 m时的覆岩破断

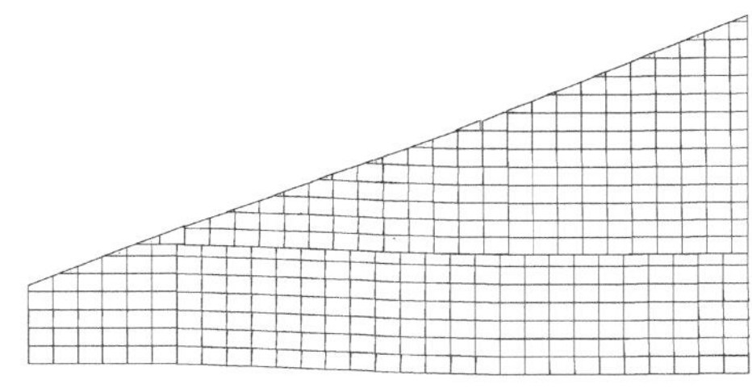

(b) M9煤层推进90 m时的地裂缝发育

图 3-18 M9 煤层推进 90 m 时的覆岩破断和地裂缝发育

由图 3-19 可知，当 M9 煤层推进 120 m 时，基本顶及其上覆岩层粉砂岩继续协同破断失稳，关键层细砂岩由悬顶状态变为破断失稳状态，粉砂岩与关键层细砂岩之间仍发育有高度约为 1.37 m 的离层。这说明关键层细砂岩并未完全破断，岩块的互相铰接形态保持着对上覆岩层的控载作用。与 M9 煤层推进 90 m 时相比，此阶段地表出现了较为明显的下沉。斜坡顶部发育了地裂缝 DLF-1，发育宽度和深度分别约为 0.22 m 和 4.85 m。单层采动时发育的地裂缝 DLF-5，因受重复采动作用，此阶段由之前的稳定状态发生了二次发育，其发育宽度由之前稳定状态时的 0.51 m 增加至 0.7 m，发育深度由 43 m 增加至 54 m。这说明重复采动活化了单层采动时已经趋于稳定状态的采动地裂缝。

由图 3-20 可知，当 M9 煤层推进 150 m 时，基本顶及其上部粉砂岩继续协同破断失稳。关键层细砂岩持续破断失稳，岩块仍呈铰接状态，地表整体表现为缓慢下沉。粉砂岩层与其之上的关键层细砂岩之间仍发育有高度约为 0.76 m 的离层，说明关键层细砂岩仍对上覆岩层具有一定的荷载控制作用。地裂缝

(a) M9煤层推进120 m时的覆岩破断

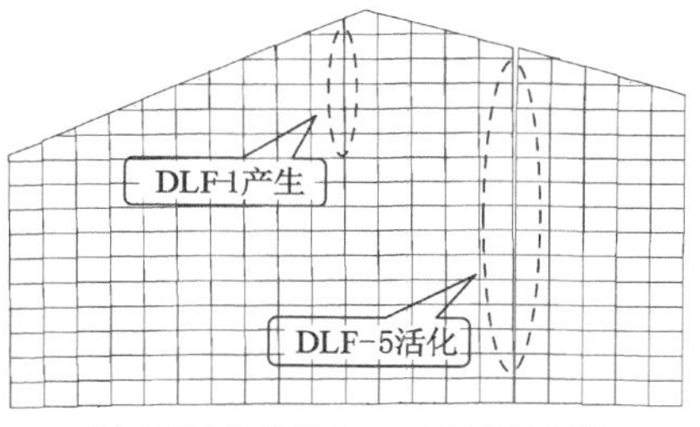

(b) M9煤层推进120 m时的地裂缝发育

图 3-19 M9 煤层推进 120 m 时的覆岩破断和地裂缝发育

DLF-1 继续扩展，发育宽度由 0.22 m 增加至 0.51 m，发育深度由 4.85 m 纵向延伸至 16.7 m。单层采动时发育的地裂缝 DLF-5 趋于稳定状态。该裂缝邻近发育了地裂缝 DLF-2 和 DLF-3，其发育宽度均约为 0.2 m，发育深度分别为 22.8 m 和 28.7 m。

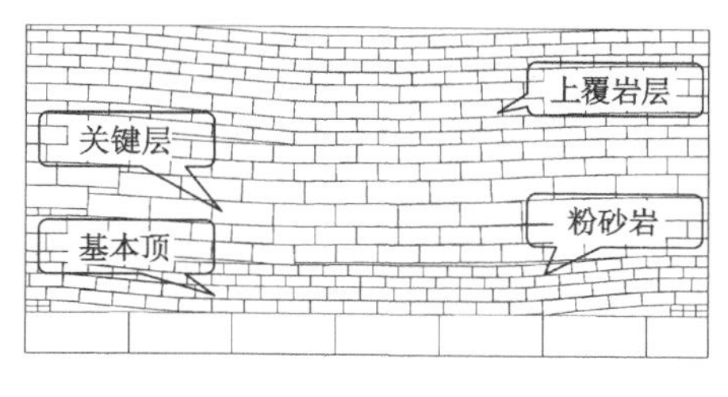

(a) M9煤层推进150 m时的覆岩破断

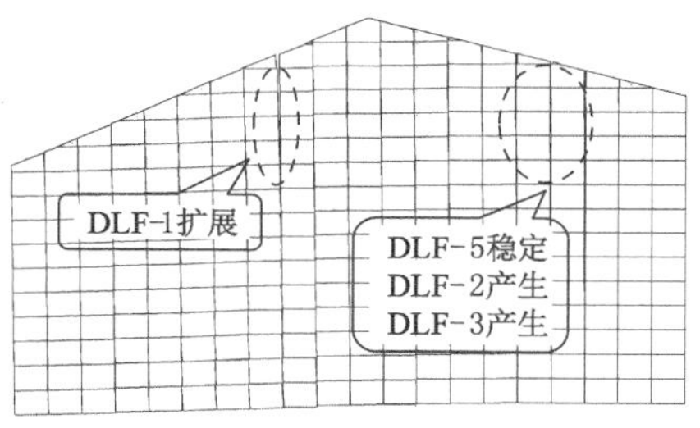

(b) M9煤层推进150 m时的地裂缝发育

图 3-20 M9 煤层推进 150 m 时的覆岩破断和地裂缝发育

由图 3-21 可知，当 M9 煤层推进 180 m 时，粉砂岩继续随基本顶协同破断失稳。关键层细砂岩仍表现为缓慢下沉，岩块仍保持铰接状态。粉砂岩层与关键层细砂岩层之间的离层消失，说明此阶段的关键层达到了垮断极限，上覆岩层随关键层破断而垮落。地裂缝 DLF-1、DLF-5 的发育状态趋于稳定，地裂缝 DLF-2 和 DLF-3 的发育宽度和深度没有明显变化。距地裂缝 DLF-3 约 12 m 处的地表发育了地裂缝 DLF-4，发育宽度和深度分别为 0.1 m 和 22.7 m。

由图 3-22 可知，当 M9 煤层推进 210 m 时，粉砂岩与基本顶持续协同破断失稳，关键层细砂岩运动形式仍为缓慢下沉。距模型左侧边界 310～327 m 处的地表发育了地裂缝 DLF-5 和 DLF-6，发育宽度分别为 0.2 m 和 0.24 m，发育深度分别为 19.7 m 和 17.6 m。在重复采动作用下，单层采动时发育的地裂缝

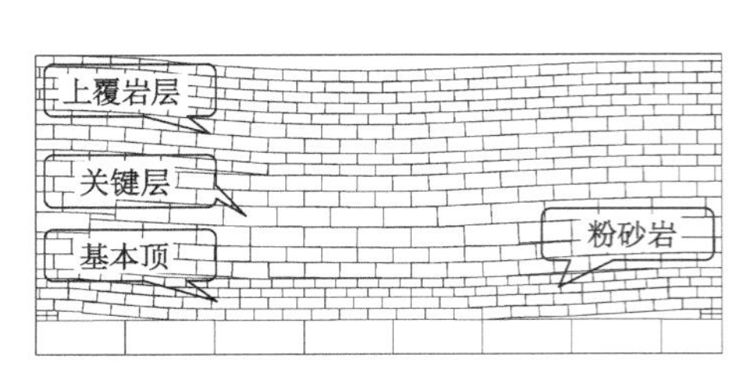

(a) M9煤层推进180 m时的覆岩破断

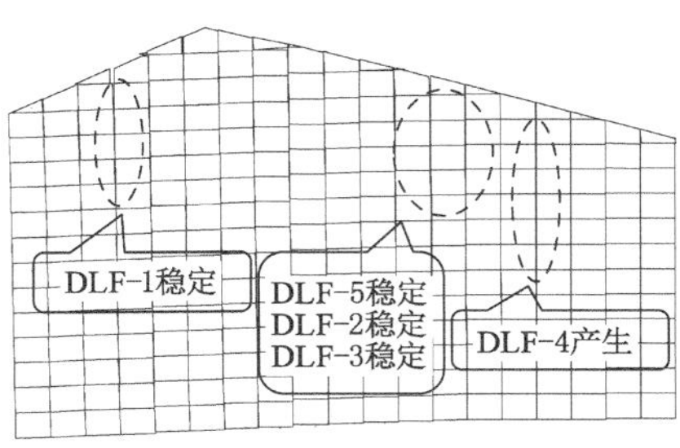

(b) M9煤层推进180 m时的地裂缝发育

图 3-21 M9 煤层推进 180 m 时的覆岩破断和地裂缝发育

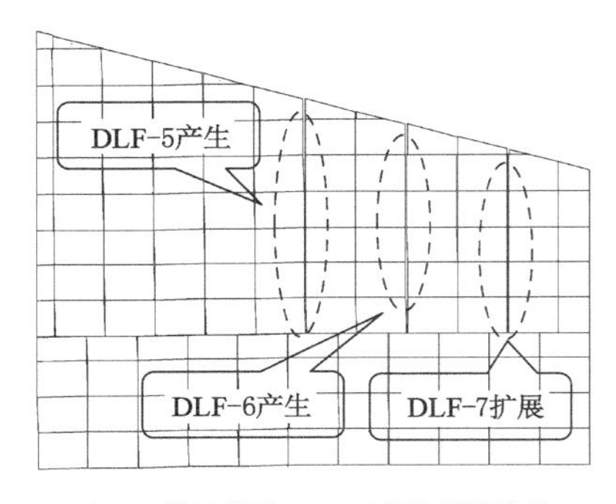

(a) M9煤层推进210 m时的地裂缝发育

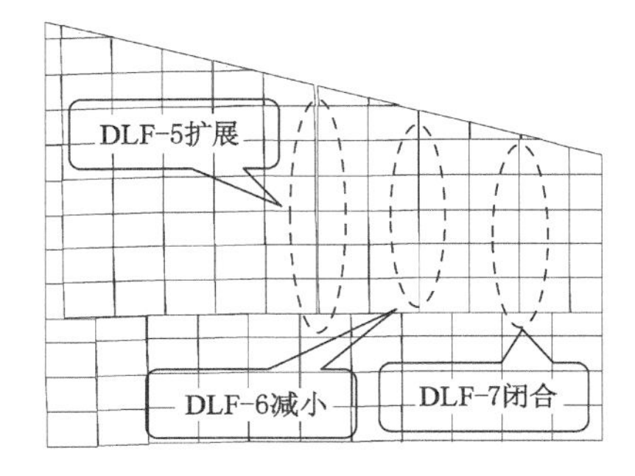

(b) M9煤层推进240 m时的地裂缝发育

图 3-22 M9 煤层推进 210 m 时的覆岩破断和地裂缝发育(地表范围为 310～327 m)

DLF-7 的发育宽度由 0.18 m 增加至 0.23 m,发育深度由 15.6 m 增加至 29.4 m。当 M9 煤层推进 240 m 时,地裂缝 DLF-5 扩展,发育宽度和深度分别增加至 0.32 m 和 30.66 m。地裂缝 DLF-6 逐渐减小,发育宽度和深度分别减小至 0.1 m 和 11.25 m。此时单层采动时发育的地裂缝 DLF-7 闭合。M9 煤层推进 270 m 和 300 m 时,地裂缝 DLF-5 由扩展变为闭合,地裂缝 DLF-6 由减小也变为闭合。

由图 3-23 可知,单层采动时发育的永久性地裂缝 DLF-8 和 DLF-9,发育宽度分别为 0.2 m 和 0.14 m,发育深度分别为 24.7 m 和 8.7 m。当 M9 煤层推进 210 m 时,其发育宽度和深度没有显著变化。当 M9 煤层推进 240 m 时,地裂缝 DLF-8 的发育宽度和深度分别增大至 0.3 m 和 31.7 m,地裂缝 DLF-9 的发育宽度和深度减小至 0.1 m 和 5.6 m。当 M9 煤层推进至 270 m 时,地裂缝 DLF-8

的发育宽度和深度没有显著变化，地裂缝 DLF-9 的发育宽度和深度增加至 0.2 m 和 11.7 m。当 M9 煤层推进 300 m 时，地裂缝 DLF-8 和 DLF-9 最终都趋于稳定状态。距模型左侧边界 386～540 m 的地表为平缓地带，地表最大坡度为 11°。当 M9 煤层推进 330～480 m 时，地表没有地裂缝发育。

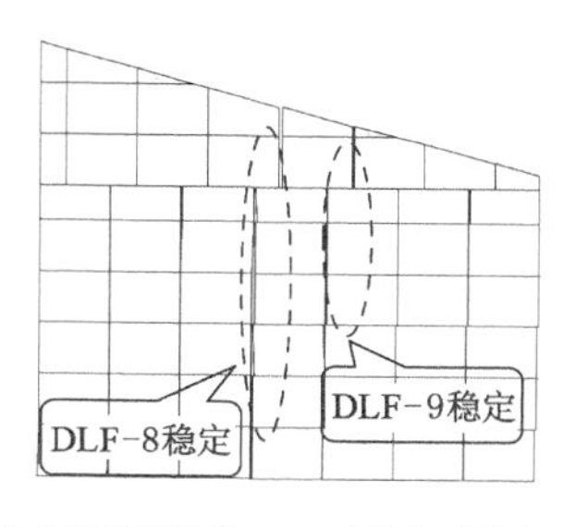

(a) M9煤层推进210 m时的地裂缝发育

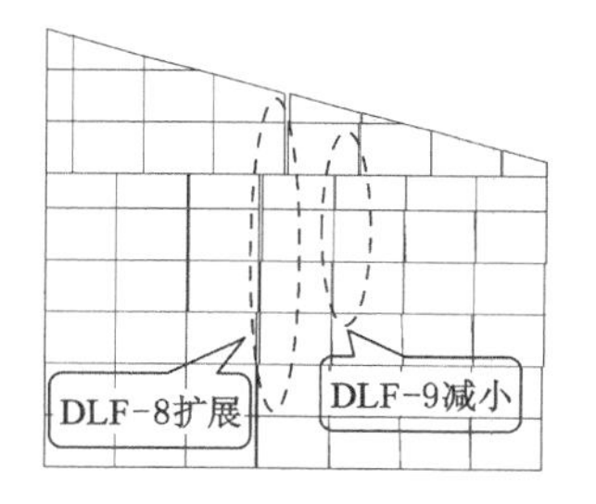

(b) M9煤层推进240 m时的地裂缝发育

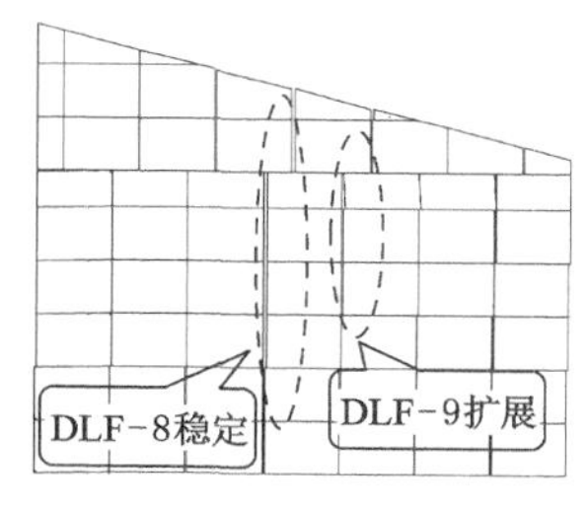

(c) M9煤层推进270 m 时的地裂缝发育

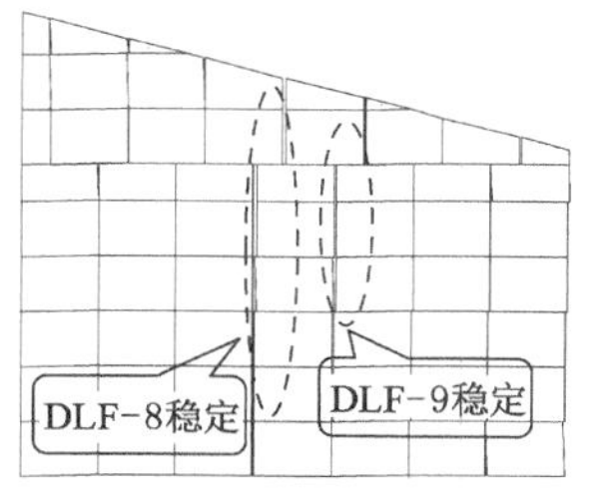

(d) M9煤层推进300 m时的地裂缝发育

图 3-23　M9 煤层推进 210 m、240 m、270 m 和 300 m 时的地裂缝发育(地表范围为 355～383 m)

由图 3-24 可知，当 M9 煤层推进 510 m 时，距模型左侧边界 584 m 处的地表发育了地裂缝 DLF-7、DLF-8 和 DLF-9，发育宽度分别为 0.42 m、0.21 m 和 0.33 m。当 M9 煤层推进 540 m 时，地裂缝 DLF-7 和 DLF-8 闭合，而拉伸型地裂缝 DLF-9 持续扩展，发育宽度由 0.33 m 增加至 0.82 m。地裂缝 DLF-10 产生，发育宽度为 0.3 m。当 M9 煤层推进 570 m 时，地裂缝 DLF-9 闭合，地裂缝 DLF-10 的发育宽度由 0.3 m 增加至 0.42 m，地裂缝 DLF-11 产生，初始发育宽度为 0.54 m。

由图 3-25 可知，当 M9 煤层推进 600 m 时，地裂缝 DLF-10 由扩展变为趋于稳定状态，发育宽度为 0.45 m。地裂缝 DLF-11 闭合，地裂缝 DLF-12 和 DLF-13 产生，其发育宽度分别为 0.42 m 和 0.62 m。当 M9 煤层推进 630 m 时，地裂缝 DLF-12 和 DLF-13 闭合，地裂缝 DLF-14 和 DLF-15 产生，地裂缝 DLF-14 的发育宽度和深度分别为 0.97 m 和 66 m，地裂缝 DLF-15 的发育宽度和深度分别

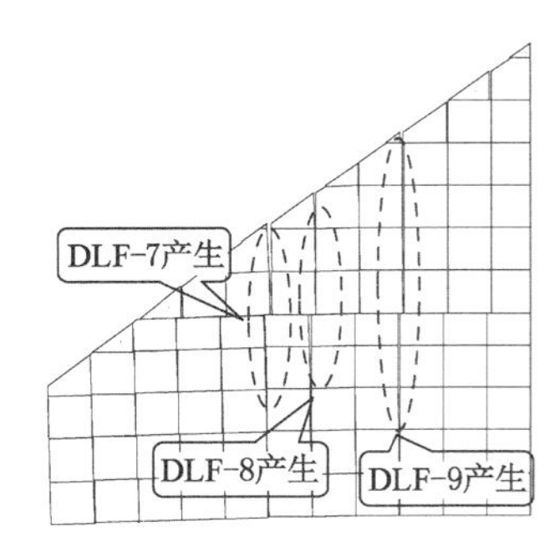

(a) M9煤层推进510 m时的地裂缝发育

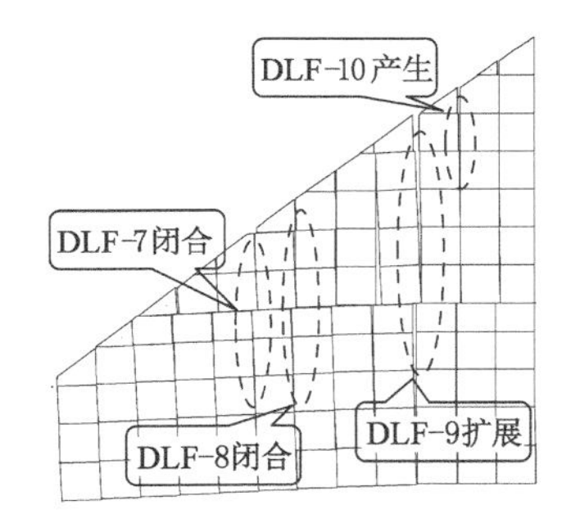

(b) M9煤层推进540 m时的地裂缝发育

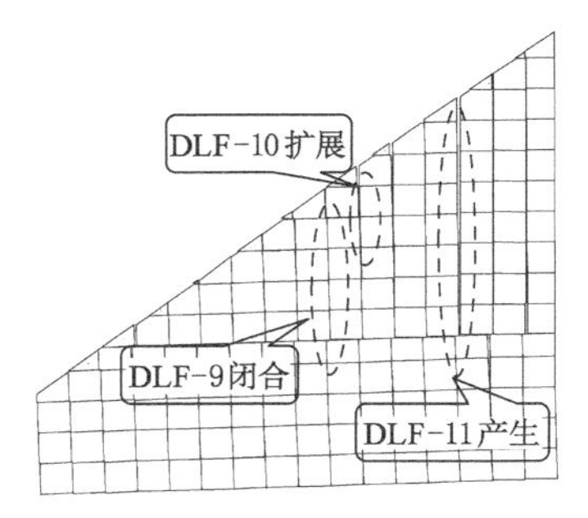

(c) M9煤层推进570 m时的地裂缝发育

图 3-24　M9 煤层推进 510 m、540 m 和 570 m 时的地裂缝发育(地表范围为 560～612 m)

为 0.68 m 和 61.7 m。当 M9 煤层推进 660 m 时，地裂缝 DLF-14 和 DLF-15 闭合，地裂缝 DLF-16 产生，其发育宽度和深度分别为 0.41 m 和 46.7 m。当 M9 煤层推进 660～840 m 时，坡体无明显的地裂缝发育。

为深入阐明重复采动对地裂缝动态发育的影响规律，以单层采动时发育的典型地裂缝 DLF-5 为分析实例，从发育尺度和动态发育过程等角度，明晰重复采动对单层采动已发育地裂缝的具体影响特征。M8 煤层推进 300 m 时，地裂缝 DLF-5 初次发育于距模型左侧边界 222.3 m 处的地表，地表坡度为 16°。地裂缝 DLF-5 的初始发育宽度为 0.1 m。

单层采动和重复采动时的地裂缝 DLF-5 动态发育过程，如图 3-26 所示。由图 3-26(a)～(c)可知，单层采动时的地裂缝 DLF-5 动态发育过程可分为四个阶段，即地裂缝产生前的地表移动变形积累阶段、地裂缝产生阶段、地裂缝产生后的扩展阶段和地裂缝扩展后的稳定阶段。单层采动 300 m 前的阶段可视为

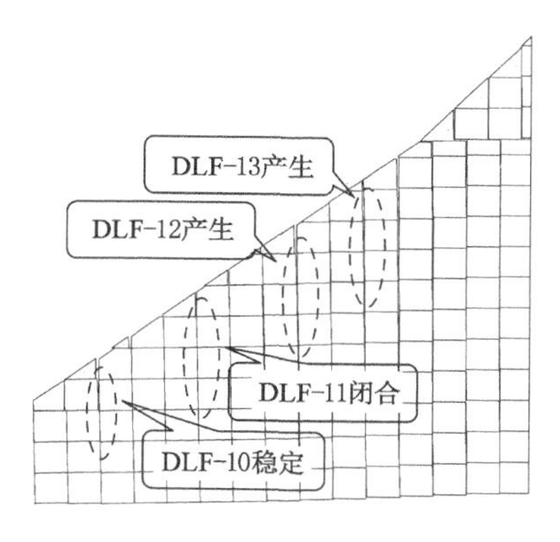

（a） M9煤层推进600 m时的地裂缝发育

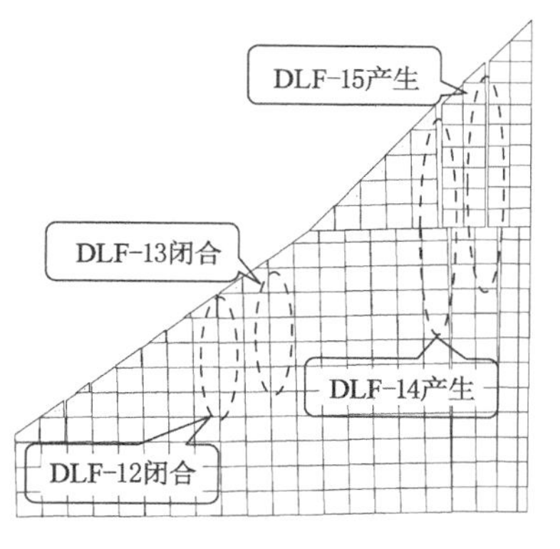

（b） M9煤层推进630 m时的地裂缝发育

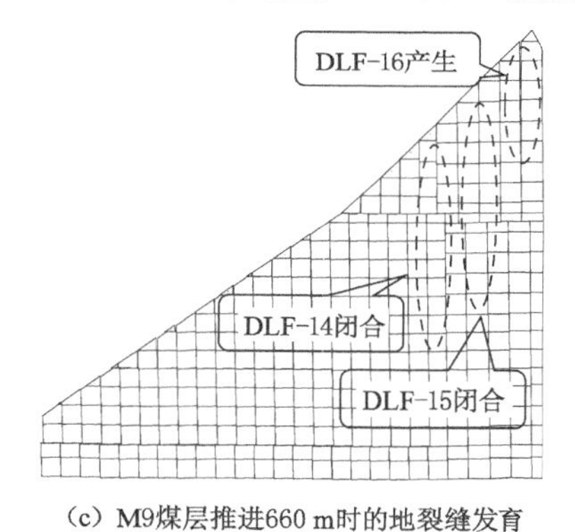

（c） M9煤层推进660 m时的地裂缝发育

图 3-25　M9 煤层推进 600 m、630m 和 660 m 时的地裂缝发育
（地表范围为 596～684 m）

地裂缝 DLF-5 产生前的地表移动变形积累阶段，由图 3-26(a)可知该阶段内，地表无明显的地裂缝发育。当 M8 煤层推进 300 m 时，因地表移动变形随采掘空间扩大而持续增加，地表各点移动变形的不均匀性更加突出。当地表移动变形超过其抵抗此变形的能力后，表土层产生变形破坏，地裂缝 DLF-5 因此产生。单层采动 330～600 m 时，地裂缝 DLF-5 的发育尺度无显著变化，发育宽度和深度分别为 0.51 m 和 48.3 m，此阶段可视为地裂缝 DLF-5 的扩展阶段。单层采动 630～840 m 时，地裂缝 DLF-5 因受地表沉陷的持续作用而不断扩展，发育宽度和深度增加至 0.6 m 和 52.7 m，此阶段可视为地裂缝 DLF-5 的扩展阶段和扩展后的稳定阶段。

由图 3-26 和图 3-27 可知重复采动对地裂缝 DLF-5 动态发育的影响过程如

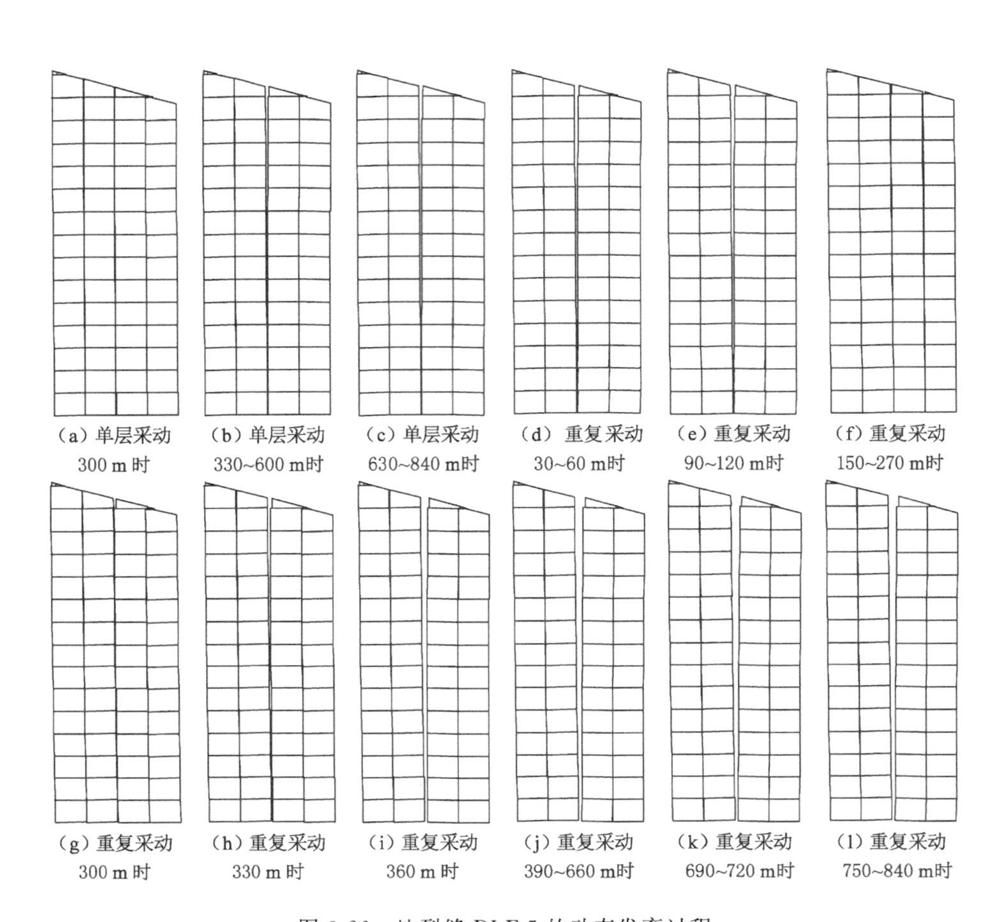

图 3-26 地裂缝 DLF-5 的动态发育过程

下:① 重复采动 30～60 m 时,地裂缝 DLF-5 的发育宽度仍为 0.6 m,发育深度增加至 57.3 m;重复采动 90～120 m 时,地裂缝 DLF-5 的发育宽度由 0.6 m 增加至 0.7 m,发育深度仍为 57.3 m。② 重复采动 150～270 m 时,地裂缝 DLF-5 由张开变为闭合,发育宽度由 0.7 m 减小至 0.2 m;重复采动 300 m 时,地裂缝 DLF-5 发生活化,发育宽度由 0.2 m 增加至 0.41 m,发育深度为 25.3 m;重复采动 330 m 时,地裂缝 DLF-5 不断扩展,发育宽度由 0.41 m 增加至 0.608 m,发育深度由 25.3 m 增加至 57.3 m;重复采动 360 m 时,地裂缝 DLF-5 迅速扩展,发育宽度由 0.608 m 增加至 1.104 m,发育深度变化较小,由 57.3 m 增加至 60.3 m;重复采动 390 m 时,地裂缝 DLF-5 的发育宽度由 1.104 m 增加至 1.403 m,发育深度由 60.3 m 增加至 82.3 m;重复采动 420～660 m 时,地裂缝 DLF-5 的发育宽度和深度无显著变化。③ 重复采动 690～720 m 时,地裂缝

DLF-5 呈扩展态势，发育宽度由 1.403 m 增加至 1.503 m，发育深度无显著变化；重复采动时 750～840 m 时，地裂缝 DLF-5 发育趋于稳定状态，发育深度和宽度无显著变化。

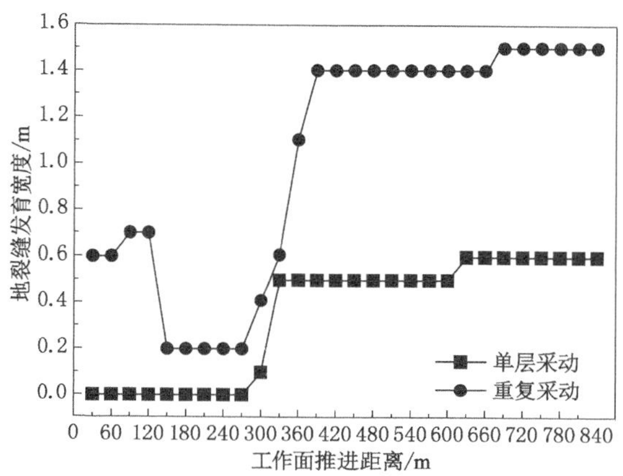

(a) 地裂缝DLF-5发育宽度的动态发育曲线

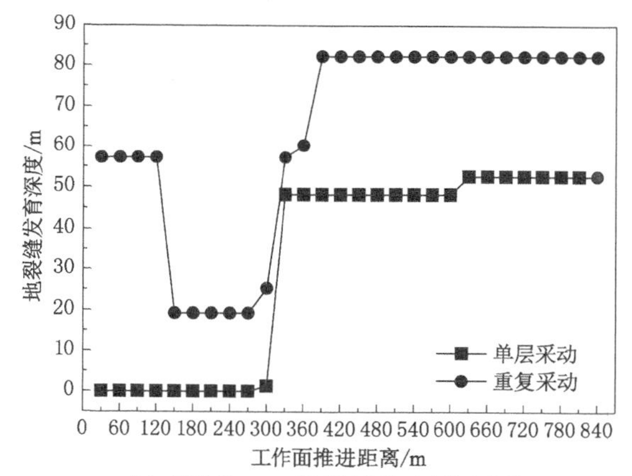

(b) 地裂缝DLF-5发育深度的动态发育曲线

图 3-27 地裂缝 DLF-5 的动态发育曲线

通过上述具体分析可知，重复采动对地裂缝动态发育的影响规律集中体现在以下两个方面：

(1) 单层采动时已发育地裂缝的发育尺度并非受重复采动影响而持续增加，而是表征为原发育尺度基础上的“闭合—扩展—稳定”的动态发育过程。重复采动时的地裂缝动态发育可分为五个阶段：单层采动发育基础上的继续扩展阶段[图 3-26(d)、(e)]、重复采动时的逐渐闭合阶段[图 3-26(f)]、重复采动时的

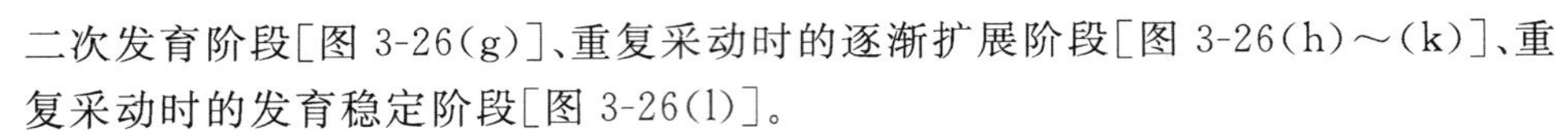

二次发育阶段[图 3-26(g)]、重复采动时的逐渐扩展阶段[图 3-26(h)～(k)]、重复采动时的发育稳定阶段[图 3-26(l)]。

(2) 单层采动时已发育地裂缝的发育尺度并非随采掘空间持续扩大而线性增加，而是当采掘空间持续扩大造成的地表移动变形超过其抵抗该变形能力后，发育尺度才会增加。因而发育尺度的增长曲线具有跳跃性，发育尺度存在突变性，如图 3-27 所示。地裂缝的发育宽度和深度并非受重复采动作用都呈增加趋势，而是某个采动阶段以某个发育尺度的增加为主。尽管重复采动时的地裂缝动态发育为"闭合—扩展—稳定"过程，但最终结果为重复采动增加了地裂缝发育尺度。

3.4 喀斯特山区浅埋煤层采动地裂缝发育的影响因素

喀斯特山区浅埋煤层采动地裂缝发育的影响因素主要有 4 个：① 采矿地质环境，主要包括地层岩性及其互层特征、关键层层位及其空间关系、煤层埋深；② 地形地貌，主要包括山体坡度、地形地貌空间分布及其起伏变化、山坡起伏变化与工作面的相对位置关系、坡体形态；③ 表土层，主要包括表土层厚度、表土层物理力学特性、表土层与下伏岩层的互层关系；④ 采掘技术，主要包括采煤方法、采高、采掘系统布局、工作面推进速度、工作面尺寸。

已有研究成果[111]就采动地裂缝影响因素进行了有益探索。刘辉[13]以西部黄土沟壑区采动地裂缝发育规律为切入点，运用现场实测和数值模拟等研究方法，重点阐明了开采速度、基岩采厚比、地表移动变形、沟谷位置、地表坡度对地裂缝发育的影响规律，并以此获得了采动地裂缝发育尺度的预测模型。李建伟[20]以西部浅埋厚煤层高强度开采覆岩导气裂缝研究为主题，运用数值模拟方法研究了基岩厚度、覆盖层厚度、工作面推进速度、地表沟谷地形等因素对地裂缝时空演化的影响规律。王晋丽[12]以西曲矿为工程研究背景，探讨了覆岩性质、表土层物理力学特性、地形与微地貌、开采条件对地裂缝发育的影响。第 2 章就顶板结构对地裂缝发育的影响规律进行了探讨研究。本节主要通过数值模拟方法重点研究采高、坡度、山坡起伏变化与采煤工作面的相对位置对采动地裂缝的影响规律。

3.4.1 研究方案

3.4.1.1 采高对喀斯特山区浅埋煤层采动地裂缝发育的影响规律

采掘空间随采高增大而增大，采高不仅直接影响基本顶的垮落失稳形式，而且影响地表采动损害程度，进而导致地裂缝的发育形态及其发育尺度也各有不同。利用 UDEC 建立地表为单一升斜坡、坡度为 12°、模型长 300 m、左右两侧高度分别为 111 m 和 180 m 的数值计算模型。模型左右两侧各留 50 m 煤柱，模拟煤层开挖 200 m。分别建立采高为 1 m、3 m、5 m 和 8 m 的 UDEC 数值计算模型，以研究薄煤层开采、中厚煤层开采、厚煤层开采对采动地裂缝发育的影响。

3.4.1.2　坡度对喀斯特山区浅埋煤层采动地裂缝发育的影响规律

山区地表移动变形曲线之所以与平原地区不同，主要是受山区地形地貌采掘地质环境引起的坡体附加滑移的影响。已有研究成果表明山区采动滑移引起的移动变形主要与地形和地表坡度有关。如图 3-28 所示，利用 UDEC 建立了复合坡体的数值计算模型，模型左侧坡体的坡度为 30°，右侧坡体的坡度分别为 10°、20°、30°、40°、50°和 60°，以明晰缓坡、斜坡、陡坡对采动地裂缝发育的影响规律。模型长度为 400 m，左侧高度为 173.4 m，右侧高度分别为 96.3 m、133.2 m、173.4 m、229.3 m、295.6 m、409.5 m。模型左右两侧各留 50 m 煤柱，模拟煤层开挖 300 m。

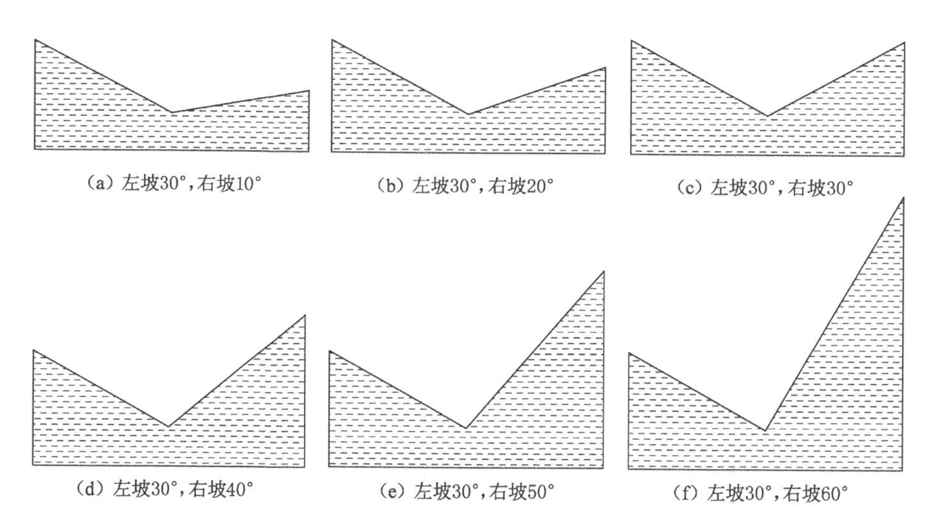

图 3-28　不同坡度的数值计算模型示意图

3.4.1.3　山坡起伏变化与采煤工作面的相对位置对喀斯特山区浅埋煤层采动地裂缝发育的影响规律

根据前述已有研究结果，可知喀斯特山区浅埋煤层采动地裂缝发育具有优选性。已有研究成果[12]也表明喀斯特山区地裂缝大多分布在山顶、梁茆等凸形地貌区域和凸形地貌变坡点区域，谷底等凹形地貌区域一般较少出现明显的采动地裂缝。由此可见山坡起伏变化与采煤工作面的相对位置不同，诱发采动地裂缝的发育尺度和发育地点也不同。为阐明山坡起伏变化与采煤工作面的相对位置对采动地裂缝发育的影响规律，利用 UDEC 建立复合坡体的数值计算模型。复合坡体模型包括左侧单一降型斜坡、中间对称型复合山坡和右侧单一升型斜坡，坡度分别为25°、45°、15°。模型长度为450 m，模型左侧高度为128.6 m，右侧高度为85.6 m，模型左右两侧各留50 m煤柱。模拟工作面长度为100 m，根据工作面部署位置，分别模拟降型斜坡[图 3-29(a)]、先降后升型斜坡[图 3-29(b)]、升型斜坡[图 3-29(c)]、先升后降型斜坡[图 3-29(d)]、对称型斜坡[图 3-29(e)]与采煤工作面的相对位置对采动地裂缝发育的影响规律。

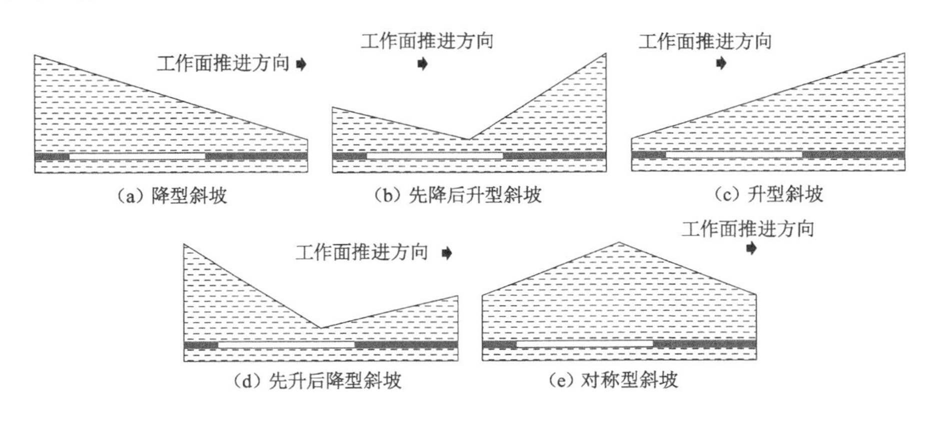

图 3-29　喀斯特山区浅埋煤层坡体类型示意图

3.4.2　采高对喀斯特山区浅埋煤层采动地裂缝发育的影响规律

有关学者[102]通过不同采高的物理相似模拟试验，以覆岩下沉量、裂隙密度、离层量、碎胀系数、裂隙及垮落带发育高度为评价指标，研究不同采高的采动裂隙演化规律。采高对覆岩垮落失稳形式、裂隙发育及地表沉陷形态有重要影响。本节通过建立1 m、3 m、5 m和8 m四种采高的 UDEC 数值计算模型，以探明喀斯特山区浅埋煤层不同采高的地裂缝发育规律。

不同采高时的地裂缝发育及覆岩垮落失稳形态如图 3-30 所示。分述如下：

(1) 1 m采高时，岩块以互相铰接形态促使上覆岩层形成悬臂梁结构，覆岩运移表现为整体缓慢下沉。由图 3-30(a)可知，1 m采高时的地表无明显的采动地裂缝发育。

(2) 3 m采高时，基本顶发生滑落失稳并充满采空区，亚关键层及主关键层以悬臂梁结构控制着上覆岩层的活动位态。3 m采高时的地表发育有明显的采动地裂缝，其发育形态为典型的拉伸型，发育宽度为0.42 m。由图 3-30(b)可

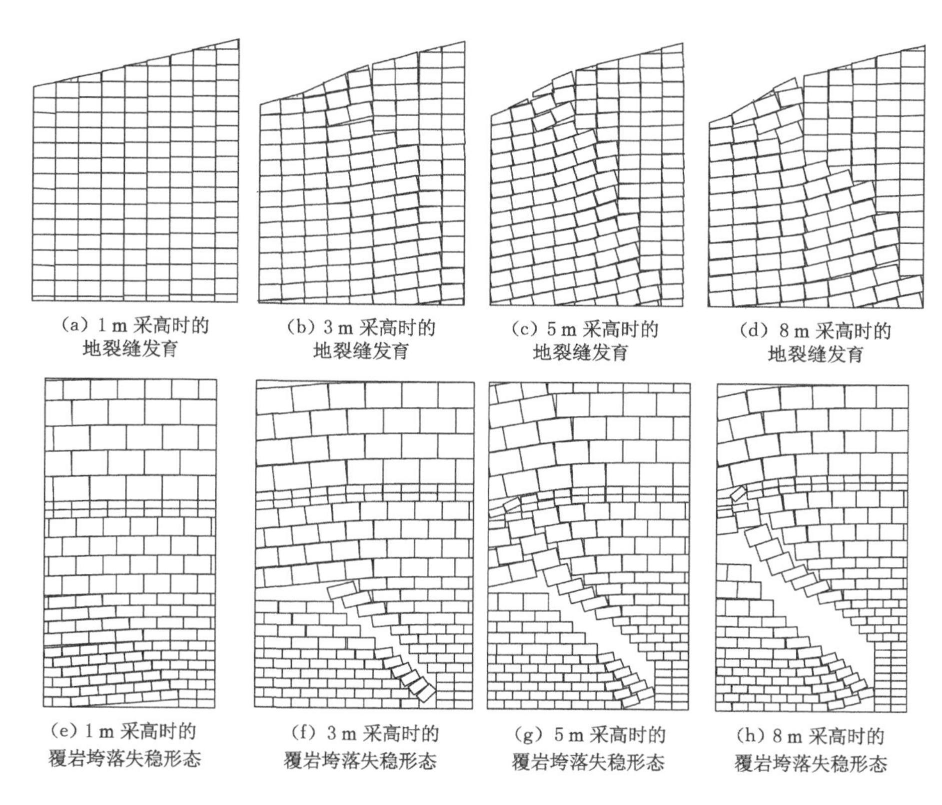

图 3-30　不同采高时的地裂缝发育及覆岩垮落失稳形态

知，采动地裂缝发育地表处的下伏岩土体发育了明显的纵向裂隙，岩土体有明显的拉伸变形。

(3) 5 m 采高时，基本顶垮落失稳形态仍为滑落失稳，亚关键层破断结构由悬臂梁演变为台阶岩梁，进而发生台阶下沉。主关键层岩块的回转角由采高为 3 m 时的 2°增大到采高为 5 m 时的 10°，但仍对上覆岩层起控载作用。5 m 采高时的地表发育有明显的采动地裂缝，其发育宽度为 0.46 m。由图 3-30(c)可知，地裂缝发育地表处的下伏岩土体纵向裂隙和离层错动更加明显。

(4) 8 m 采高时，基本顶垮落失稳形态仍为滑落失稳，亚关键层仍呈现台阶式下沉，主关键层呈微台阶下沉的垮落失稳形式，回转角由采高为 5 m 时的 10°增至采高为 8 m 时的 12°。由图 3-30(d)可知，地表发育了明显的拉伸型地裂缝，其发育宽度增大至 0.76 m。地裂缝发育地表处的下部岩土体纵向裂隙和离层错动更为明显。

通过上述分析可知，采高对覆岩破断失稳形态及地裂缝发育有重要影响，主

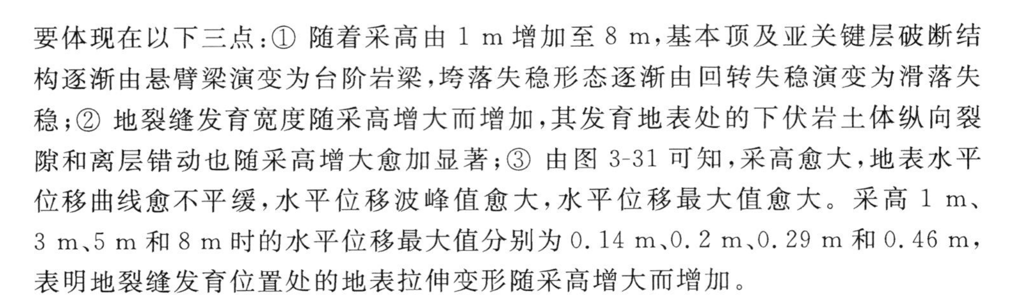

要体现在以下三点：① 随着采高由 1 m 增加至 8 m，基本顶及亚关键层破断结构逐渐由悬臂梁演变为台阶岩梁，垮落失稳形态逐渐由回转失稳演变为滑落失稳；② 地裂缝发育宽度随采高增大而增加，其发育地表处的下伏岩土体纵向裂隙和离层错动也随采高增大愈加显著；③ 由图 3-31 可知，采高愈大，地表水平位移曲线愈不平缓，水平位移波峰值愈大，水平位移最大值愈大。采高 1 m、3 m、5 m 和 8 m 时的水平位移最大值分别为 0.14 m、0.2 m、0.29 m 和 0.46 m，表明地裂缝发育位置处的地表拉伸变形随采高增大而增加。

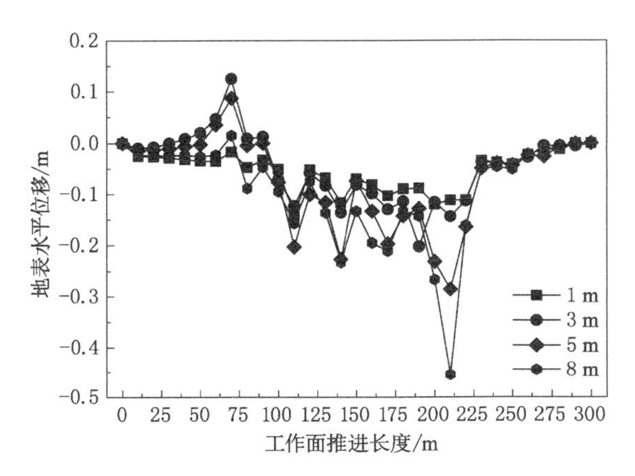

图 3-31　不同采高的地表水平位移曲线

3.4.3　坡度对喀斯特山区浅埋煤层采动地裂缝发育的影响规律

喀斯特山区地形地貌类型多样，受不同坡度地形的胁迫作用，采动地裂缝的发育形态必然发生改变。本节通过建立采高为 3 m，坡度分别为 10°、20°、30°、40°、50°和 60°的数值计算模型，阐明坡度对采动地裂缝发育形态及发育尺度的影响规律。

不同坡度的地表垂直位移和水平位移曲线如图 3-32 所示。由图 3-32(a)、(b)可知，显著不同于平原地区的地表下沉曲线，升型斜坡的地表下沉曲线变化显著受到了地表坡度和煤层埋深的影响。由升型斜坡的地表下沉曲线可知，曲线分布有若干地表下沉值的锐减点，其存在说明了坡体朝下坡方向滑移下沉的不均匀性。右侧坡体坡度为 10°～30°时的地表下沉曲线分布有 1～2 个地表下沉值锐减点，而右侧坡体坡度为 40°～60°时的地表下沉曲线的下沉值锐减点明显增加，直接说明了坡度增大，坡体朝下坡方向滑移下沉的不均匀性更加显著。

前述章节的数值模拟结果表明地裂缝发育位置与水平位移波峰值紧密相

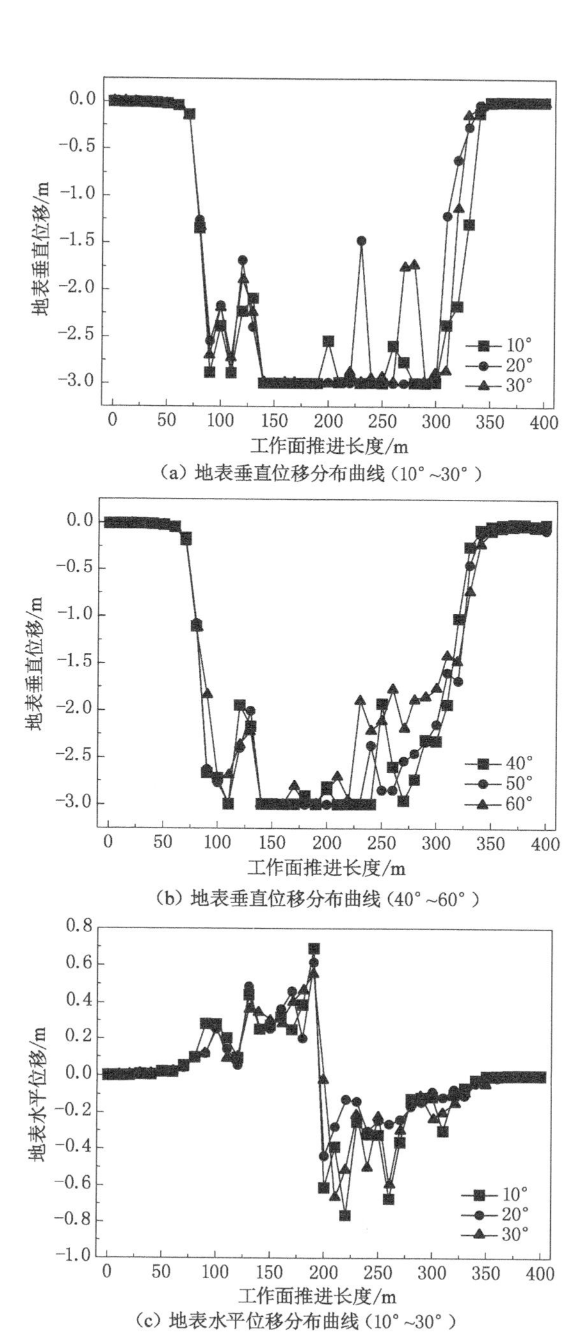

(a) 地表垂直位移分布曲线（10°~30°）

(b) 地表垂直位移分布曲线（40°~60°）

(c) 地表水平位移分布曲线（10°~30°）

图 3-32　不同地表坡度的垂直位移和水平位移曲线

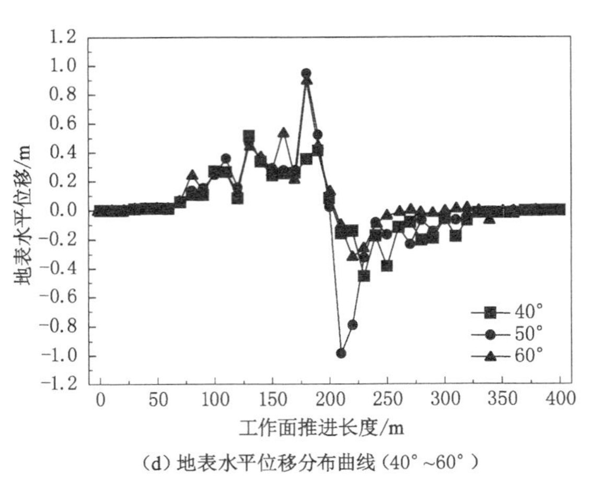

(d) 地表水平位移分布曲线（40°～60°）

图 3-32(续)

关。通过对比分析图 3-32(c)、(d)可知，坡体坡度为 10°～30°时的地表水平位移曲线存在若干波峰值，曲线比坡度为 40°～60°时更加波折。根据本节建立的 UDEC 数值模型，煤层埋深随坡度增大而相应地增加。这说明地裂缝发育不仅受地表坡度的影响，还受煤层埋深的制约。通过分析水平位移最大值可知，坡体坡度为 10°、20°、30°、40°、50°和 60°时正方向水平位移最大值分别为 0.691 9 m、0.616 4 m、0.515 5 m、0.947 3 m 和 0.893 6 m，负方向水平位移最大值分别为 0.763 m、0.539 5 m、0.467 7 m、0.435 8 m、0.984 7 m 和 0.317 4 m。这说明水平位移波峰值并非与坡度呈线性增长关系，而是呈减小→增大→减小的关系。

不同坡度的地裂缝发育和覆岩垮落失稳形态如图 3-33 所示。分述如下：

(1) 坡度为 10°时，直接顶垮落并填充采空区，基本顶发生回转变形失稳，块体回转角为 11°，岩块间离层错动明显。坡体受采掘扰动朝下坡方向发生滑移，地裂缝发育宽度为 0.46 m，地裂缝发育地表处的下伏岩土体纵向裂隙和离层错动尤为明显，坡体整体处于拉伸变形状态。

(2) 坡度为 20°时，直接顶垮落并填充采空区，基本顶以台阶岩梁结构发生台阶下沉，台阶下沉量达到 1.6 m，关键层以悬臂梁结构对上覆岩层保持控载作用。地表发育了两条拉伸型地裂缝，发育宽度分别为 0.47 m 和 0.91 m。地裂缝发育地表处的下伏岩土体发生了明显的台阶下沉和离层错动，纵向裂隙发育尤为明显。

(3) 坡度为 30°时，直接顶垮落失稳并填充采空区，基本顶发生切落式垮落下沉。关键层仍以悬臂梁结构对上覆岩层保持控载作用，关键层分层之间的离层较为发育，其离层高度平均为 0.27 m，块体回转角由 20°坡体时的 5°增大至 30°坡体时的 8°。地表发育了拉伸型地裂缝，发育宽度为 0.76 m，岩土体朝下坡

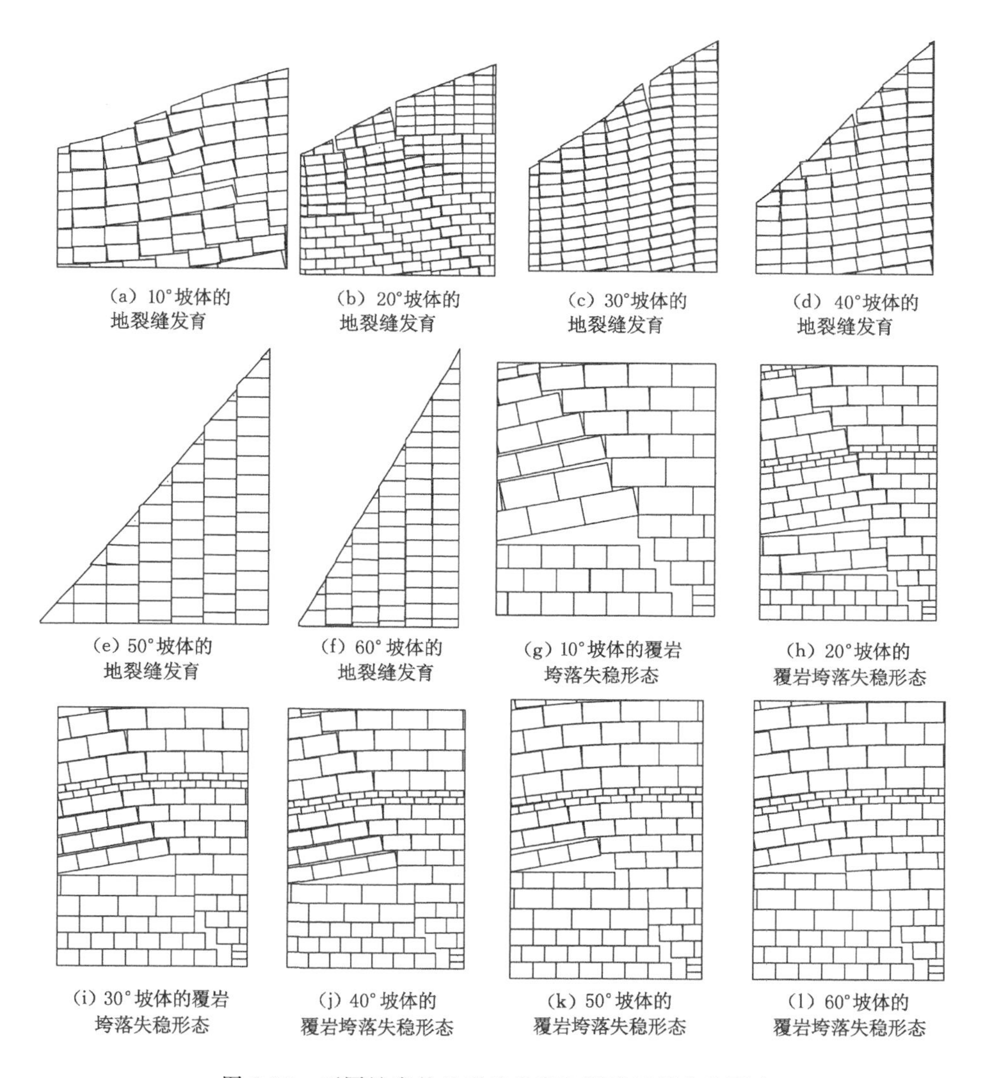

图 3-33 不同坡度的地裂缝发育和覆岩垮落失稳形态

方向滑移尤为明显。

(4) 坡度为 40°时,直接顶与基本顶同时垮落失稳并填充采空区,关键层仍以悬臂梁结构对上部岩层保持控载作用。关键层分层之间的离层发育更加明显,离层高度增大至 0.38 m。关键层之上的岩层以类台阶岩梁结构发生回转失稳,回转角为 6°。地表发育了两条地裂缝,其中拉伸型地裂缝的发育宽度为 0.43 m,发育地表处的下伏岩土体朝下坡方向滑移较为明显。距拉伸型地裂缝

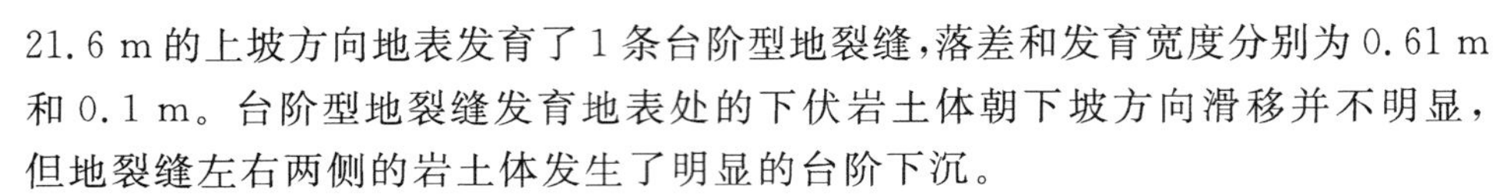

21.6 m的上坡方向地表发育了1条台阶型地裂缝，落差和发育宽度分别为0.61 m和0.1 m。台阶型地裂缝发育地表处的下伏岩土体朝下坡方向滑移并不明显，但地裂缝左右两侧的岩土体发生了明显的台阶下沉。

(5) 坡度为50°时，直接顶与基本顶仍同时垮落失稳并填充采空区，关键层最下分层直接垮落于基本顶之上，上部三层分层仍以悬臂梁结构保持对上覆岩层的控载作用。分层之间的离层发育更为明显，离层高度增大至0.68 m。地表发育了台阶型地裂缝，地裂缝两侧岩土体呈切落式下沉，发育宽度很小，落差最大值为0.5 m。

(6) 坡度为60°时，直接顶与基本顶仍同时垮落失稳并填充采空区，关键层最下分层仍直接垮落于基本顶之上，上部三层分层仍继续以悬臂梁结构保持对上覆岩层的控载作用，分层间的离层高度减小至0.08 m。地表发育了台阶型地裂缝，发育宽度很小，落差最大值为0.4 m。地裂缝发育地表处的下伏岩土体朝下坡方向滑移量很小，主要以切落式下沉为主。

通过上述具体阐述可知，坡度对采动地裂缝发育的影响规律主要体现在以下两点：① 随着坡度增大，采动地裂缝发育形态发生改变。坡度为10°、20°、30°和40°时，地裂缝发育形态为拉伸型；坡度为50°和60°时，地裂缝发育形态为台阶型。坡体朝下坡方向的滑移程度按其大小依次排序为30°＞40°＞20°＞10°＞50°＞60°，可见斜坡受采掘扰动影响朝下坡方向滑移的程度最为明显，其次是缓坡和陡坡。这可能是由于随着坡度增大，煤层埋深随之相应增加，坡度与煤层埋深共同作用的结果。② 坡度为10°、20°、30°和40°时，地裂缝的发育宽度最大值分别为0.46 m、0.91 m、0.76 m和0.43 m。由此可见，随着坡度增大，采动地裂缝发育宽度最大值并非随之线性增加，而是随着坡度增大呈减小→增大→减小的变化规律。前述分析得出水平位移波峰值并非与坡度呈线性增长关系，而是呈减小→增大→减小的关系。这间接说明了采动地裂缝发育宽度随水平位移波峰值增大而增加，二者呈正相关关系。

3.4.4 山坡起伏变化与采煤工作面的相对位置对喀斯特山区浅埋煤层采动地裂缝发育的影响规律

山坡起伏变化与采煤工作面的相对位置对采动地裂缝发育具有一定影响，通过建立UDEC数值计算模型，明确降型斜坡、升型斜坡、先降后升型斜坡、先升后降型斜坡和对称型斜坡对采动地裂缝发育的具体影响规律。

山坡起伏变化与采煤工作面不同相对位置的地裂缝发育如图3-34所示。由图3-34(a)可知，受采掘扰动影响，降型斜坡朝下坡方向滑移，岩土体发生了较明显的离层错动。采动地裂缝发育明显，地裂缝发育最大宽度为0.28 m。对于先降后升型斜坡，斜坡左侧地表发育了典型的台阶型地裂缝，其落差为 0.82 m，发育宽度很小。台阶型地裂缝发育处的下伏岩土体发生了明显的台阶下沉和离层错动。距台阶型地裂缝 5 m 处的上坡方向的地表发育了拉伸型地裂缝，发育宽度为 0.33 m。斜坡右侧地表发育了拉伸型地裂缝，发育宽度为 0.34 m。拉伸型地裂缝发育处的下伏岩土体朝下坡方向滑移明显，岩土体的离层错动和纵向裂隙发育更为明显。当斜坡为升型斜坡时，受采掘扰动影响，斜坡朝下坡方向滑移较明显，地表发育了拉伸型地裂缝，发育宽度约为 0.14 m。由此可见，随着煤层埋深增加，采掘扰动对地表的影响也相应地减弱。图 3-34(e)、(f)为先升后降型斜坡的地裂缝发育情况。随着坡度增大，煤层埋深随之相应地增加，地表受采掘扰动的影响逐渐减弱。地表无明显的采动地裂缝发育，但岩土体发生了朝下坡方向的滑移，一定程度上影响了坡体稳定性。由图 3-34(g)、(h)可知：先升后降型斜坡的左侧边界处地表发育了拉伸型地裂缝，发育宽度最大值为 0.45 m；右侧边界处地表发育了台阶型地裂缝，落差为 0.55 m、发育宽度很小。距台阶型地裂缝 3 m 处的上坡方向地表发育了拉伸型地裂缝，发育宽度和落差分别为 0.56 m 和 0.16 m。

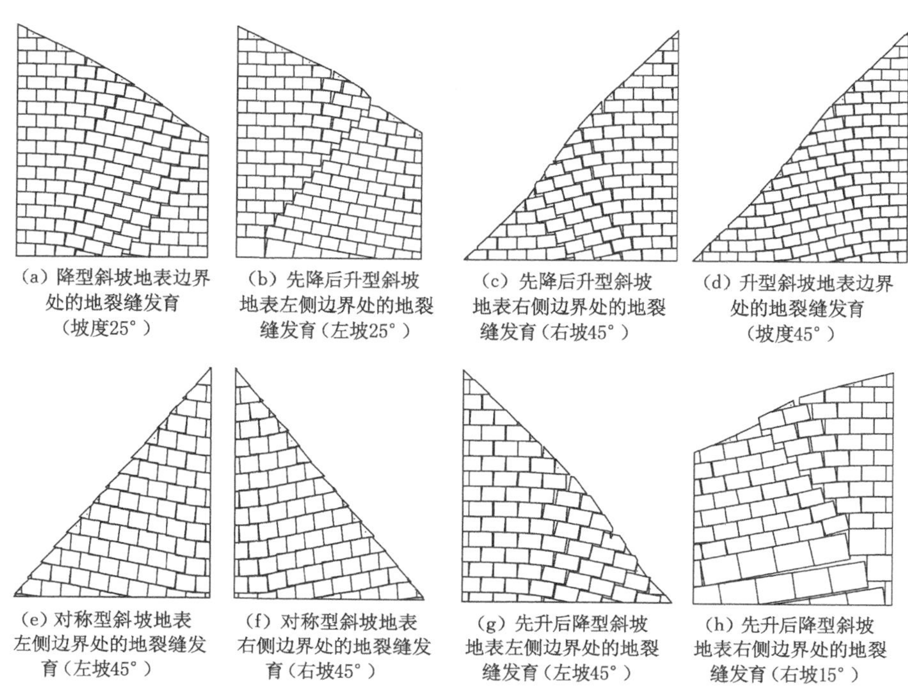
(a) 降型斜坡地表边界处的地裂缝发育（坡度25°）
(b) 先降后升型斜坡地表左侧边界处的地裂缝发育（左坡25°）
(c) 先降后升型斜坡地表右侧边界处的地裂缝发育（右坡45°）
(d) 升型斜坡地表边界处的地裂缝发育（坡度45°）
(e) 对称型斜坡地表左侧边界处的地裂缝发育（左坡45°）
(f) 对称型斜坡地表右侧边界处的地裂缝发育（右坡45°）
(g) 先升后降型斜坡地表左侧边界处的地裂缝发育（左坡45°）
(h) 先升后降型斜坡地表右侧边界处的地裂缝发育（右坡15°）

图 3-34　山坡起伏变化与采煤工作面不同相对位置的地裂缝发育

通过上述具体分析,山坡起伏变化与采煤工作面相对位置对地裂缝发育的影响规律主要体现在:① 升型斜坡和降型斜坡为单一斜坡,受采掘扰动影响,坡体朝下坡方向发生滑移,地表多发育拉伸型地裂缝。② 对于先升后降型斜坡和先降后升型斜坡,坡度和煤层埋深较大的一侧斜坡多发育拉伸型地裂缝,坡度和煤层埋深较小的一侧斜坡多发育台阶型地裂缝。③ 对于对称型斜坡,由于煤层埋深大,地表受采掘扰动的影响减弱。综上可见,煤层埋深较小时,在先升后降型斜坡和先降后升型斜坡的赋存条件下布置采煤工作面,地表易发育采动地裂缝。

3.5 本章小结

(1) 探究了喀斯特山区浅埋煤层采动地裂缝空间分布及发育尺度特征。喀斯特山区浅埋煤层采动地裂缝发育类型主要有 3 种:张开型、拉伸型和台阶型。张开型地裂缝一般发育于地表沉陷盆地的外缘地带;拉伸型地裂缝多发育于坡度较大的斜坡或陡坡、坡度变化较大的地形过渡带;台阶型地裂缝一般发育于坡度较小的平缓地带或冲沟发育区。喀斯特山区浅埋煤层采动地裂缝空间分布并无明显的倒“C”形,其空间分布受地表起伏变化的影响尤为明显。地裂缝延伸方向多与等高线走向大致平行或斜交,并不与工作面倾向方向平行。

(2) 通过实时观测采动地裂缝动态发育过程,可知地裂缝超前距主要受控于地表起伏变化和坡度。当工作面推进位置由滞后于地裂缝变为超前于地裂缝时,其发育宽度呈缓慢增加→快速突增→缓慢减小→趋于稳定的动态变化过程,而落差呈缓慢增加→快速突增→趋于稳定的动态变化规律。地裂缝发育长度的动态延伸分为缓慢增长阶段、快速增长阶段和趋于稳定阶段,其中快速增长阶段为地裂缝延伸的主要阶段。当地裂缝发育宽度和落差趋于稳定值时,其在三维方向的动态发育过程并未终止,而是集中表现在地裂缝发育长度的动态延伸上。

(3) 明晰了单层采动和重复采动的地裂缝动态发育过程。临时性地裂缝发育为“产生—扩展—闭合”的动态过程,而永久性地裂缝发育为“产生—扩展—稳定”的动态过程。地裂缝发育不仅受地表起伏变化的影响,而且受控于厚硬岩层的破断形式。单层采动时的地裂缝发育尺度并非受重复采动影响而在原发育尺度上持续增加,而是在原发育尺度基础之上的“闭合—扩展—稳定”的动态发育过程。重复采动时的地裂缝发育可分为 5 个阶段:单层采动基础上的继续扩展阶段、重复采动时的逐步闭合阶段、重复采动时的二次发育阶段、重复采动时的逐渐扩展阶段、重复采动时的趋于稳定阶段。

（4）探析了采高、坡度、山坡起伏变化与采煤工作面相对位置对采动地裂缝发育的具体影响规律。地裂缝发育宽度随采高增大而增加，坡度主要影响地裂缝发育形态，采动地裂缝发育宽度最大值随坡度增大呈减小→增大→减小的变化规律。

4 喀斯特山区浅埋煤层采动地裂缝形成机理及预测方法

本章主要探究喀斯特山区浅埋煤层采动地裂缝的形成机理及预测方法。首先,通过现场实测明确喀斯特山区浅埋煤层地表开采沉陷、覆岩活动对地裂缝发育的响应特征;其次,从表土层变形破坏和坡体活动视角明晰采动地裂缝的起裂判据,并通过建立采动地裂缝一侧岩土体的矩形块体结构模型,阐明采动地裂缝与厚硬顶板破断结构和斜型体坡体活动位态的内在联系;最后,确定水平移动、水平变形为预测采动地裂缝发育位置的指标,并对其进行预计。

4.1 喀斯特山区浅埋煤层采矿环境对采动地裂缝发育的响应特征

采动地裂缝发育是覆岩垮落失稳和地表沉陷综合作用对地表损伤的直接体现[112-115]。不同类型的覆岩垮落失稳形式诱发的上覆岩层运移形态不尽相同,因而当开采沉陷影响传递至地表时,对地表损伤的类型也会有所区别。加之采动地裂缝发育对地表沉陷尤其是水平位移的响应最为敏感。因而从地表沉陷与覆岩运动的研究视角出发,研究两者对采动地裂缝发育的响应特征,以期为明晰采动地裂缝形成机制提供依据。

4.1.1 喀斯特山区浅埋煤层地表沉陷对采动地裂缝发育的响应特征

4.1.1.1 地表沉陷观测方案

为明晰喀斯特山区浅埋煤层地表沉陷对采动地裂缝发育的响应特征,以安顺煤矿 9100 工作面为工程实测背景,沿工作面走向布置 1 条走向观测线,沿走向观测线累计布设 31 个观测点,观测点平均间距为 30 m,分别为 Z1～Z31,如图 4-1 所示。

喀斯特山区地形地貌具有地貌类型多样、地形起伏变化大的特点,使用常规方法进行现场测量时往往较为困难。为确保测量数据的真实可靠性,采用 GPS-RTK 测量系统对地表观测点进行日程量测。现场观测严格遵循《全球定位系统

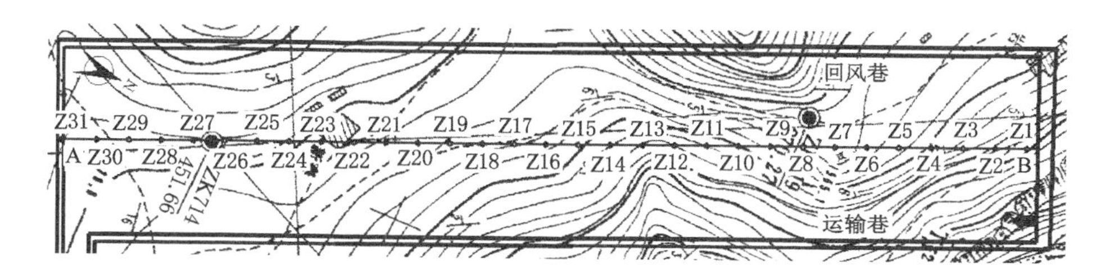

图 4-1　9100 工作面地表移动观测点布置

(GPS)测量规范》(GB/T 18314—2009)[116]、《全球定位系统实时动态测量(RTK)技术规范》(CH/T 2009—2010)[117]的有关技术要求。为确保观测精度，现场观测时分别采取了固定基准站、强制对中、快速动态观测和严格检核等外业措施。

4.1.1.2　地表水平位移与水平变形对采动地裂缝发育的响应特征

地表各点的不均衡移动显著影响采动地裂缝的发育与扩展。喀斯特山区浅埋煤层地表多为黏土质或砂土质的红黏土，土层上部多处于硬塑或可塑状态，下部土层由于地下水汇集，常呈软塑至流塑状态，因而土层结构具有上硬下软的特点。加之土体垂直裂隙发育，受降水入渗和开采沉陷的综合影响，当地表移动变形超过其极限允许变形时，采动地裂缝必然产生。如图 4-2 所示，以图中 3、4 两点为例，地表相邻两点水平位移差值($\Delta u = u_4 - u_3$)表示两点沿坡体表面的张开量，而两点垂直位移差值($\Delta w = w_4 - w_3$)表示两点之间沿坡体纵向方向的错动量。一般来讲，当 Δw 值较大、Δu 值较小时，采动地裂缝多发育为台阶型；当 Δw 值较小、Δu 值较大时，采动地裂缝多发育为拉伸型；当 Δw 值与 Δu 值相当时，采动地裂缝多发育为张开型。由此可见地裂缝的发育形态与地表移动变形密切相关，其中水平变形和水平位移对采动地裂缝的发育最为敏感。水平变形反映了地表两个相邻点之间单位长度的拉伸或压缩值，表达式如下：

$$\varepsilon = \frac{u_4 - u_3}{x_{3\text{-}4}} \tag{4-1}$$

式中：ε 为水平变形，mm/m；u_3 和 u_4 分别为地表移动点 3 和 4 的水平位移值，mm；$x_{3\text{-}4}$ 为地表移动点 3 和 4 沿坡体表面的间距，m。

现场实测获得了地表各观测点 Z1～Z31 的水平位移和水平变形数据，结合地表起伏变化情况对观测点 Z1～Z6、Z7～Z13、Z14～Z18、Z19～Z27 和 Z28～Z31 的水平位移和水平变形进行分析，以明晰水平位移、水平变形与地裂缝发育

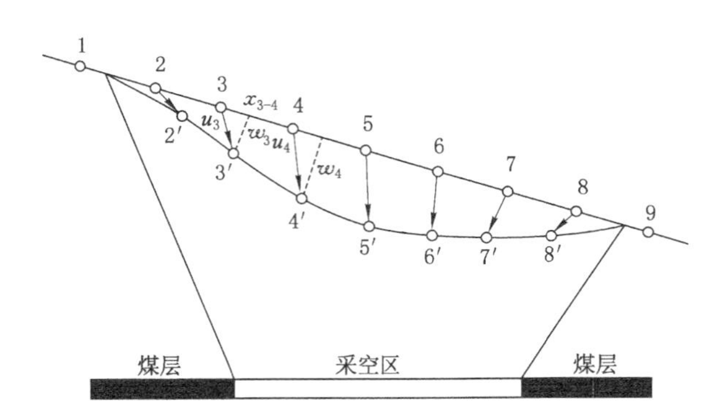

图 4-2　山区浅埋煤层开采后地表各点移动变形示意图

的内在联系。9100 工作面上覆地表水平位移和水平变形观测值如图 4-3 所示。

(1) 观测点 Z1～Z6：观测数据表明地表水平位移值为 167～323 mm、水平变形值为－14.4～－4.3 mm/m。水平变形值为负，表明观测点 Z1～Z6 所覆盖地表整体处于压缩状态，该状态不利于采动地裂缝的发育。通过现场踏勘发现观测点 Z1～Z6 所覆盖地表很少有采动地裂缝的发育。受开采沉陷影响，坡体产生了朝下坡方向的滑移，因此地表水平位移为正值。

(2) 观测点 Z7～Z13：观测点 Z7～Z13 所覆盖地表的水平位移值持续增加，最大值为 781 mm。而地表水平变形由负值变为正值，平均值为 7.18 mm/m，说明观测点所覆盖地表整体由压缩状态演变为拉伸状态。该区域地表为坡度较大的陡坡，最大坡度为 54.7°。地表因受开采沉陷和陡坡滑移两者综合作用，因而有利于采动地裂缝的发育。通过现场踏勘和实测，3 条拉伸型地裂缝发育于该处地表，地裂缝发育宽度为 0.58～0.73 m，落差为 0.62～0.97 m。更为严重的是在 2015 年 7 月，此处地表发生了山体滑坡，可见地裂缝发育严重影响了坡体的稳定性。

(3) 观测点 Z14～Z18：根据 9100 工作面上覆地表起伏变化情况可知，观测点 Z14～Z18 所覆盖地表的地形为坡度不大、冲沟并不发育的山谷。地表水平位移最大值为 487 mm、最小值为 178 mm，水平变形值由正值变为负值，为－5.89～－12.78 mm/m，说明山谷整体处于压缩状态，并不利于采动地裂缝的发育。通过现场踏勘，山谷两侧的缓坡发育了 2 条台阶型地裂缝，台阶型地裂缝 TJ-1 的发育宽度和落差分别为 0.07 m、0.18 m，台阶型地裂缝 TJ-2 的发育宽度和落差分别为 0.06 m、0.22 m。地裂缝发育宽度较小，说明该范围地表变形以压缩为主。

(4) 观测点 Z19～Z27：沿工作面上覆地表走向，观测点 Z19～Z27 的地表坡

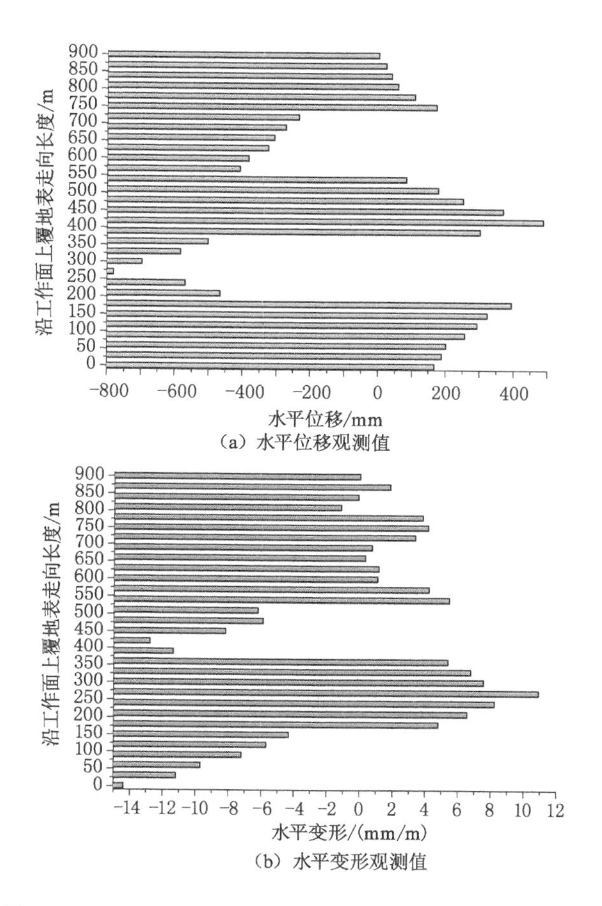

图 4-3 9100 工作面上覆地表水平位移和水平变形观测值

度持续增大，其中观测点 Z19 和 Z20 之间的地表坡度突增，由 6°增大至 26.1°。观测数据显示水平变形值为 0.33～5.47 mm/m，说明观测点所覆盖地表整体处于拉伸状态。观测点 Z19、Z26 和 Z27 的水平位移值为正值，其他点的水平位移值为负值，说明观测点 Z19、Z26 和 Z27 的附近地表有利于采动地裂缝的发育。结合现场踏勘结果分析，观测点 Z19、Z26 和 Z27 的附近地表分别发育了拉伸型地裂缝 LS-4、LS-5 和 LS-6。

(5) 观测点 Z28～Z31：观测点 Z28～Z31 所覆盖地表的水平位移最大值为 57 mm，水平变形最大值为 1.82 mm/m，可知煤层开采对该处地表的沉陷影响较小。通过现场踏勘，地表仅有 1 条台阶型地裂缝 TJ-5 发育。

综上所述可知，水平拉伸变形主要产生于陡坡或坡度变化较大的斜坡，水平压缩变形主要产生于缓坡或坡度较小的冲沟发育区、山谷地带。在水平拉伸变

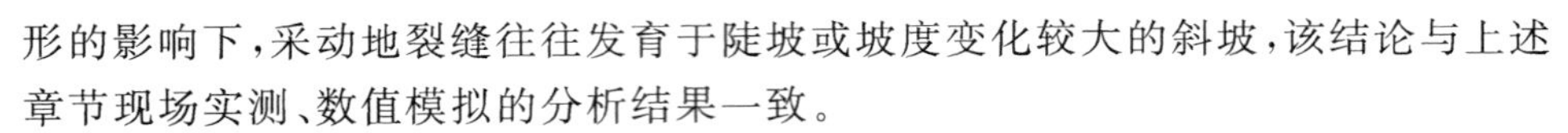
形的影响下，采动地裂缝往往发育于陡坡或坡度变化较大的斜坡，该结论与上述章节现场实测、数值模拟的分析结果一致。

4.1.1.3　地表水平变形与地裂缝发育宽度的相关性

地表水平变形显著影响采动地裂缝的发育宽度，现场收集了丰富的观测数据，以阐明水平变形与地裂缝发育宽度的内在相关性。地裂缝发育宽度最大值为 0.84 m、最小值为 0.03 m；水平变形最大值为 0.18 mm/m、最小值为 2.84 mm/m。通过数据拟合得到了水平变形与地裂缝发育宽度的表达式，相关性系数 R^2 为 0.823 3，表明水平变形与地裂缝发育宽度之间具有显著的线性增长关系。

$$w = 0.254\varepsilon + 0.039\,9 \tag{4-2}$$

式中：ε 为水平变形，mm/m；w 为地裂缝发育宽度，m。

4.1.2　喀斯特山区浅埋煤层覆岩运动对采动地裂缝发育的响应特征

显著不同于西北浅埋厚煤层高强度开采，喀斯特山区浅埋近距离煤层群重复采动的覆岩运动具有自身特点。有关学者[20]明确指出采动地裂缝的发育与覆岩运动形态紧密相关。因此，明晰喀斯特山区浅埋煤层的覆岩运动规律，对探究采动地裂缝形成机理具有重要的现实意义。

为明晰喀斯特山区浅埋煤层覆岩运动规律，对安顺煤矿 9100 工作面和龙鑫煤矿 11601 工作面进行了矿压显现实测。每个工作面布置 10 个 KBJ-60Ⅲ-1 型矿用数字压力计，以记录支架工作阻力随工作面推进的实时变化。其中 2#、5# 和 8# 矿用数字压力计分别安装于靠运输巷一侧、工作面中部和靠回风巷一侧，以求整体把握工作面上中下部的矿压显现规律。安顺煤矿 9100 工作面的矿压监测起止日期为 2015-09-18～2015-10-20，工作面推进距离为 115 m，推进跨度为 485～600 m。推进该跨度范围时，工作面上覆地表为平缓山谷向斜坡的过渡地带，以此明晰地形地貌变化对采场矿压显现的具体影响。

由图 4-4 可知，工作面过山谷和斜坡的矿压显现规律有显著区别，主要表现在以下两点：① 工作面过山谷时，顶板来压 4～5 次，顶板来压步距平均为 12.1 m，顶板来压间隔短，最长间隔时间为 6 d，最短间隔时间仅为 1 d，顶板来压持续时间较短，通常为 1～2 d。现场观测顶板时，发现基本顶往往沿煤壁切落，为台阶下沉的失稳形式。支架工作状态大多为急剧增阻。② 工作面过斜坡时，顶板来压与工作面过山谷时末次顶板来压的间隔时间较长，平均间隔时间为 15 d。顶板来压步距增大，来压步距平均为 26 m，工作面过斜坡时的顶板来压间隔时间变长，平均间隔时间为 8 d。现场观测顶板时，基本顶并未沿煤壁切落和台阶下沉，支架工作状态大多为微增阻。

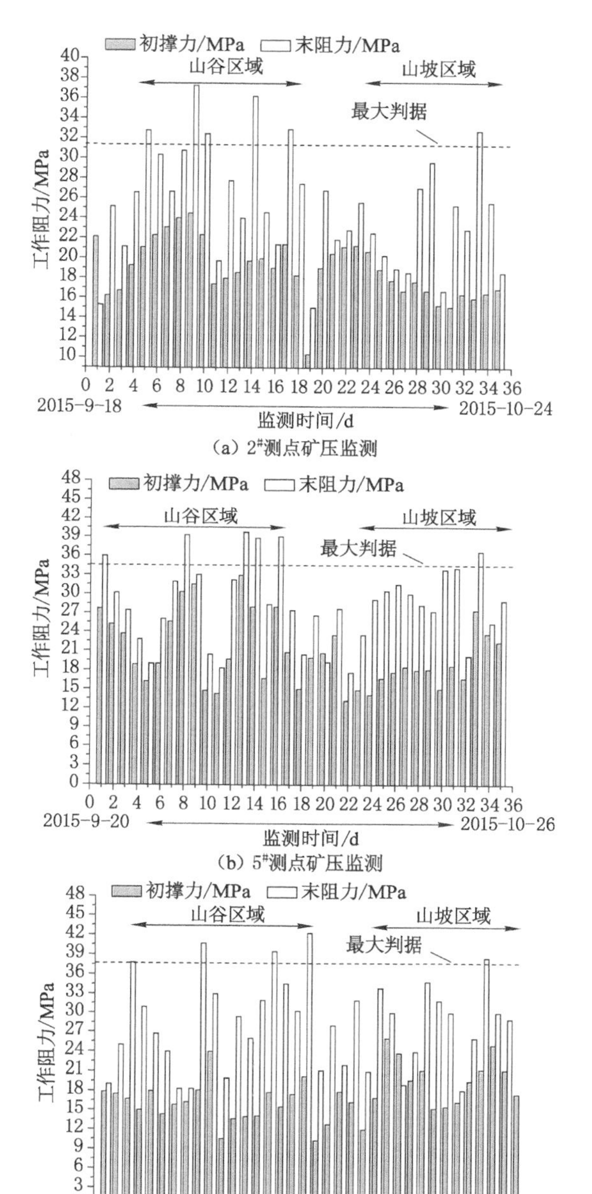

(a) 2#测点矿压监测

(b) 5#测点矿压监测

(c) 8#测点矿压监测

图 4-4 安顺煤矿 9100 工作面矿压监测

龙鑫煤矿矿压监测期间，11601 工作面推进距离为 150 m 时，工作面上覆地表为斜坡向平缓山谷的过渡地带。由图 4-5 可知，工作面由斜坡向平缓山谷的推进过程中，矿压显现规律可总结如下：工作面过山谷时，顶板来压间隔时间较长，平均间隔时间为 15 d，顶板来压步距较大，来压步距平均为 27 m。经过现场观测，基本顶未出现沿煤壁切落和台阶下沉。工作面过斜坡时，顶板来压频繁。工作面由 40 m 推进至 150 m 时，顶板发生了 6 次周期来压，周期来压间隔时间最短为 3 d，顶板来压持续时间一般为 3 d。

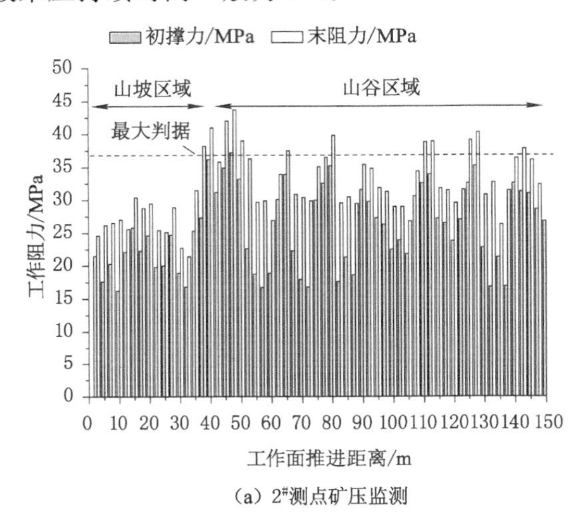

(a) 2#测点矿压监测

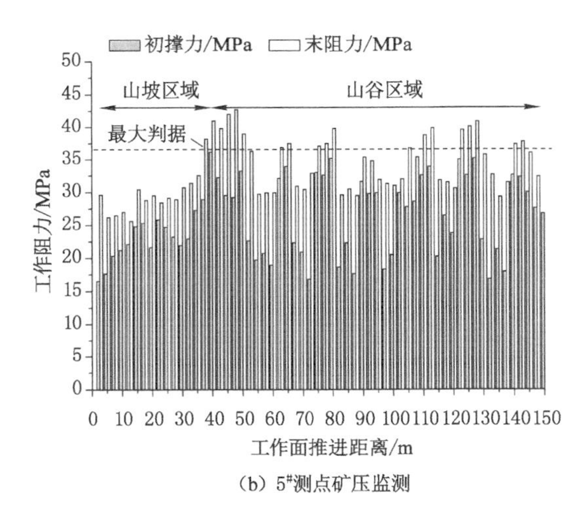

(b) 5#测点矿压监测

图 4-5　龙鑫煤矿 11601 工作面矿压监测

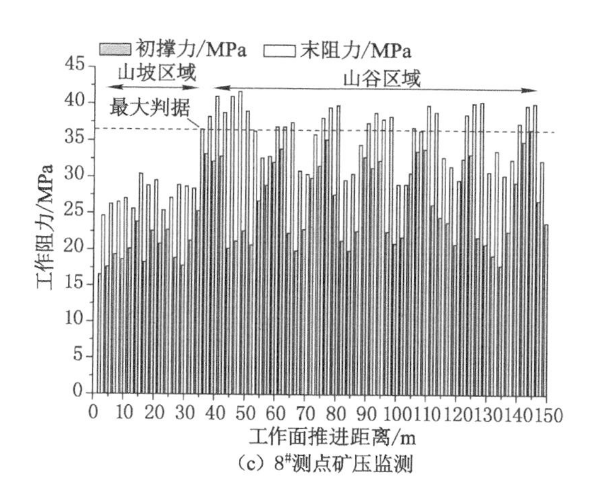

(c) 8#测点矿压监测

图 4-5(续)

通过上述分析可见,喀斯特山区浅埋煤层矿压显现规律明显受到地形地貌起伏变化的影响,具有鲜明的矿压显现分区特点。即工作面过平缓山谷时,周期来压频繁,周期来压步距小且来压间隔时间短,周期来压持续时间长,基本顶沿煤壁切落且发生台阶下沉;工作面过斜坡时,周期来压步距较大且来压间隔时间长,周期来压持续时间短,基本顶未沿煤壁切落和发生台阶下沉。

为进一步明晰喀斯特山区浅埋煤层工作面过山谷和斜坡时的顶板运动形式,采用 UDEC 数值模拟软件[118]进行有关数值模拟,模拟结果如图 4-6 所示。当工作面推进位置相对应的上覆地表为山谷时,基本顶运动形式为台阶岩梁,发生滑落失稳。当基本顶破断失稳结构为台阶岩梁时,破断岩块 A 和岩块 B 形成台阶岩梁结构。其中岩块 B 完全垮落在采空区矸石上,岩块 A 随工作面不断推进发生回转,并受到 A 点以及岩块 B 在 C 点的支撑作用。当工作面推进位置相对应的上覆地表为斜坡时,基本顶运动形式为砌体梁,发生铰接失稳。当基本顶破断失稳结构形成砌体梁时,破断岩块 A 和岩块 B 形成砌体梁结构,岩块 A 和岩块 B 通过支撑点 C 发生回转失稳,其中岩块 B 发生回转变形失稳垮落于采空区矸石上,岩块 A 随工作面不断推进发生回转变形失稳。通过大量的现场勘测,台阶型地裂缝通常发育于靠近山谷的两侧缓坡处,而拉伸型地裂缝多发育于坡度较大的斜坡。由此可以推断基本顶运动形式与采动地裂缝发育形态密切相关。从定性角度讲,顶板以台阶岩梁结构发生滑落失稳有利于台阶型地裂缝的发育,顶板以砌体梁结构发生铰接失稳有利于拉伸型地裂缝的发育。

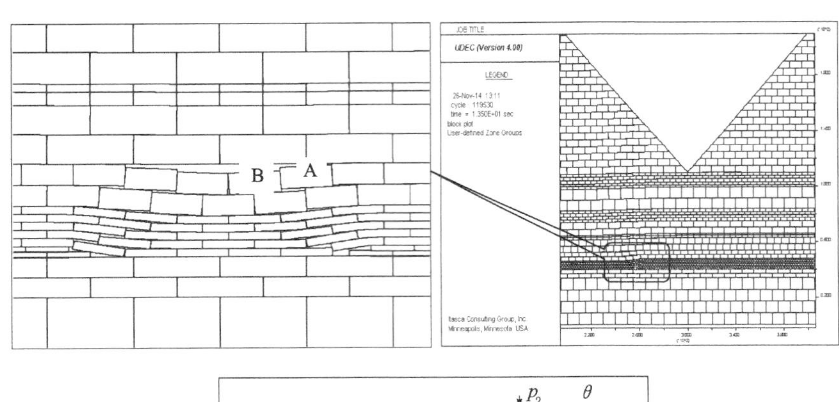

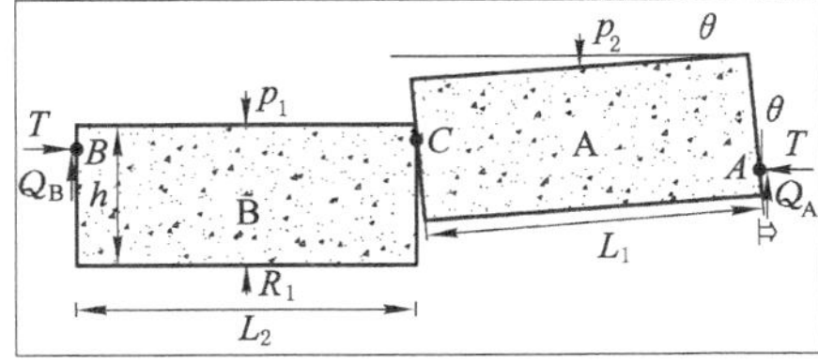

（a）台阶岩梁

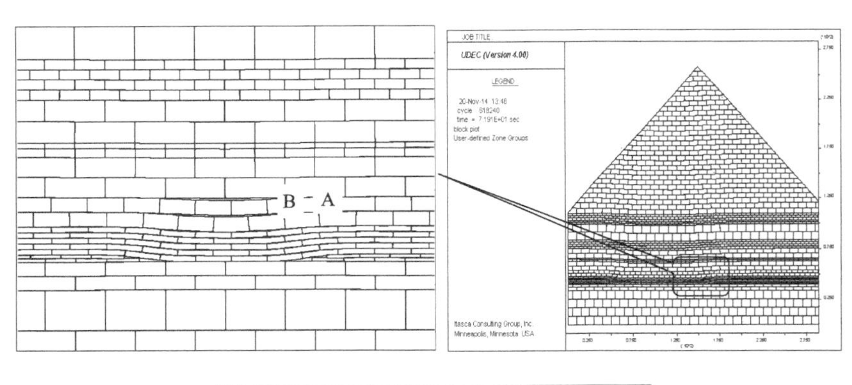

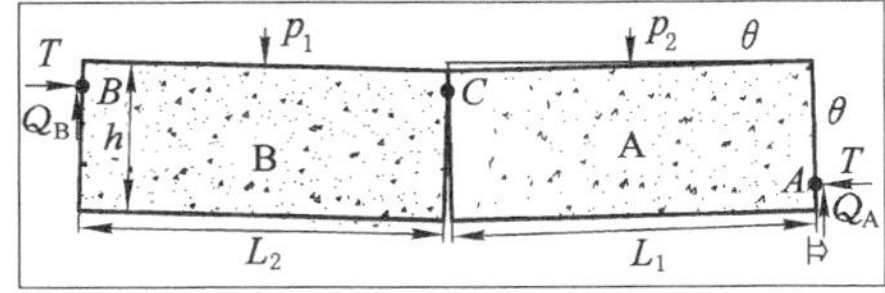

（b）砌体梁

图 4-6　工作面过山谷和斜坡时的基本顶运动形式

4.2 喀斯特山区浅埋煤层采动地裂缝的形成机理

传统观点[119-120]认为采动地裂缝是由于开采沉陷引起的地表移动变形超过表土层的极限强度而形成的。实际上，采动地裂缝的发育是受表土层变形破坏、覆岩运动和开采沉陷等多种采矿地质因素的综合作用的。因采动地裂缝发育类型不一、成因机制各异且较为复杂，因而仅从单一角度来揭示采动地裂缝发育机理往往具有一定局限性。然而要建立综合考虑表土层变形破坏、开采沉陷、覆岩运动三要素的力学模型，因限于现有研究技术手段在理论上又很难给出立体全面的认知，因而从表土层变形破坏、采动覆岩及坡体运动研究视角出发来综合揭示采动地裂缝发育机理，具备可行性和科学性。

4.2.1 从浅埋煤层表土层变形破坏研究视角分析

4.2.1.1 山区浅埋煤层采动地裂缝发育的起裂判据

与平原地区的地表移动变形不同，采动沉陷影响下的喀斯特山区浅埋煤层地表移动变形是地表向采空区中心和地表倾斜两个方向移动向量的叠加。如图 4-7 所示：假设地表任意两点 A、B 受采动影响后朝采空区方向的移动向量分别为 $\boldsymbol{AA}_2$ 和 $\boldsymbol{BB}_2$，朝地表倾斜方向的移动向量分别为 $\boldsymbol{AA}_1$ 和 $\boldsymbol{BB}_1$，则倾斜地表两点 A、B 的总移动向量 $\boldsymbol{AB}$ 和 $\boldsymbol{BC}$ 分别为：

$$\boldsymbol{AB} = \boldsymbol{AA}_1 + \boldsymbol{AA}_2 \tag{4-3}$$

$$\boldsymbol{BC} = \boldsymbol{BB}_1 + \boldsymbol{BB}_2 \tag{4-4}$$

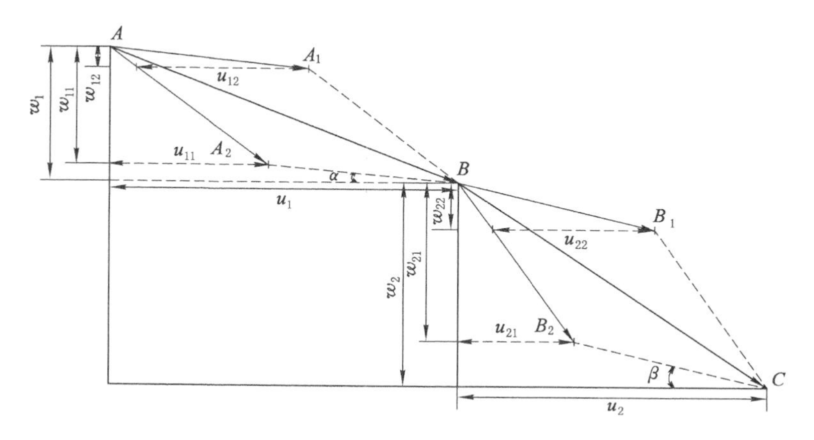

图 4-7　山区浅埋煤层不等坡度地表两点移动变形向量分析

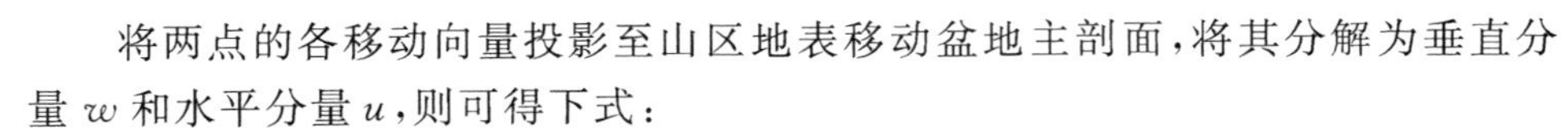

将两点的各移动向量投影至山区地表移动盆地主剖面，将其分解为垂直分量 w 和水平分量 u，则可得下式：

$$\begin{cases} w_1 = w_{11} + w_{12} \\ u_1 = u_{11} + u_{12} \\ w_2 = w_{21} + w_{22} \\ u_2 = u_{21} + u_{22} \end{cases} \tag{4-5}$$

式中：w_1 和 u_1、w_2 和 u_2 分别为山区地表任意两点 A、B 的下沉量和水平移动量；w_{11} 和 u_{11}、w_{12} 和 u_{12} 分别为地表任一点 A 水平和倾斜两个移动向量所产生的下沉量和水平移动量；w_{21} 和 u_{21}、w_{22} 和 u_{22} 分别为地表任一点 B 水平和倾斜两个移动向量所产生的下沉量和水平移动量。

通过地表坡度、坡体倾向的相关分析得出下列关系式：

$$\begin{cases} u_{12} = u_1 - u_{11} = b_2 w_{11} \tan \alpha \\ u_{22} = u_2 - u_{21} = b_2 w_{21} \tan \beta \end{cases} \tag{4-6}$$

式中：b_2 为坡度影响系数，与地表任意点所处的地表坡度和表土层性质有关；α、β 为地表任意两点 A、B 所在地表的坡度。

由图 4-7 并考虑(4-6)式的关系可得：

$$\begin{cases} w_{12} = u_{12} \tan \alpha = b_2 w_{11} \tan^2 \alpha \\ w_{22} = u_{22} \tan \beta = b_2 w_{21} \tan^2 \beta \end{cases} \tag{4-7}$$

将式(4-6)、(4-7)代入(4-5)可得：

$$\begin{cases} w_1 = w_{11} + b_2 w_{11} \tan^2 \alpha \\ u_1 = u_{11} + b_2 w_{11} \tan \alpha \\ w_2 = w_{21} + b_2 w_{21} \tan^2 \beta \\ u_2 = u_{21} + b_2 w_{21} \tan \beta \end{cases} \tag{4-8}$$

如图 4-7 所示，假设有一坡段 ABC，其包括坡段 AB 和坡段 BC。该坡段 ABC 未采动影响之前的长度为 $L_{AB} + L_{BC}$，坡度分别为 α、β。采动影响之后，地表任意两点 A、B 处的下沉值分别为 w_1 和 w_2、水平移动值分别为 u_1 和 u_2。则地表任一点 A、B 处沿方向 AB 的移动向量 $\boldsymbol{AB}$ 和 $\boldsymbol{BC}$ 大小分别为：

$$\begin{aligned} R_{AB} &= w_{11}[\sin \alpha(1 + b_2 + b_2 \tan^2 \alpha)] + u_{11} \cos \alpha \\ R_{BC} &= w_{21}[\sin \beta(1 + b_2 + b_2 \tan^2 \beta)] + u_{21} \cos \beta \end{aligned} \tag{4-9}$$

由参考文献可知地表坡度影响系数 $b_2 = \dfrac{1}{a\left(\dfrac{x}{r}\right) + t}$，可根据开采影响半径和坡度确定。

由式(4-9)可知，坡段 ABC 的移动变形可表示为 $\Delta_{AB\text{-}BC} = R_{BC} - R_{AB}$ ($R_{BC} >$

R_{AB})，坡段 ABC 的变形值可表示为：

$$\varepsilon_{AB\text{-}BC} = \frac{\Delta_{AB\text{-}BC}}{L_{AB} + L_{BC}}$$

$$= \frac{w_{21}[\sin\beta(1+b_2+b_2\tan^2\beta)] + u_{21}\cos\beta - w_{11}[\sin\alpha(1+b_2+b_2\tan^2\alpha)] + u_{11}\cos\alpha}{L_{AB}+L_{BC}} \quad (4\text{-}10)$$

可知若 $\varepsilon_{AB\text{-}BC}$ 大于表土层变形破坏的临界值，此坡段发育采动地裂缝。表土层临界变形值可按照(4-11)进行计算：

$$\varepsilon_0 = 2(1-\mu^2)C\tan(45° + 0.5\varphi)/E \quad (4\text{-}11)$$

式中：μ 为泊松比；C 为黏聚力；φ 为内摩擦角；E 为弹性模量。

即当 $\varepsilon_{AB\text{-}BC} > \varepsilon_0$ 时，地表将会发育采动地裂缝；但当 $\varepsilon_{AB\text{-}BC} < 0$ 时，坡段 ABC 产生压缩变形，此时不会发育采动地裂缝。

山区表土层一般呈与邻近下伏岩层产状一致的赋存形态覆盖于基岩之上，依靠摩擦力和黏聚力保持其稳定性。当基岩受下方工作面采掘扰动影响发生垮落失稳时，表土层与基岩间的摩擦力和黏聚力迅速降低。在朝下坡方向的附加滑移分量和拉应力的综合作用下，表土层发生变形破坏。根据土的强度理论和有关参考文献[121-124]可知：

$$\varepsilon_x = \frac{1}{E}[\sigma_x - \mu(\sigma_y + \sigma_z)] \quad (4\text{-}12)$$

$$\sigma_x = \sigma_z \tan^2\left(45° - \frac{\varphi}{2}\right) - 2C\tan\left(45° - \frac{\varphi}{2}\right) \quad (4\text{-}13)$$

式中：ε_x 为极限拉应变；E 为土的弹性模量；σ_x、σ_y 和 σ_z 分别为土体所受的第一主应力、第二主应力和第三主应力；μ 为泊松比；φ 为土的内摩擦角；C 为土的黏聚力。

联合式(4-12)和式(4-13)可得土体达到极限强度时的极限拉应变为：

$$\varepsilon_x = \frac{1-\mu}{E}\tan\left(45° - \frac{\varphi}{2}\right)\left[\tan\left(45° - \frac{\varphi}{2}\right)\gamma h - 2C\right] - \frac{\mu}{E}\gamma h \quad (4\text{-}14)$$

由式(4-14)可知，当土体变形破坏超过该极限拉应变时，表土层易出现开裂，从而发育地裂缝。以上两种分析结果可作为采动地裂缝的起裂判据。

4.2.1.2 浅埋煤层采动地裂缝一侧岩土块体破坏的力学分析

采动地裂缝的发育导致地表开采沉陷的不连续性和不均匀性，本质上促使地裂缝两侧岩土体发生不协调变形破坏。在采动沉陷作用下，地表局部岩土体与其邻近岩土体产生相对滑移、倾斜或下沉均会诱发地裂缝的发育。采动地裂缝一侧岩土块体变形破坏的力学分析如图 4-8 所示。

设当块体所受剪切强度沿块体单元垂直边界超过其极限强度时，块体单元在自重作用下发生因垂直旋转的刚体运动。因块体单元的剪切强度大小主要取

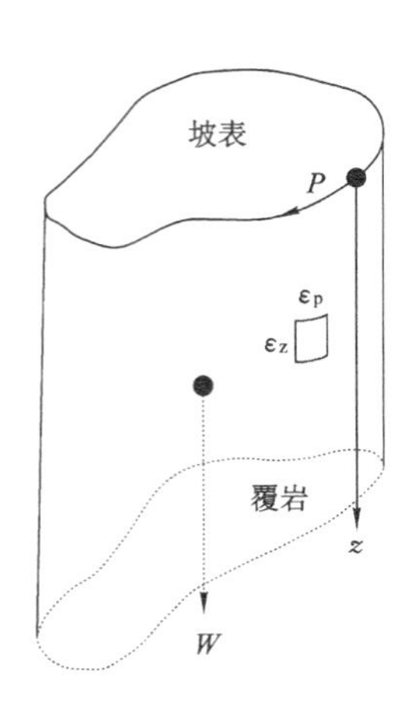

图 4-8　采动地裂缝一侧岩土块体变形破坏的力学分析

决于其铅垂边界处的有效正应力。设块体单元所受铅垂应力为：

$$\sigma_{zz} = \gamma z \tag{4-15}$$

式中：σ_{zz} 为块体单元所受铅垂应力大小，MPa；γ 为岩土体的容重，N/m^3；z 为块体单元所处的埋深，m。

设块体单元边界处所受水平应力大小一致，则其大小可表示为：

$$\sigma_{xx} = \sigma_{yy} = k\gamma z \tag{4-16}$$

式中：σ_{xx}、σ_{yy} 为块体单元所受水平应力大小，MPa；k 为侧压系数。

假如该块体单元因受采动沉陷作用而施加的有效正应力为 σ_n'，作用在块体边界元 $\sigma_p \times \sigma_z$ 的有效剪应力为 τ，则块体单元整个表面所受的剪切应力可表示为：

$$Q = \int_0^p \int_0^z \tau \mathrm{d}z \mathrm{d}p \tag{4-17}$$

设块体单元自重为 W，则抵抗块体单元沿铅垂边界剪切破坏的安全系数大小可表示为：

$$F = \frac{Q}{W} \tag{4-18}$$

当块体单元为不规则块体时，设 $u(z,p)$ 为符合莫尔-库仑破坏准则时的静水压力，联合莫尔-库仑破坏准则及式(4-17)推导得出：

$$Q = \int_0^p \int_0^z \{C' + [\gamma z - u(z,p)] \tan \varphi'\} \mathrm{d}z \mathrm{d}p \tag{4-19}$$

式中：Q 为块体单元变形破坏时的剪应力；C' 为岩土体的黏聚力；φ' 为岩土体的内摩擦角。由式(4-19)可判断块体单元的受力状态，以此为采动地裂缝发育提供判断依据。

为进一步分析块体单元边界面处的应力状态，建立了采动地裂缝一侧岩土体的矩形块体结构模型，如图 4-9 所示。采动地裂缝一侧岩土体矩形块体结构模型的基底长度为 b，宽度为 a，沿基底长度方向可视为岩土块体单元的走向，沿宽度方向可视为岩土块体单元的倾向，基底与平面的夹角为 α，块体模型最大高度为 h，潜水面距地表的深度为 d。静水压力随埋深增大呈抛物线形，边界条件如图 4-9 右侧所示。可知最大静水压力为 $z'\gamma_w/2$，一定深度 $z'=z-d$ 某处的总静水压力为 $z'^2\gamma_w/3$。

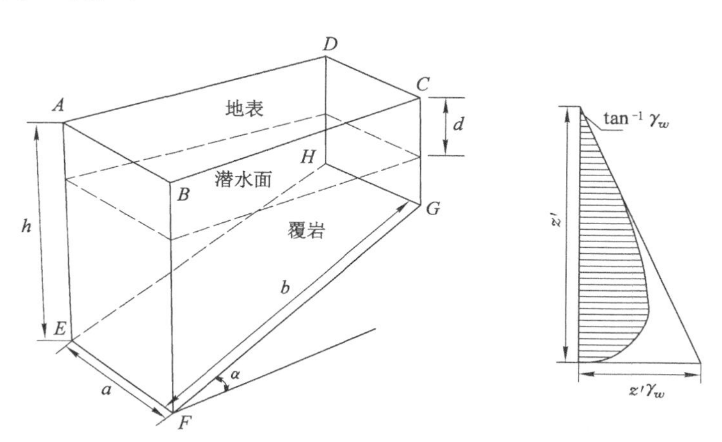

图 4-9　采动地裂缝一侧岩土体的矩形块体结构模型

采动地裂缝一侧岩土体矩形块体结构模型四个铅垂面上的剪应力可表示为：

$$Q = 2Q_{BCGF} + Q_{DCGH} + Q_{ABFE} \tag{4-20}$$

设模型铅垂面 $BCGF$ 与面 $DCGH$ 在 $0 \leqslant d < h - b\sin\alpha$ 相交处的块体单元变形破坏符合莫尔-库仑破坏准则，则通过式(4-19)可推导得出面 $BCGF$ 上的剪切力：

$$Q_{BCGF} = \int_0^{b\cos\alpha}\left[\int_0^z (C' + k\gamma z\tan\varphi')\mathrm{d}z - \frac{(z-d)^2}{3}\gamma_w\tan\varphi'\right]\mathrm{d}x \tag{4-21}$$

式(4-21)还可表示为：

$$Q_{BCGF} = Q_1 - \frac{\gamma_w\tan\varphi'}{3}b\cos\alpha\left\{h^2 - hb\sin\alpha + \frac{b^2}{3}\sin^2\alpha - d[2h - b\sin\alpha - d]\right\} \tag{4-22}$$

其中 $Q_1 = \dfrac{b\cos\alpha}{2}\left[C(2h - b\sin\alpha) + k\gamma\tan\varphi'\left(h^2 - bh\sin\alpha + \dfrac{b^2\sin^2\alpha}{3}\right)\right]$。

则当 $h-b\sin\alpha \leqslant d < h$ 时，面 $BCGF$ 的剪应力为：

$$Q_{BCGF} = Q_1 - \frac{\gamma_w \tan\varphi' (h-d)^3}{9\tan\alpha} \tag{4-23}$$

当 $d \geqslant h$ 时，面 $BCGF$ 的剪应力为：

$$Q_{BCGF} = Q_1 \tag{4-24}$$

依据同样的计算原理，得出矩形块体结构模型铅垂面 $DCGH$ 的剪应力，则：当 $h-b\sin\alpha \leqslant d < h$ 时，面 $DCGH$ 的剪应力为：

$$Q_{DCGH} = a\left[C'(h-b\sin\alpha) + \frac{k\gamma}{2}\tan\varphi'(h-b\sin\alpha)^2 - \frac{\gamma_w}{3}\tan\varphi'(h-b\sin\alpha-d)^2\right] \tag{4-25}$$

当 $d \geqslant h$ 时，面 $DCGH$ 的剪应力为：

$$Q_{DCGH} = a\left[C'(h-b\sin\alpha) + \frac{k\gamma}{2}\tan\varphi'(h-b\sin\alpha)^2\right] \tag{4-26}$$

依据同样的计算原理，得出矩形块体结构模型铅垂面 $ABFE$ 的剪应力，则：当 $0 \leqslant d < h$，面 $ABFE$ 的剪应力为：

$$Q_{ABFE} = a\left[C'h + \frac{k\gamma h^2}{2}\tan\varphi' - \frac{(h-d)^2}{3}\gamma_w\tan\varphi'\right] \tag{4-27}$$

当 $d \geqslant h$，面 $ABFE$ 的剪应力为：

$$Q_{ABFE} = a\left(C'h + \frac{k\gamma h^2}{2}\tan\varphi'\right) \tag{4-28}$$

以上对采动地裂缝一侧岩土块体单元进行抽象简化建立了矩形块体结构模型，求解得到了该结构模型铅垂面的剪应力大小。需要指出的是，采动地裂缝一侧岩土块体并非理想状态下的矩形块体结构，其一侧岩土块体单元的形态各异，就不同实际情况还需针对性分析。

4.2.2 从浅埋煤层采动覆岩及坡体运动研究视角分析

采动地裂缝发育不仅受地表移动变形的影响，而且与厚硬覆岩破断失稳形式和坡体活动形态密切相关。厚硬顶板的破断失稳形式很大程度上决定了采动地裂缝的发育形态，因而分析厚硬顶板的破断失稳形式对认识采动地裂缝发育机理就显得尤为重要。

建立了顶板破断的结构力学模型，按照弹性地基梁[28,124-125]进行力学分析，基于温克勒（Winkler）弹性地基梁假设的顶板破断形式和顶板断裂的结构力学模型分别如图 4-10 和图 4-11 所示。OA 部分可视为悬臂梁结构，OD 部分是均布载荷下的半无限弹性地基梁。设顶板厚度为 h，OA 段长度为 l，弹性模量为

E,截面惯性矩为 I,抗弯强度为 σ_t,均布载荷为 q。悬臂梁在 O 点处的挠度、回转角、弯矩和剪切力分别为 y_0、θ_0、M_0 和 Q_0。悬臂梁在 A 点处的水平挤压力和剪力分别为 T 和 Q_A。

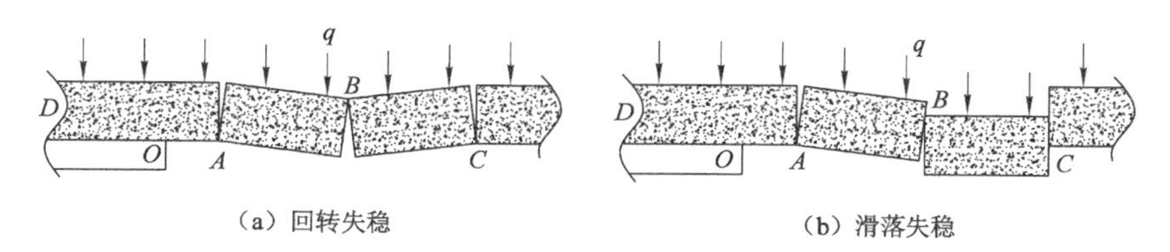

图 4-10　顶板破断形式

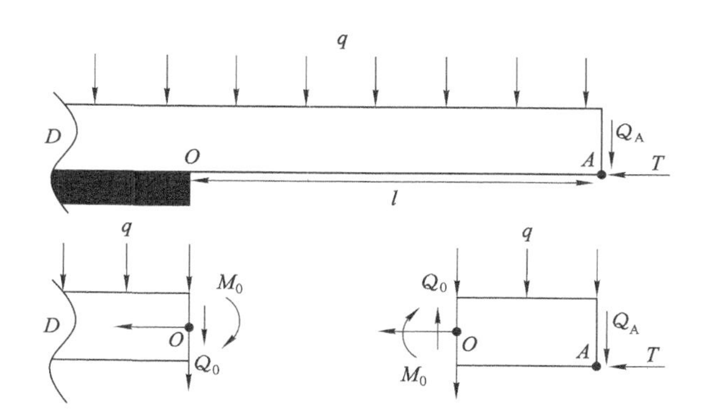

图 4-11　顶板断裂的结构力学模型

就悬臂梁结构而言,OA 段($-l\leqslant x\leqslant 0$)在 x 的剪切力 Q_x 和弯矩 M_x 可用下式表示为:

$$Q_x = (l+x)q + Q_A \tag{4-29}$$

$$M_x = \left[\frac{1}{2}q(l+x) + Q_A\right](l+x) + \frac{h}{2}T \tag{4-30}$$

OA 段在 x 处的剪切力 q_x 和拉应力 σ_x 可用下式表示为:

$$q_x = \frac{l+x}{h}q + \frac{Q_A}{h} \tag{4-31}$$

$$\sigma_x = 3q\left(\frac{l+x}{h}\right)^2 + \frac{6(l+x)Q_A}{h^2} + \frac{3T}{h} \tag{4-32}$$

则二者的合力经过推导,可用下式表示:

$$\begin{aligned} f_x &= \sqrt{q_x^2+\sigma_x^2} \\ &= \frac{1}{h^2}\sqrt{[(l+x)qh + Q_A h]^2 + [3q\,(l+x)^2 + 6(l+x)Q_A + 3hT]^2} \end{aligned} \tag{4-33}$$

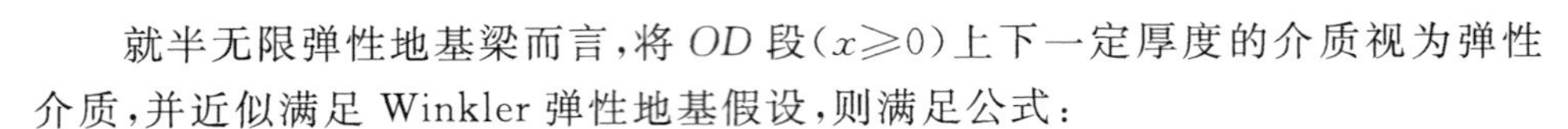

就半无限弹性地基梁而言，将 OD 段($x \geqslant 0$)上下一定厚度的介质视为弹性介质，并近似满足 Winkler 弹性地基假设，则满足公式：

$$EIy = q - ky \tag{4-34}$$

式中：q 表示由于采掘扰动而作用在厚硬顶板上的均布载荷；y 表示厚硬顶板产生的竖向位移；k 表示 Winkler 地基系数，与厚硬顶板下位直接顶、煤层及底板的厚度和物理力学性质有关；EI 表示厚硬顶板的抗弯强度。

则半无限弹性地基梁在 x 处的挠度 y_x、回转角 θ_x、弯矩 M_x 和剪切力 Q_x，当离 O 点足够远时，挠度和回转角可视为 0。即当 $x \to \infty$，$\mathrm{sh}(\beta x) = \mathrm{ch}(\beta x) = \mathrm{e}^{\beta x}/2$，$y_\infty = q/k$ 和 $\theta_\infty = 0$ 时，分别用下式表示：

$$y_0 = \frac{q}{k} - \frac{Q_0}{2EI\beta^3} - \frac{M_0}{2EI\beta^2} \tag{4-35}$$

$$\theta_0 = \frac{Q_0}{2EI\beta^2} + \frac{M_0}{EI\beta} \tag{4-36}$$

则弯矩 M_x 和剪切力 Q_x 可表示为：

$$Q_x = -\mathrm{e}^{-\beta x}\{Q_0[\sin(\beta x) - \cos(\beta x)] + 2\beta M_0 \sin(\beta x)\} \tag{4-37}$$

$$M_x = \frac{\mathrm{e}^{-\beta x}}{\beta}\{Q_0 \sin(\beta x) + M_0 \beta[\sin(\beta x) + \cos(\beta x)]\} \tag{4-38}$$

则半无限弹性地基梁在 x 处的剪切力 q_x 和拉应力 σ_x 可推导为下列表达式：

$$q_x = \frac{\mathrm{e}^{-\beta x}}{h}\{Q_0[\sin(\beta x) - \cos(\beta x)] + 2\beta M_0 \sin(\beta x)\} \tag{4-39}$$

$$\sigma_x = \frac{6\mathrm{e}^{-\beta x}}{h\beta^2}\{Q_0 \sin(\beta x) + M_0 \beta[\sin(\beta x) + \cos(\beta x)]\} \tag{4-40}$$

将 $\begin{cases} Q_0 = ql + Q_A \\ M_0 = \dfrac{1}{2}ql^2 + Q_A l + \dfrac{hT}{2} \end{cases}$ 代入式(4-39)和式(4-40)可推导得出：

$$f_x = \frac{\mathrm{e}^{-\beta x}}{h}\sqrt{\begin{gathered}\{(ql + Q_A)[\sin(\beta x) - \cos(\beta x)] + \beta \sin(\beta x)(ql^2 + 2Q_A l + hT)\}^2 + \\ \frac{9}{\beta^2 h^2}\{2(ql + Q_A)\sin(\beta x) + \beta[\sin(\beta x) + \cos(\beta x)](ql^2 + 2Q_A l + hT)\}^2\end{gathered}} \tag{4-41}$$

以上对悬臂梁和半无限弹性地基梁的结构受力进行了分析，为深入明晰厚硬顶板破断失稳奠定了基础。采动地裂缝发育不仅受厚硬顶板破断失稳形式的影响，还与坡体整体活动形态紧密相关。采动坡体活动与地裂缝发育的相互相应关系如图 4-12 所示。

随着工作面持续推进，上覆岩层随基本顶垮落而持续破断失稳，并未产生明

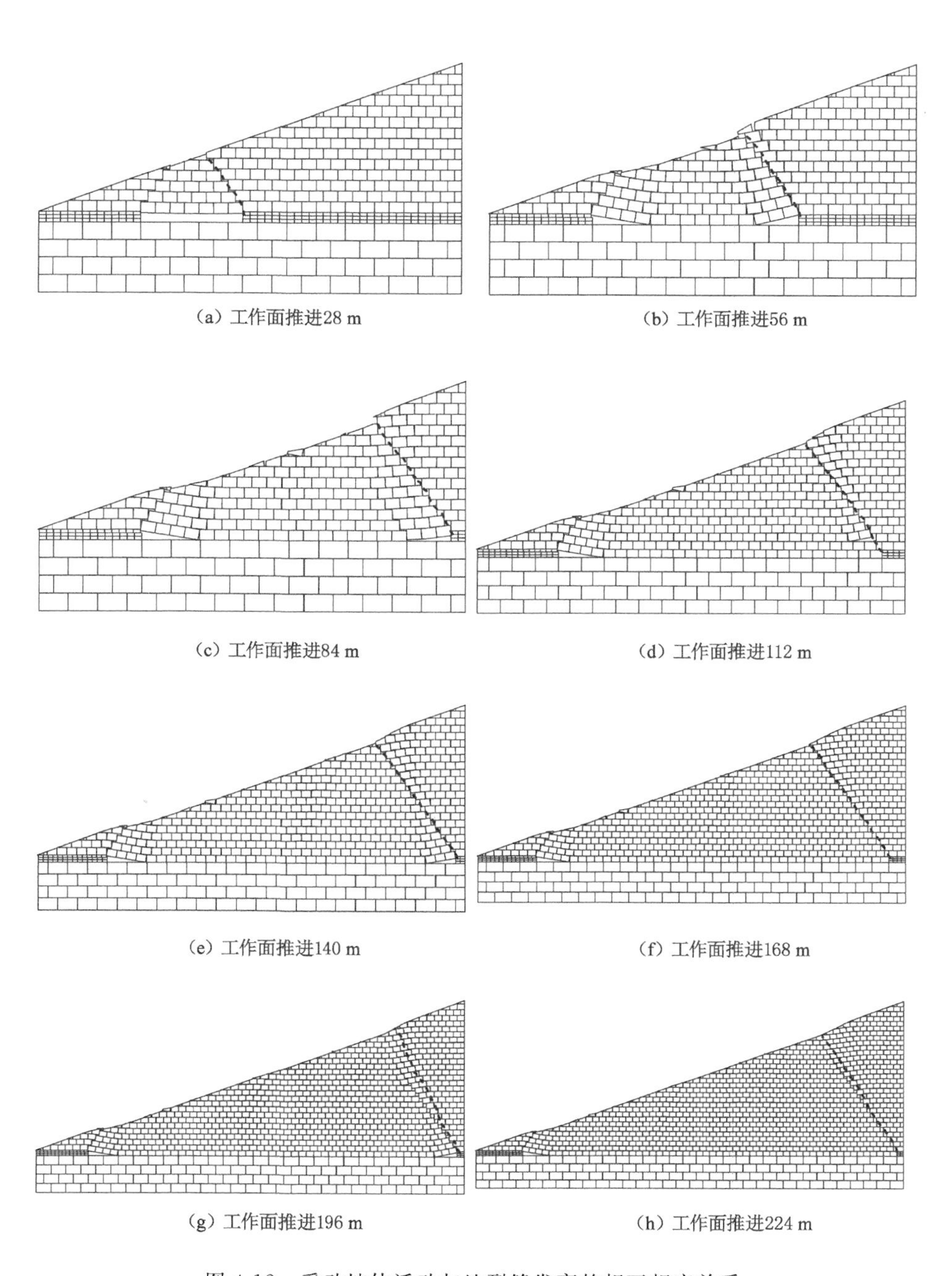

图 4-12 采动坡体活动与地裂缝发育的相互相应关系

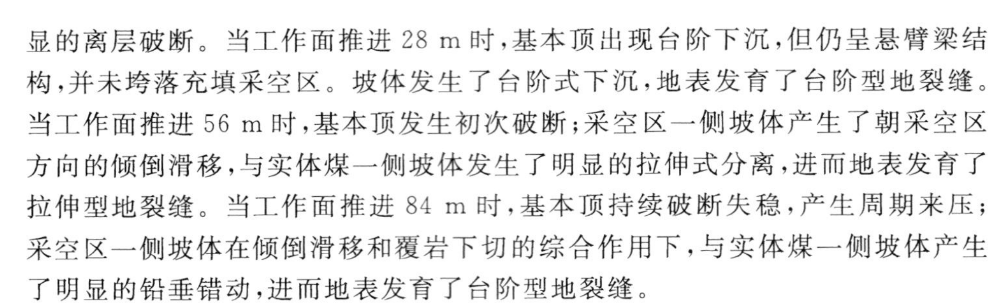

显的离层破断。当工作面推进 28 m 时，基本顶出现台阶下沉，但仍呈悬臂梁结构，并未垮落充填采空区。坡体发生了台阶式下沉，地表发育了台阶型地裂缝。当工作面推进 56 m 时，基本顶发生初次破断；采空区一侧坡体产生了朝采空区方向的倾倒滑移，与实体煤一侧坡体发生了明显的拉伸式分离，进而地表发育了拉伸型地裂缝。当工作面推进 84 m 时，基本顶持续破断失稳，产生周期来压；采空区一侧坡体在倾倒滑移和覆岩下切的综合作用下，与实体煤一侧坡体产生了明显的铅垂错动，进而地表发育了台阶型地裂缝。

通过分析基本顶初次破断、初次来压和首次周期来压时的顶板破断与坡体活动可知，采空区一侧坡体向采空区方向发生倾倒滑移，与实体煤一侧坡体发生了明显的错动分离，两侧坡体之间存在明显的坡体断裂线（如图 4-12 黑色虚线所示）。坡体断裂线由工作面煤壁一侧以一定角度向采空区斜上方延伸至地表，断裂线附近发育了采动地裂缝。被坡体断裂线切割的采空区一侧坡体在下伏已处于稳定状态的倾倒坡体支撑作用下，形成斜型体铰接结构，如图 4-13 和图 4-14 所示。两个斜型体的分界线即为坡体断裂线。

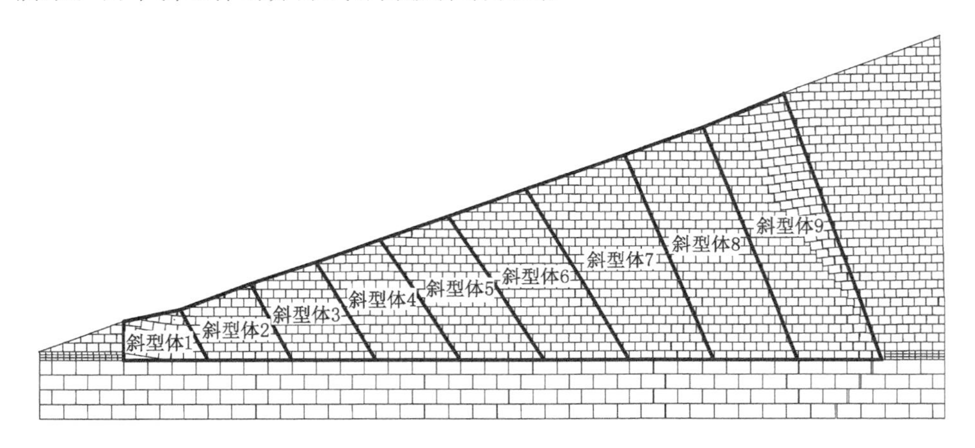

图 4-13　采动坡体活动的斜型体铰接结构

根据数值模拟分析结果和参考文献[7]，建立了喀斯特山区浅埋煤层采动坡体的斜型体结构模型，其受力情况如图 4-14 所示。对斜型体铰接结构进行受力分析如下，在 C 点：

$$
\begin{aligned}
T &= N\sin\alpha - f\cos\alpha \\
Q_C &= N\cos\alpha + f\sin\alpha \\
f &= N\tan\varphi
\end{aligned}
\tag{4-42}
$$

式中：T 为水平力；Q_C 为 C 点的摩擦剪力；f 为接触面上的摩擦力；N 为接触面

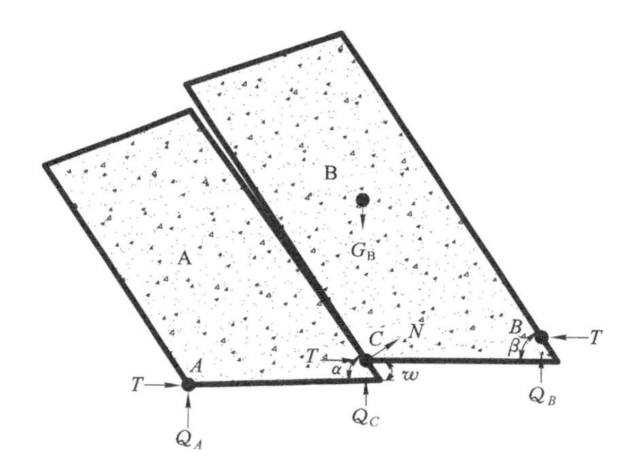

图 4-14　斜型体铰接结构受力分析

上的法向应力；tan φ 为岩块间的摩擦因数。

由式(4-42)可得：

$$T = N(\sin\alpha - \tan\varphi\cos\alpha) \tag{4-43}$$

$$Q_C = N(\cos\beta + \tan\varphi\sin\beta) \tag{4-44}$$

从铅垂方向对斜型体进行受力分析，则：

$$G_B = Q_C + Q_B \tag{4-45}$$

综合考虑岩层的分层特性，斜型体 B 对斜型体 A 的作用点位置取在接触面的 1/3 处，对 B 点取矩，则：

$$T\left[\frac{1}{4}L\sin(\alpha-\beta) - \frac{a}{2} + x\cos(\alpha-\beta)\right] + Q_C\left[\frac{1}{4}L\cos(\alpha-\beta) + L_B + x\sin(\alpha-\beta) - L_B\sin\beta\right] = G_B x \tag{4-46}$$

式中：a 为岩块在 B 点的接触面长度；按照砌体梁块体接触的关系考虑，近似为 $a=\frac{1}{2}\{[L_1 + L_B\sin\gamma/\sin(\gamma+\alpha)]\sin\alpha - L_B\sin\beta\}$；$L$ 为斜型体 B 与斜型体 A 在左侧边的接触面长度；x 为斜型体未接触的面长度；γ 为坡体角度；α 为斜型体 A 的破断角；β 为斜型体 B 的破断角。

为防止斜型体结构在 B 点发生滑落失稳，则需要满足条件：

$$T\tan\varphi \geqslant Q_B \tag{4-47}$$

为防止斜型体结构不发生回转失稳，则需要满足条件：

$$T \leqslant a\eta\sigma_c \tag{4-48}$$

式中：$\eta\sigma_c$ 为斜型体端角挤压强度；T/a 为接触面的平均挤压应力。

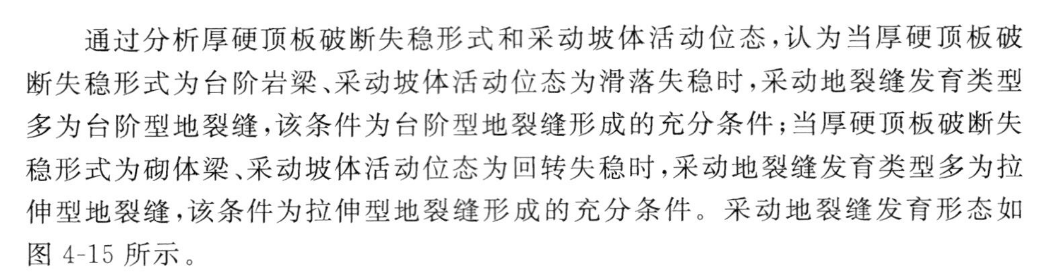

通过分析厚硬顶板破断失稳形式和采动坡体活动位态，认为当厚硬顶板破断失稳形式为台阶岩梁、采动坡体活动位态为滑落失稳时，采动地裂缝发育类型多为台阶型地裂缝，该条件为台阶型地裂缝形成的充分条件；当厚硬顶板破断失稳形式为砌体梁、采动坡体活动位态为回转失稳时，采动地裂缝发育类型多为拉伸型地裂缝，该条件为拉伸型地裂缝形成的充分条件。采动地裂缝发育形态如图 4-15 所示。

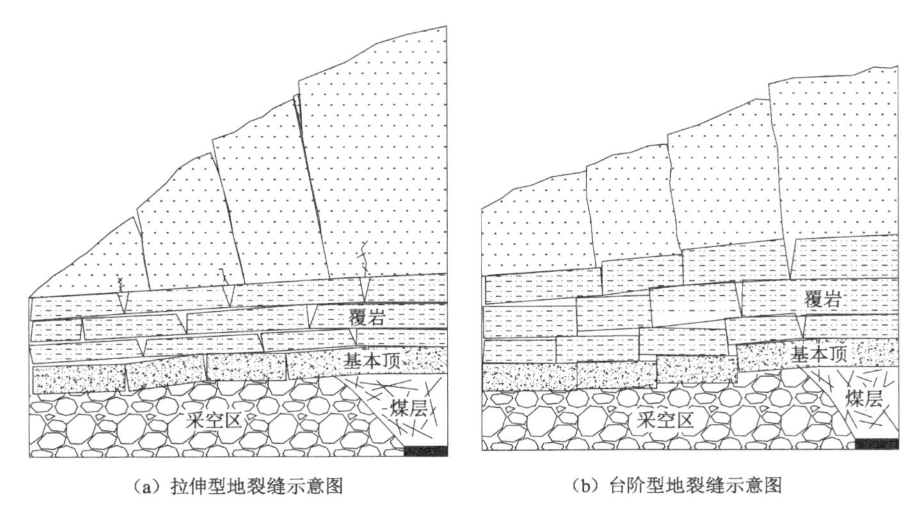

(a) 拉伸型地裂缝示意图　　(b) 台阶型地裂缝示意图

图 4-15　采动地裂缝发育形态示意图

4.3　喀斯特山区浅埋煤层采动地裂缝发育位置的预测方法

4.3.1　喀斯特山区浅埋煤层采动地裂缝发育位置的预测指标

通过第 2 章节数值模拟和本章节现场实测结果分析可知，采动地裂缝发育位置与水平位移波峰值分布紧密相关，地裂缝产生位置附近区域往往出现水平位移波峰值。陈冉丽等[126]指出水平变形是影响地裂缝发育的最直接因素，水平变形值的大小直接影响地表裂缝发育程度。根据采动坡体剪切破坏的观点[127]，采动地裂缝是由于土层拉伸变形所致，地表裂缝发育处水平变形不断集中，随工作面持续推进，逐渐达到水平变形的最大值。徐飞亚等[110]通过现场实测分析了采动地裂缝与坡体水平位移和水平变形的响应关系，明确指出采动地裂缝的发育增大了山区地表朝下坡方向的水平位移；同时它也改变了山区地表水平变形的变化，即拉伸变形区出现了拉伸变形值减小或转变为压缩变形，或在压缩变形区出现压缩变形值减小或转变为拉伸变形。采动地裂缝、上位岩层水平变形与工作面推进位置的对应关系如图 4-16 所示。采动地裂缝发育位置处，上位岩层水平变形出现波峰值且土体拉应力达到最大值。根据上述分析可知，采动地裂缝发育位置与水平位移、水平变形密切相关，因而将水平位移、水平变形作为预测采动地裂缝发育位置的可靠性指标。

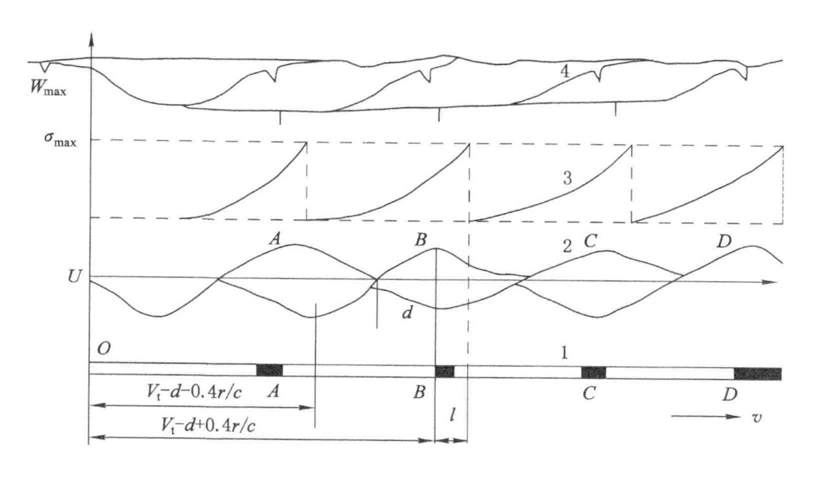

1—工作面位置；2—上位岩层水平变形曲线；3—土层拉应力曲线；4—地表下沉盆地及裂缝位置。

图 4-16 地表裂缝、上位岩层水平变形与工作面推进位置的对应关系图[36]

4.3.2 喀斯特山区浅埋煤层地表水平移动变形预计

预测采动地裂缝发育位置的关键之处在于对地表水平位移和水平变形的预计，因此准确预计地表水平位移和水平变形至关重要。有别于平原地表移动变形，喀斯特山区地表移动变形不仅有开采沉陷导致的地表移动变形，还有采动坡体滑移变形。参考文献[130]～[132]分析认为，喀斯特山区浅埋煤层开采引起的地表点的移动向量 $\boldsymbol{R}$ 是采动分量 J 和滑移分量 I 的叠加，则：

$$\boldsymbol{R}_{(x)} = J_{(x)} + I_{(x)} \tag{4-49}$$

式中：$J_{(x)}$ 为采动分量，与采矿地质条件和覆岩物理力学特性有关；$I_{(x)}$ 为滑移分量，与地形、地表坡度、表土层性质和采掘扰动程度有关。

就喀斯特山区浅埋煤层地表而言，滑移面一般可视为曲面，因此滑移分量可分解为切向分量 p 和法向分量 q。凸形地貌的滑移分量偏于切向分量下方，而凹形地貌的滑移分量偏于切向分量的上方，因而一般情况下滑移分量倾角 δ 不等于坡度。喀斯特山区浅埋煤层地表水平移动变形可分解为相同采矿地质条件

平地的移动变形与山区采动滑移变形的叠加，则：

$$U'_{(x)}=U_{(x)}+\Delta U_{(x)} \tag{4-50}$$

$$E'_{(x)}=E_{(x)}+\Delta E_{(x)} \tag{4-51}$$

式中：$U'_{(x)}$为山区地表水平移动量；$U_{(x)}$为相同采动地质条件平地的水平移动量；$\Delta U_{(x)}$为山区采动滑移的水平移动量；$E'_{(x)}$为山区地表水平变形量；$E_{(x)}$为相同采动地质条件平地的水平变形量；$\Delta E_{(x)}$为山区采动滑移的水平变形量。

大量实测数据表明，山区采动滑移分量的大小与地表点位置(x)、地表坡度$\alpha_{(x)}$、开采扰动程度$W_{(x)}$、最大下沉值$W_{\max}$和采动坡体高度h_m有关。山区移动盆地主断面任意点(x)的滑移分量可表示为：

$$\boldsymbol{R}_{(x)}=D_{(x)}\left[p_{(x)}\sqrt{(h_m-h_{(x)})/H_{(x)}}W_{\max}+q_{(x)}W_{(x)}+\tan\alpha_{(x)}\right] \tag{4-52}$$

式中：$D_{(x)}$为地表特征系数，喀斯特山区浅埋煤层表土层为风化黏土或砂土，一般取1.0～1.4；$p_{(x)}$为采动坡体加载影响函数，可用$p_{(x)}=A[1+\tan(x/r+B)]$表示；$q_{(x)}$为坡度影响系数，可用$q_{(x)}=1+C\exp[-D(x/r)]$表示；h_m为坡体至开采范围内最低点的最大高度，m；$h_{(x)}$为坡体某点(x)至开采范围内最低点的高度，m；$H_{(x)}$为坡体某点(x)至开采煤层处的高度，m；其中，A、B、C、D分别可取$\pi/100$、$\pi/3$、$\pi/2$和π。

将式(4-52)联合式$\Delta U_{(x)}=\boldsymbol{R}\cos\delta$代入式(4-50)，可以得到山区半无限开采的地表水平移动表达式：

$$\begin{aligned}U'_{(x)}=U_{(x)}+\{D_{(x)}[p_{(x)}\sqrt{(h_m-h_{(x)})/H_{(x)}}W_{\max}+\\q_{(x)}W_{(x)}+\tan\alpha_{(x)}]\}\cos\delta_{(x)}\cos\varphi_{(x)}\end{aligned} \tag{4-53}$$

式中：$\varphi_{(x)}$为地表某点的倾斜方向角度，(°)，x轴正向逆时针方向取正值。

对式(4-53)求导，可得山区半无限开采的地表水平变形表达式：

$$\begin{aligned}\varepsilon'_{(x)}&=\frac{\mathrm{d}U'_{(x)}}{\mathrm{d}x}=\frac{\mathrm{d}U_{(x)}}{\mathrm{d}x}+\frac{\mathrm{d}\boldsymbol{R}_{(x)}}{\mathrm{d}x}\cos\delta_{(x)}\cos\varphi_{(x)}\\&=\varepsilon_{(x)}+D_{(x)}\left[\sqrt{(h_m-h_{(x)})/H_{(x)}}W_{\max}p'_{(x)}+(q_{(x)}i_{(x)}+q'_{(x)}W_{(x)})\tan\alpha_{(x)}\right]\cos\delta_{(x)}\cos\varphi_{(x)}\end{aligned} \tag{4-54}$$

式中：$p'_{(x)}=\frac{1}{r}A\operatorname{sech}\left(\frac{x}{r}+B\right)$；$q'_{(x)}=\frac{-D}{r}C\exp\left[-D\left(\frac{x}{r}\right)\right]$；$r$为开采影响半径，m，可用式$r=H/\tan\beta$表示，其中$H$为采深，$\tan\beta$为采动影响角正切值。

为验证以上山区半无限开采的水平移动变形预计公式的准确性与可靠性，依据文献[128]已有的预计步骤，预测了安顺矿9100工作面上覆地表的水平移动变形值。9100工作面走向长约1 000 m、倾斜长为190 m，工作面上覆地表坡度为6°～54.7°，表土层为厚约4 m的黏土。煤层的最大埋深为220 m，最小埋深为104 m。根据9100工作面采掘工程实际，开采沉陷预计参数取值如下：地

表特征系数 $D_{(x)}$ 取值 1.2；采动坡体加载影响函数 $p_{(x)}$ 取值 1.6；h_m 根据地表起伏情况，取值 110 m；$h_{(x)}$ 根据地表起伏情况，取值 0～110 m；$H_{(x)}$ 根据地表起伏情况，取值 110～220 m；$\tan\beta$ 根据以往经验，取值 2.5；H 根据工作面埋深变化，取值 110～220 m；r 取值 44～88 m；$p_{(x)}$ 取值 0.8。将上述数据输入山区地表移动变形预计软件系统(MMSPS)对工作面上位地表监测点 Z1～Z31 的水平移动变形进行了预计，得到了地表沉陷稳定后的水平移动变形值，如图 4-17 所示。通过分析可知预计值与实测值的总体变化趋势一致，有个别数值相对偏差较大，但不影响地表水平移动变形的总体预测。

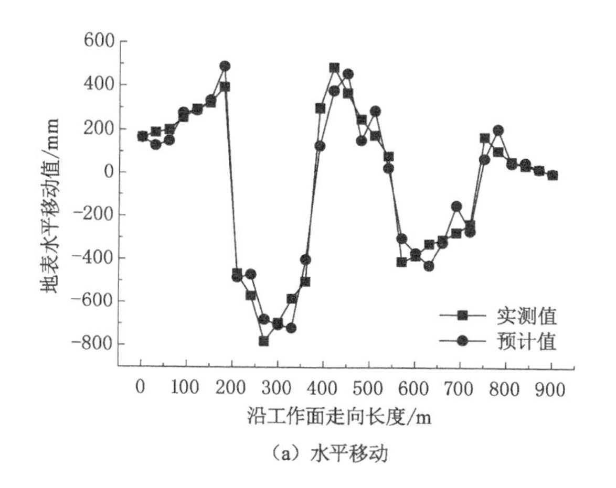

(a) 水平移动

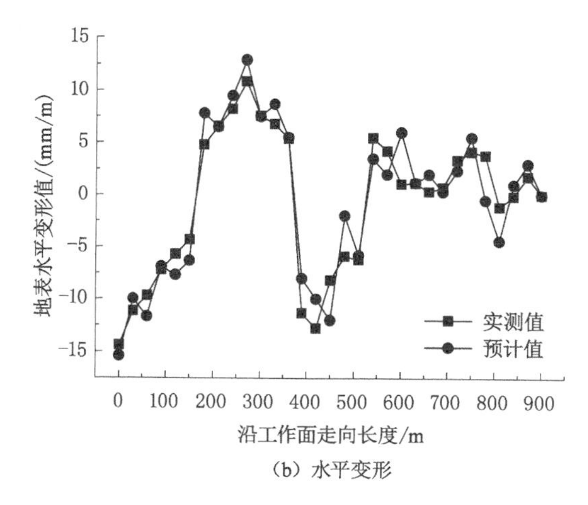

(b) 水平变形

图 4-17　9100 工作面地表水平移动变形的预计结果

4.4 本章小结

(1) 明确了喀斯特山区浅埋煤层地表沉陷、覆岩运动对采动地裂缝发育的响应特征。基于现场实测结果,分析得出采动地裂缝发育与地表水平移动、水平变形紧密相关。其中水平拉伸变形主要影响采动地裂缝发育宽度,二者呈显著的线性增加关系。喀斯特山区浅埋煤层矿山压力显现受地形地貌起伏变化而具有鲜明的“分区性”,即:工作面过平缓山谷时,周期来压步距小且间隔时间短、来压频繁且持续时间长;工作面过山坡时,周期来压步距大且间隔时间长,来压持续时间短。

(2) 从山区浅埋煤层表土层变形破坏、覆岩破断及坡体活动等视角出发,阐明了采动地裂缝的形成机理。得出了不等坡度地表的采动地裂缝起裂判据,即:当 $\varepsilon_{AB\text{-}BC}>\varepsilon_0$ 时,地表将会发育采动地裂缝;当 $\varepsilon_{AB\text{-}BC}<0$ 时,坡段产生压缩变形,此时不会发育采动地裂缝。采动地裂缝起裂的地表水平变形表达式为:

$$
\begin{aligned}
\varepsilon_{AB\text{-}BC} &= \frac{\Delta_{AB\text{-}BC}}{L_{AB}+L_{BC}} \\
&= \frac{w_{21}[\sin\beta(1+b_2+b_2\tan^2\beta)]+u_{21}\cos\beta-w_{11}[\sin\alpha(1+b_2+b_2\tan^2\alpha)]+u_{11}\cos\alpha}{L_{AB}+L_{BC}}
\end{aligned}
$$

建立了采动坡体活动的斜型体铰接结构力学模型,指明了采动地裂缝发育与斜型体运动位态、采动坡体断裂线的纵向延伸方向密切相关。当厚硬顶板破断失稳形式为台阶岩梁、采动坡体活动位态为滑落失稳时,采动地裂缝发育类型多为台阶型地裂缝;当厚硬顶板破断失稳形式为砌体梁、采动坡体活动位态为回转失稳时,采动地裂缝发育类型多为拉伸型地裂缝。

(3) 形成了喀斯特山区浅埋煤层采动地裂缝发育位置的预测方法。将地表水平移动、水平变形作为采动地裂缝发育位置的预测指标,推导得出了山区半无限开采的地表水平移动和水平变形预计表达式:

$$
\begin{aligned}
U'_{(x)} = U_{(x)} + \{D_{(x)}[p_{(x)}\sqrt{(h_{\mathrm{m}}-h_{(x)})/H_{(x)}}W_{\max} + \\
q_{(x)}W_{(x)} + \tan\alpha_{(x)}]\}\cos\delta_{(x)}\cos\varphi_{(x)}
\end{aligned}
$$

$$
\begin{aligned}
\varepsilon'_{(x)} = \varepsilon_{(x)} + D_{(x)}[\sqrt{(h_{\mathrm{m}}-h_{(x)})/H_{(x)}}W_{\max}p'_{(x)} + \\
(q_{(x)}i_{(x)} + q'_{(x)}W_{(x)})\tan\alpha_{(x)}]\cos\delta_{(x)}\cos\varphi_{(x)}
\end{aligned}
$$

通过对比分析实测值与预计值,可知预计效果可满足预测需求。

5 喀斯特山区浅埋煤层采动地裂缝减损控制原理与技术

工作面部署方式调控是控制和减弱采动地裂缝发育的根本。本章主要探究喀斯特山区浅埋煤层采动地裂缝减损控制原理与技术。首先，总结归纳喀斯特山区浅埋煤层采动地裂缝减损控制原则；其次，根据大量现场工程案例并结合实践经验，总结归纳工作面部署方式，并从岩层移动角和断裂角、地表移动变形和采动地裂缝发育等方面对比分析不同工作面部署方式对地表的采动损害程度，获得有利于采动地裂缝减损控制的工作面部署优选方式；最后，进行了采动损害分区，以期为采动地裂缝减损控制提供依据。

5.1 喀斯特山区浅埋煤层采动地裂缝减损控制原则

根据龙鑫煤矿、大宝顶煤矿、小宝鼎煤矿、安顺煤矿、兴林煤矿、宏发煤矿等在采动地裂缝减损控制与治理方面积累的工程实践经验，提出了喀斯特山区浅埋煤层采动地裂缝减损控制原则，如图 5-1 所示。

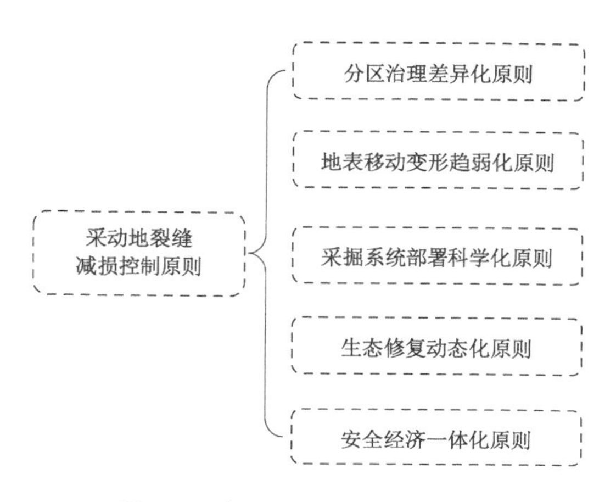

图 5-1 采动地裂缝减损控制原则

5.1.1 分区治理差异化原则

根据现场踏勘及实测结果可知，采动地裂缝发育具有明显的优选性和分区性（如图 5-2 所示），即永久性地裂缝多发育于坡度较大的斜坡或陡坡、采空区边界外缘地带、坡度变化较大的过渡地带，该类地裂缝对地表结构造成了实质性损伤，自身难以愈合，自修复能力弱。临时性地裂缝多发育于坡度较小的缓坡和平缓地带，其发育具有动态性，即随工作面持续推进经历“张开—扩展—闭合”的过程，对地表结构损伤程度小，具有自我愈合的特点，自修复能力强。基于采动地裂缝发育的优选性和分区性，改变传统的全区域同质修复治理模式，因地制宜地遵循“分区治理差异化”修复治理原则。即永久性地裂缝发育区采取“生态环保材料充填＋坡体防护＋水土保持”的地表修复为主的人工治理模式，旨在重点提高采动地裂缝附近坡体强度，防止滑坡、崩塌等次生自然灾害的发生；动态性地裂缝发育区采取遵循自然、尊重生态的自我修复模式，即工作面停采后，在采空区沉陷边界设置警示牌、围栏等设施，尽可能减少人工干扰，使其自然恢复，同时提高植被覆盖率，防止水土流失[131-133]。

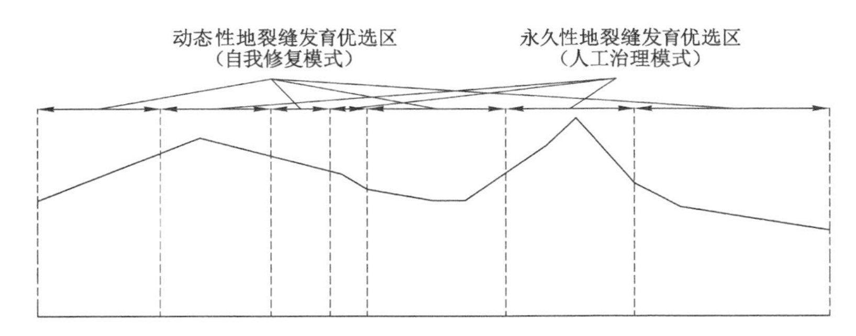

图 5-2　采动地裂缝分区差异化治理模式示意图

5.1.2 地表移动变形趋弱化原则

采动地裂缝的发育是开采沉陷反映于地表的破坏性显现。喀斯特山区浅埋煤层采动地裂缝发育受地表水平移动变形和采动坡体滑移的综合作用，因此减弱采动地裂缝发育的规模和尺度就应遵循地表移动变形趋弱化原则。根据地裂缝发育的优选性，因地适宜地划分出永久性地裂缝发育优选区，在此开采范围内采用合适的采煤方法，即限制或减弱地表移动变形在采矿地质环境能够承载的范围内的采煤方法，可以因势利导地选择充填开采、部分开采、协调开采和控制开采等方法。同时，对采动坡体滑移重点区域的下位工作面可以适度地采取覆岩离层注浆、“采-充-留-填”[134-137]等技术措施。

5.1.3 采掘系统部署科学化原则

喀斯特山区浅埋煤层赋存的鲜明特点为典型的近距离煤层群，煤层间距近、煤层层数多。不同于单一煤层采动，近距离煤层群开采对上位地表产生了多次重复扰动，因而造成采动地裂缝的规模和尺度更大。同时，下位采煤工作面布置与上位地形地貌的相对位置关系也会对采动地裂缝发育产生不尽相同的影响。可见，近距离煤层群开采的采掘系统科学部署尤为重要，直接影响着覆岩裂隙及离层发育和采动坡体滑移位态。工作面开采尺度、各煤层工作面的相对空间关系、工作面部署与上位地表的相对布局等，都需要在遵循地表移动变形趋弱化原则的基础上实现科学化、合理化。

5.1.4 生态修复动态化原则

采矿对地表生态环境的影响必然是一个动态演化过程，因而也应当遵循这一规律实现生态修复动态化。有关国家[138]在立法时就明确提出采矿和生态修复要同步进行，这是实现矿业生态文明的必然要求和发展趋势。采动地裂缝受采掘扰动呈现动态化发育的特点，根据该特点，采取采动地裂缝边发育边治理的方法，从而及时将采动地裂缝对地表生态环境的损伤降至最低，减小水土流失，加快矿区生态环境恢复。

5.1.5 安全经济一体化原则

采动地裂缝治理必须考虑治理成本及推广应用前景，形成一个经济合理、安全可靠、便于推广的综合治理体系尤为重要。应当充分结合当地生态环境，实现就地取材、就地充填和就地治理，尽量避免干扰原生态环境。所使用的充填材料应当符合国家有关环保标准，避免污染土壤、植被和水体。同时，采动地裂缝治理所需的充填工具应当机动灵活，能够良好地适应喀斯特山区地形地貌起伏变化。

5.2 采动地裂缝减损的工作面部署调控系统

5.2.1 工作面部署方式

显著不同于采动地裂缝发育后的治理措施[13,19,41]，工作面部署调控是采动地裂缝发育前的减损控制措施，是减弱采动地裂缝发育的根本性措施。喀斯特

山区浅埋煤层赋存的鲜明特点是近距离煤层群，不同的工作面部署方式对覆岩运动及地表移动变形的具体影响也不尽相同，它是影响采动地裂缝发育的重要因素。根据大量现场工程案例并结合实践经验，工作面部署方式总结如下。

5.2.1.1　等长工作面部署

等长工作面部署方式如图 5-3 所示。等长工作面，即上下煤层工作面的倾向长度一致(以水平煤层为例)，按照上下煤层工作面部署方式可分为堆叠式、外错式和内错式。堆叠式指上下煤层工作面两端在空间层位上对齐，如图 5-3(a)所示；外错式指上下煤层工作面两端在空间层位上不对齐，上煤层工作面以一定长度外错于下煤层工作面，如图 5-3(b)所示；内错式指上煤层工作面以一定长度内错于下煤层工作面，如图 5-3(c)所示。

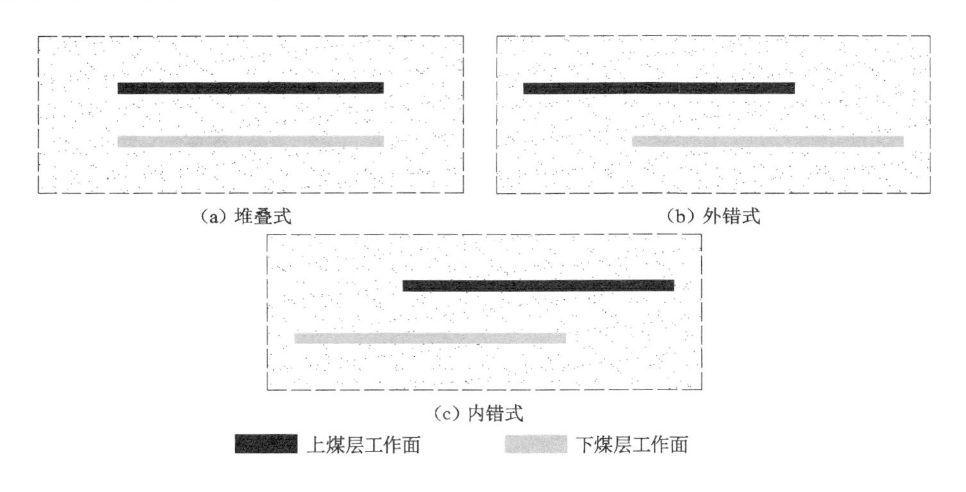

图 5-3　等长工作面部署方式

5.2.1.2　不等长工作面部署

不等长工作面部署方式如图 5-4 所示。不等长工作面，即上下煤层工作面的倾向长度不等(以水平煤层为例)，按照上下煤层工作面部署方式，可分为上煤层工作面一端内错式、下煤层工作面一端内错式、上煤层工作面两端内错式和下煤层工作面两端内错式。上煤层工作一端内错式指上下煤层工作面一端呈对齐式，上煤层工作面因倾向长度小于下煤层工作面，上煤层工作面另一端内错于下煤层工作面另一端，如图 5-4(a)所示；下煤层工作面一端内错式指上下煤层工作面一端呈对齐式，下煤层工作面因倾向长度小于上煤层工作面，下煤层工作面另一端内错于上煤层工作面另一端，如图 5-4(b)所示；上煤层工作面两端内错式指因上煤层工作面倾向长度小于下煤层工作面，上煤层工作面两端均内错于下煤层工作面，如图5-4(c)所示；下煤层工作面两端内错式指因下煤层工作面倾向长度小于上煤层工作面，下煤层工作面两端均内错于上煤层工作面，如图5-4(d)所示。

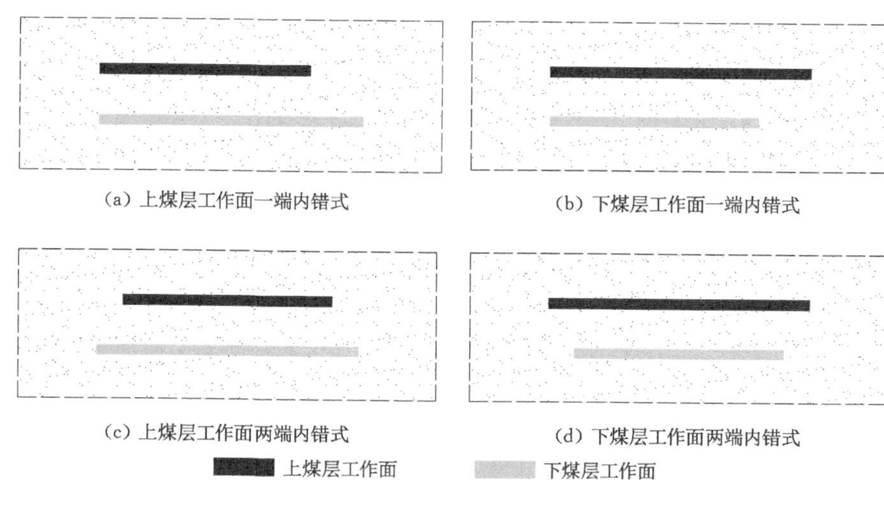

图5-4 不等长工作面部署方式

不等长工作面部署方式(留设煤柱)如图5-5所示。不等长工作面(留设煤柱)，即上下煤层工作面的倾向长度不等(以水平煤层为例)，按照上下煤层工作面部署方式，可分为煤柱间隔内错式和煤柱间隔外错式。煤柱间隔内错式指上煤层工作面倾向长度大于下煤层工作面，上煤层工作面分为两段、两段间留设一定宽度的煤柱，下煤层工作面两端内错于上煤层工作面，如图5-5(a)所示；煤柱间隔外错式指上煤层工作面倾向长度小于下煤层工作面，下煤层工作面分为两段、两段间留设一定宽度的煤柱，下煤层工作面外错于上煤层工作面，如图5-5(b)所示。

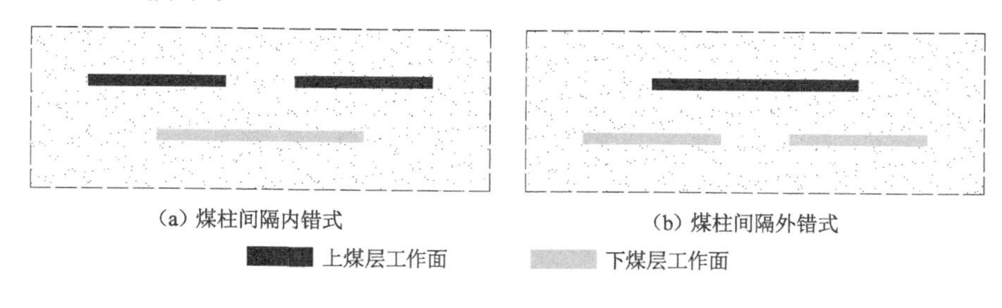

图5-5 不等长工作面部署方式(留设煤柱)

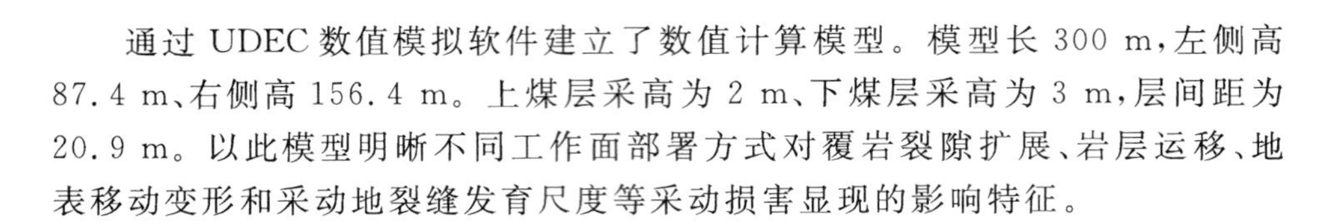

通过 UDEC 数值模拟软件建立了数值计算模型。模型长 300 m，左侧高 87.4 m、右侧高 156.4 m。上煤层采高为 2 m、下煤层采高为 3 m，层间距为 20.9 m。以此模型明晰不同工作面部署方式对覆岩裂隙扩展、岩层运移、地表移动变形和采动地裂缝发育尺度等采动损害显现的影响特征。

5.2.2 等长工作面部署对采动损害的影响特征

5.2.2.1 堆叠式

上煤层工作面和下煤层工作面的倾向长度同为 120 m，为消除边界效应影响，左右边界煤柱留设宽度各为 90 m。堆叠式的岩层移动角和断裂角变化如图 5-6 所示。

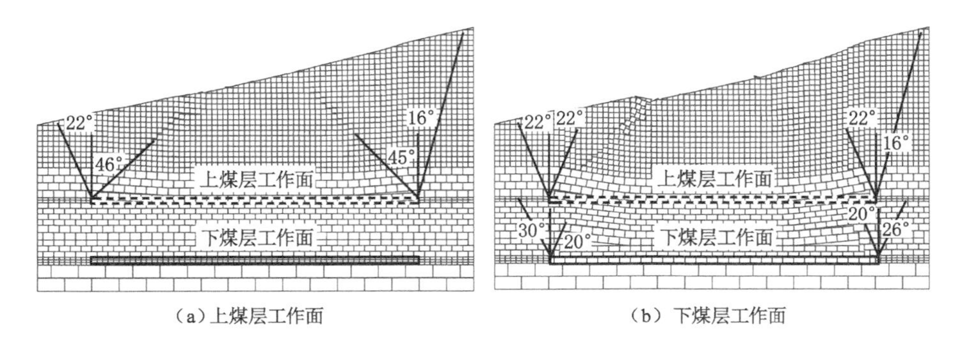

(a) 上煤层工作面　　(b) 下煤层工作面

图 5-6　堆叠式的岩层移动角和断裂角变化

岩层移动角和断裂角是评价开采沉陷和岩层运动破断的重要指标[139]。上煤层工作面开采后，工作面左右边界岩层断裂角分别为 46°和 45°，岩层移动角分别为 22°和 16°；下煤层工作面开采后，上煤层工作面采空区中部上方的裂隙和离层因层间岩层垮落而趋于闭合，岩层断裂角减小至 22°。由于上煤层工作面与下煤层工作面对齐，下煤层工作面开采后的裂隙发育倾向于向上煤层采空区传播，与上煤层工作面相比，岩层断裂角减小至 20°。上煤层工作面开挖后，工作面左右边界岩层移动角分别为 22°和 16°，左边边界移动角不等直接说明了山区浅埋煤层开采沉陷范围的不对称性。该特征是与平原浅埋煤层开采的显著区别。下煤层工作面开采后，工作面左右边界岩层移动角分别为 30°和 26°。岩层移动角增大是因为采动叠加效应使得开采沉陷范围进一步扩大。

堆叠式垂直位移变化如图 5-7 所示。下煤层工作面开采后，垂直位移显著增加。上煤层采空区上方垮落区的垂直位移增幅最大，两工作面间的夹层区与上煤层采空区的上方垮落区联合为一体，往上传播至地表，地表进而出现了明显下沉。

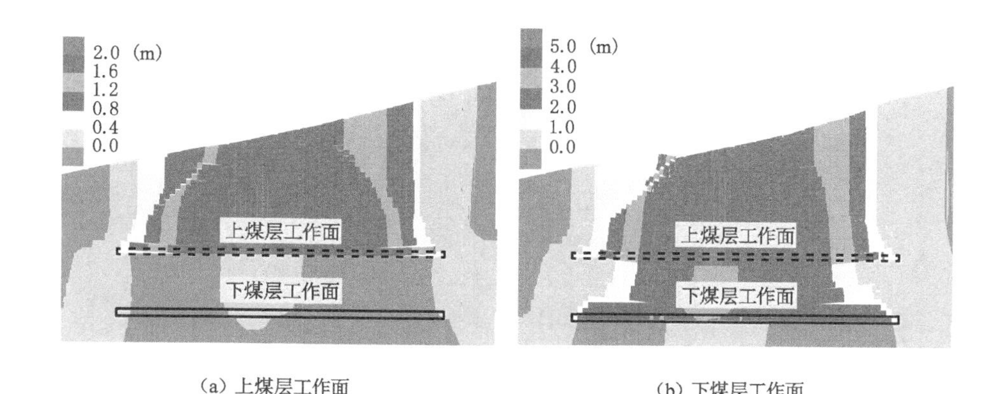

(a) 上煤层工作面　　(b) 下煤层工作面

图 5-7　堆叠式垂直位移变化

如图 5-8 所示，与上煤层工作面相比，下煤层工作面开采后的地表下沉曲线更深更陡，主要归因于开采沉陷的叠加效应。下煤层工作面开采后，地表水平位移曲线变化更为明显，地表水平位移最大值由 0.274 9 m 突增至 1.335 m、最小值也由 0.001 1 m 增加至 0.189 2 m。由此可见，堆叠式开采显著增大了地表水平位移。上煤层工作面开采后，采动地裂缝发育并不明显，地裂缝发育尺度较小，工作面右侧边界上方地表发育了台阶型地裂缝，其发育宽度和落差分别约为 0.1 m 和 0.2 m。下煤层工作面开采后，采动地裂缝发育较为明显，工作面左侧边界朝采空区一侧斜上方地表发育了拉伸型地裂缝，其发育宽度和落差分别为 0.41 m 和 0.73 m；工作面右侧边界上方地表发育了典型的台阶型地裂缝，其落差最大值为 0.75 m。由此可见下煤层工作面开采对地表造成了明显的采动损害。

5.2.2.2　外错式

如图 5-9 所示，下煤层工作面开采后，上煤层工作面采空区上覆岩层的裂隙和离层趋于闭合，岩层移动角基本不变，上煤层工作面左侧边界的岩层断裂角由 32°减小至 27°，右侧边界因受下工作面采动影响较小，岩层断裂角仍为 29°。由于上下煤层工作面重叠区的采动叠加效应，下煤层工作面左侧边界的岩层移动角增加至 30°，右侧边界的岩层移动角为 12°，左右边界岩层移动角不等说明了开采沉陷边界的不对称性。受上煤层工作面已有采掘扰动影响，下煤层工作面岩层断裂角有所减小，左右侧边界的岩层断裂角分别为 25°和 23°。

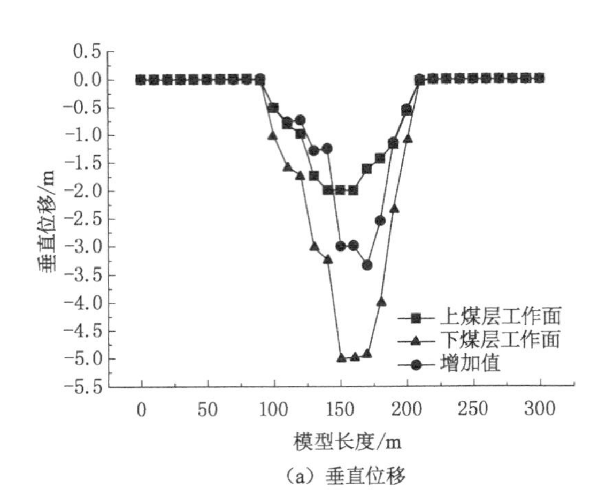

(a) 垂直位移

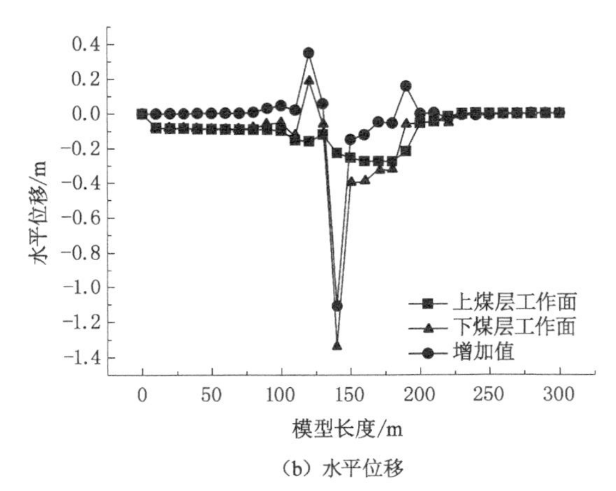

(b) 水平位移

图 5-8　堆叠式的地表垂直位移和水平位移变化

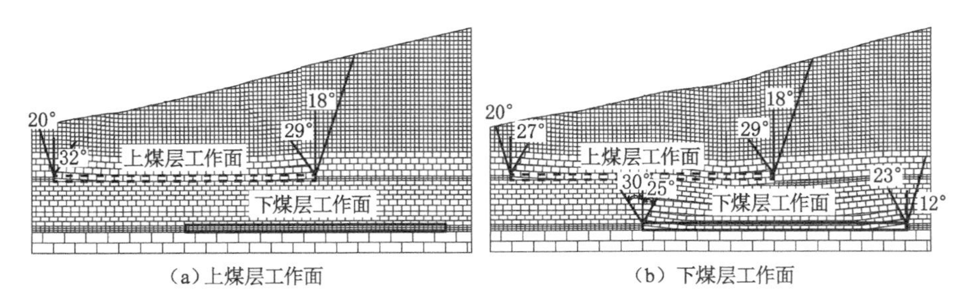

(a) 上煤层工作面　　(b) 下煤层工作面

图 5-9　外错式的岩层移动角和断裂角变化

外错式垂直位移变化如图 5-10 所示，可以明显看出垂直位移增幅最大值区域并不是位于下工作面上方区域的中部，而是位于上下煤层工作面重叠区的靠右侧[如图 5-10(b)所示]。由图 5-11(a)可知，上煤层工作面开采后，地表下沉最大值位于上煤层工作面采空区中部。显著的一点是：下煤层工作面开采后，地表下沉最大值并不位于下煤层工作面采空区中部，而是位于上下煤层工作面的重叠区靠右侧。由此可见地表下沉最大值和垂直位移增幅最大值均位于重叠区的靠右侧，为分析外错式的采动损害程度划定了研究关键区。

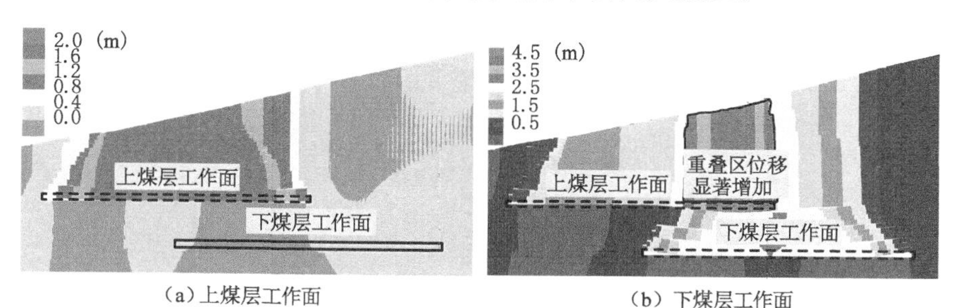

(a) 上煤层工作面　　(b) 下煤层工作面

图 5-10　外错式垂直位移变化

上煤层工作面开采后，左右侧边界朝采空区一侧上方地表分别发育了台阶型地裂缝，发育落差各为 0.2 m 和 0.5 m。结合图 5-11(b)可知，上煤层工作面开采后，地表水平位移最大值为 0.309 m，此最大值位于上下煤层工作面的重叠区。下煤层工作面开采后，地表水平位移最大值为 0.475 5 m。通过对比分析上下煤层工作面开采后的地表水平位移曲线可知，上煤层工作面开采后的水平位移最大值位于工作面右侧上方地表，而下煤层工作面开采后的水平位移最大值位于下煤层工作面左侧边界上方地表，可知下煤层工作面的水平位移显著受到了上煤层工作面采掘扰动影响。下煤层工作面开采后，上煤层工作面左侧边界朝采空区一侧上方地表的台阶型地裂缝，其发育落差仍为 0.2 m。上煤层工作面右侧边界即重叠区右侧边界上方地表的台阶型地裂缝，其发育落差由 0.5 m 增大至 0.63 m。下煤层工作面右侧边界朝采空区一侧上方地表发育了台阶型地裂缝，发育落差为 0.3 m。与堆叠式相比，外错式有效减弱了采动地裂缝的发育。因内错式与外错式类似，在此就不再详细阐述。

5.2.3　不等长工作面部署对采动损害的影响特征

5.2.3.1　上煤层工作面和下煤层工作面一端内错式

上煤层工作面一端内错式：上煤层工作面倾向长度为 120 m，下煤层工作面倾向长度为 180 m，为消除边界效应影响，左侧边界煤柱留设宽度为 60 m，上下

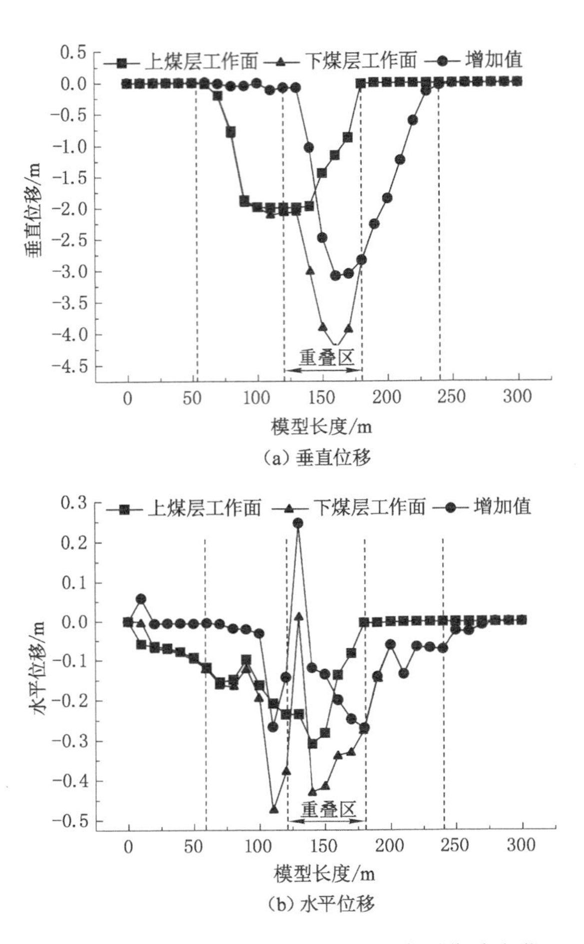

(a) 垂直位移

(b) 水平位移

图 5-11 外错式的地表垂直位移和水平位移变化

煤层工作面右侧边界煤柱留设宽度各为 120 m 和 60 m。

下煤层工作面一端内错式：上煤层工作面倾向长度为 180 m，下煤层工作面倾向长度为 120 m，为消除边界效应影响，左侧边界煤柱留设宽度为 60 m，上下煤层工作面右侧边界煤柱留设宽度各为 60 m 和 120 m。

1. 上煤层工作面一端内错式

上煤层工作面一端内错式的岩层移动角和断裂角变化如图 5-12 所示。上煤层工作面开采后，工作面左右两侧边界的岩层断裂角分别为 35°和 34°，岩层移动角分别为 22°和 19°，可见开采沉陷范围依然呈不对称性。下煤层工作面开采后，上煤层工作面已发育的部分离层和裂隙因受下煤层工作面重复采掘扰动而趋于闭合，左右两侧边界岩层断裂角减小至 31°和 29°。下煤层工作面左右两侧边界的岩层断裂角分别为 28°和 26°，岩层移动角分别为 25°和 12°。岩层移动角增大说明了下煤层工作面明显受到了上煤层工作面导致的采动叠加效应，因而开采沉陷范围进一步扩展。

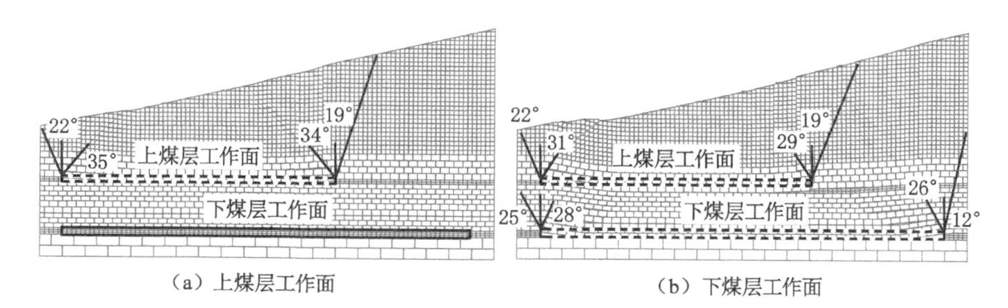

(a) 上煤层工作面　　(b) 下煤层工作面

图 5-12　上煤层工作面一端内错式的岩层移动角和断裂角变化

如图 5-13(a)所示，上煤层工作面一端内错式的地表下沉具有鲜明特点，即下煤层工作面开采后的地表下沉最大值并非在其采空区上方中部，而是位于上工作面采空区上方中部。下煤层工作面开采后，上下煤层工作面重叠区的地表下沉值显著增加，最大值由 1.996 m 增加至 4.758 m。重叠区偏右侧的地表下沉值增幅明显，说明下煤层工作面开采不仅增大了地表下沉值，同时也扩大了开采沉陷范围。下煤层工作面外错区的地表下沉值明显减小，仅是下煤层单一采动时的地表下沉。地表水平位移曲线如图 5-13(b)所示。上煤层工作面开采后的地表水平位移最大值为 0.309 m，下煤层工作面开采后的地表水平位移曲线出现了两处明显的波峰，波峰的水平位移值分别为 0.716 m 和 0.625 m。与上煤层工作面相比，水平位移曲线出现了明显波折，表明了地表水平移动变形愈加明显。与地表下沉曲线一致，水平位移值增幅也主要位于上下煤层工作面的重叠区。可见，重叠区是地表移动变形的优选区，显著影响着采动地裂缝的发育。

地裂缝 DLF-1 和 DLF-2 发育尺度的变化如图 5-14 所示。上煤层工作面开采后，地裂缝 DLF-1 发育为台阶型地裂缝，落差为 0.2 m；地裂缝 DLF-2 同为台阶型地裂缝，落差为 0.5 m。下煤层工作面开采后，地裂缝 DLF-1 的落差突增至 0.72 m，裂缝两侧岩土体发生了明显的错动分离；地裂缝 DLF-2 的落差增加至 0.7 m。下煤层工作面外错区的上方地表发育了地裂缝 DLF-3，发育形态为台阶型，落差为 0.4 m；地裂缝 DLF-4 的发育形态为拉伸型，发育宽度、落差和发育深度分别为 0.2 m、0.224 m 和 7.7 m；地裂缝 DLF-5 的发育形态为拉伸型，发育宽度、落差和发育深度分别为 0.1 m、0.316 m 和 20 m。

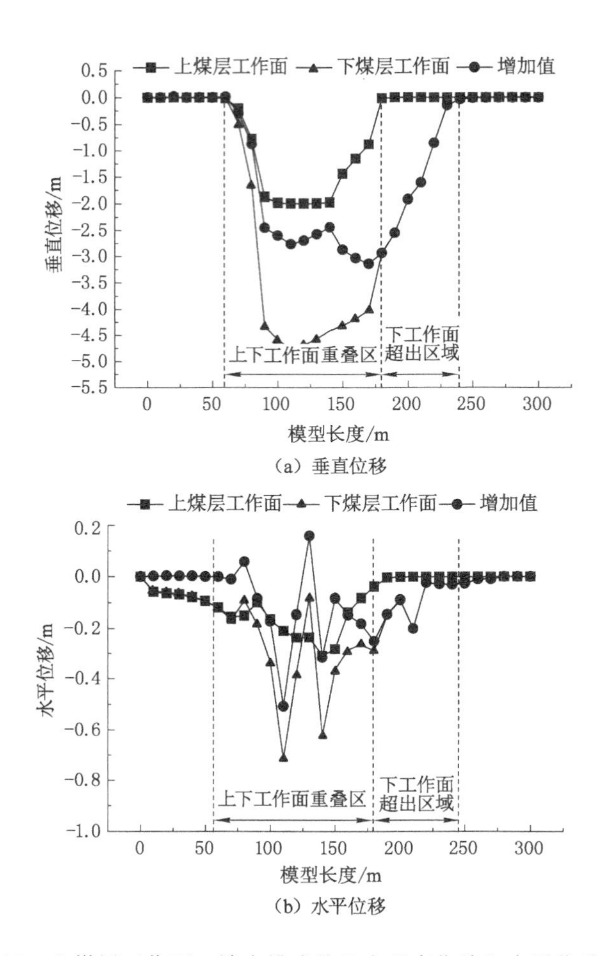

（a）垂直位移

（b）水平位移

图 5-13　上煤层工作面一端内错式的地表垂直位移和水平位移变化

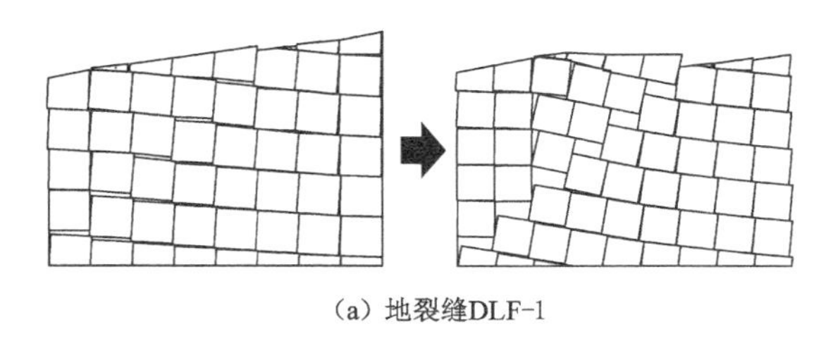

（a）地裂缝DLF-1

图 5-14　上煤层工作面一端内错式的采动地裂缝变化

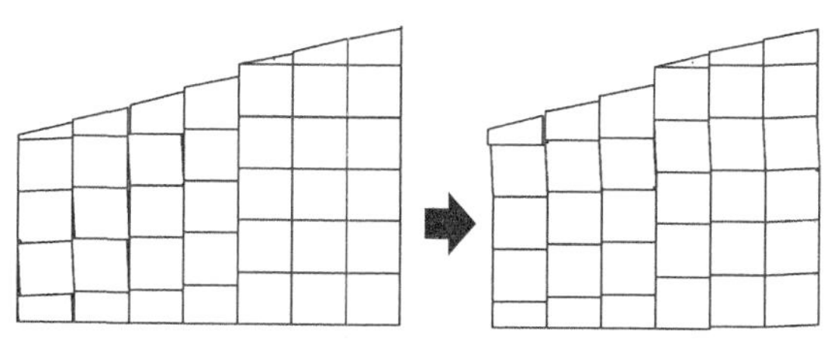

(b) 地裂缝DLF-2

图 5-14(续)

2. 下煤层工作面一端内错式

如图 5-15 所示,上煤层工作面开采后,左右两侧边界的岩层断裂角分别为 32°和 28°,岩层移动角分别为 24°和 22°。下煤层工作面开采后,上煤层工作面左右两侧边界的岩层断裂角和移动角无显著变化,下煤层工作面左右两侧边界的岩层断裂角分别为 26°和 33°,右侧边界岩层断裂角增大,表明工作面右侧上方的地层活动范围有所增加。岩层移动角分别为 27°和 12°,下煤层工作面左侧边界岩层移动角大于上煤层工作面左侧边界移动角,主要是采动叠加效应导致沉陷范围进一步扩展。

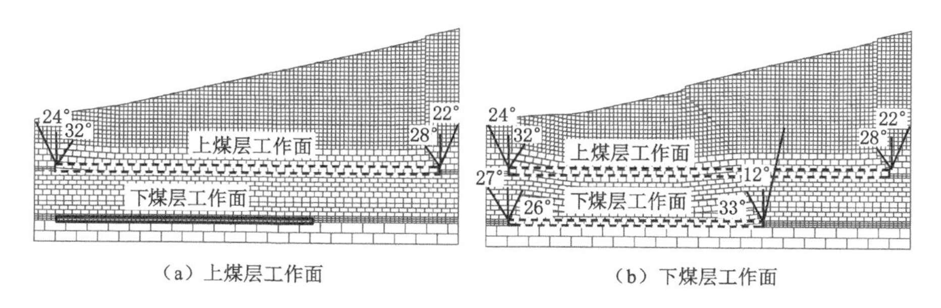

(a) 上煤层工作面　　(b) 下煤层工作面

图 5-15　下煤层工作面一端内错式的岩层移动角和断裂角变化

下煤层工作面一端内错式的地表垂直位移和水平位移变化如图 5-16 所示。上煤层工作面开采后,地表沉陷盆地呈平底盘状,地表下沉最大值为 1.993 m。下煤层工作面开采后,地表下沉曲线存在明显的分区性,即上下煤层工作面重叠区的地表下沉值较大,下工作面内错区的地表下沉值较小。上下煤层工作面重叠区的地表下沉最大值为 4.961 m,且偏于重叠区左侧。愈靠近下煤层工作面右侧,地表下沉值由最大值锐减至与上煤层工作面开采后的地表下沉值。这说明愈靠近上煤层工作面外错区,下煤层工作面上方地层活动强烈程度愈逐渐摆脱上煤层工作面导致的采动沉陷影响。通过分析地表水平位移可知:上煤层工

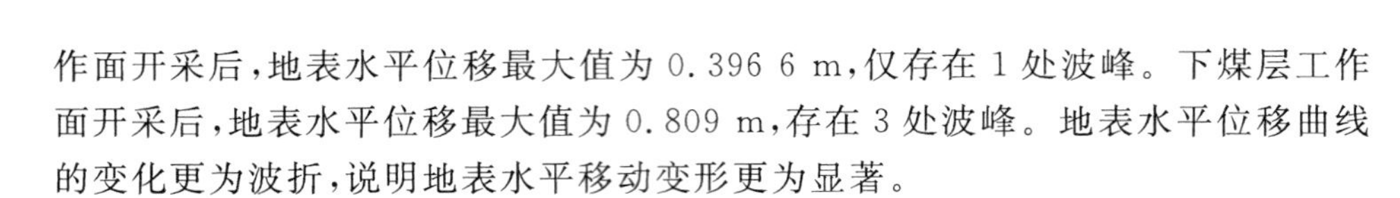

作面开采后，地表水平位移最大值为 0.396 6 m，仅存在 1 处波峰。下煤层工作面开采后，地表水平位移最大值为 0.809 m，存在 3 处波峰。地表水平位移曲线的变化更为波折，说明地表水平移动变形更为显著。

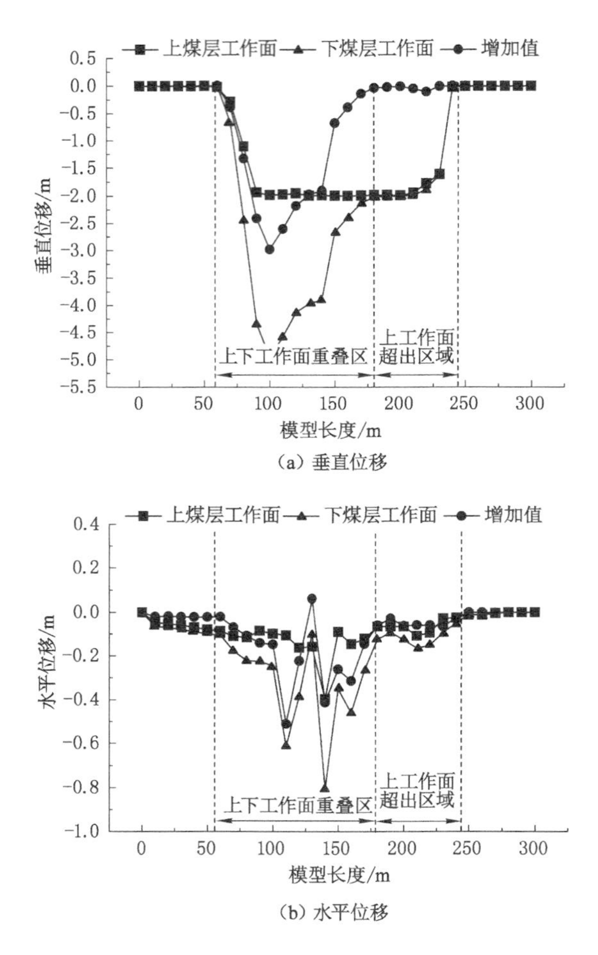

(a) 垂直位移

(b) 水平位移

图 5-16　下煤层工作面一端内错式的地表垂直位移和水平位移变化

下煤层工作面开采后，地裂缝 DLF-1 变化较小，发育落差由 0.1 m 增加至 0.2 m，下方岩土体出现了一定程度的错移。地裂缝 DLF-1 左侧发育了 1 条台阶型地裂缝，落差为 0.4 m。地裂缝 DLF-2 发育于上煤层工作面左侧边界的上方地表，下煤层工作面开采后，其落差基本无变化，仍为 1.3 m。下煤层工作面右侧边界的上方地表发育了 1 条台阶型地裂缝 DLF-3，最大落差为 1.0 m，右侧岩土体出现了明显的错动分离。

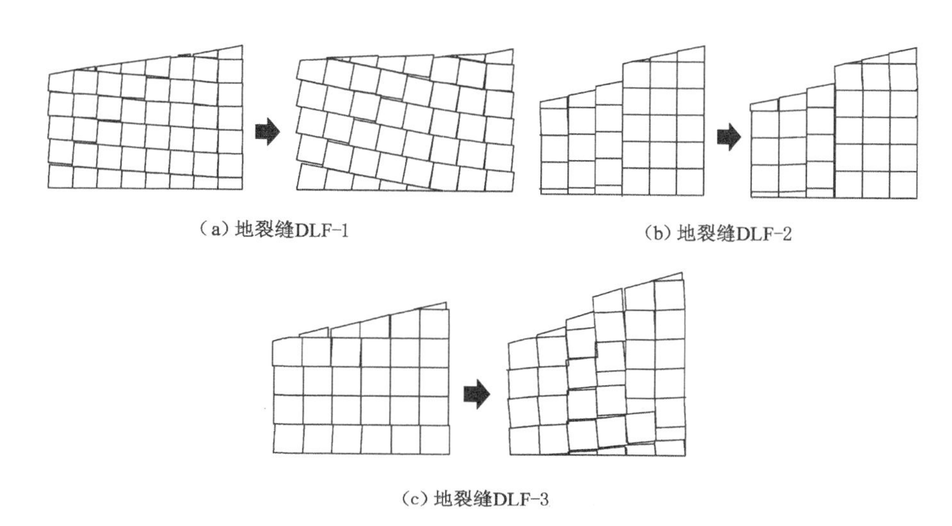

图 5-17 下煤层工作面一端内错式的采动地裂缝变化

通过上述分析,上煤层工作面一端内错式和下煤层工作面一端内错式的地表下沉和水平移动具有鲜明的分区性。上下工作面重叠区是地表移动变形的显著增大区域,可视为重复采动叠加效应的影响区。无论是下煤层工作面外错区还是上煤层工作面外错区,都可视为单一采动区。但单一采动区偏左侧会受重复采动叠加效应的影响,随着逐渐靠近右侧即远离左侧,重复采动叠加效应的影响愈来愈小,逐渐演变为单一煤层采动效应。

5.2.3.2 上煤层工作面两端内错式和下煤层工作面两端内错式

上煤层工作面两端内错式:上煤层工作面倾向长度为 120 m,下煤层工作面倾向长度为 180 m,为消除边界效应影响,上煤层工作面的左右两侧边界煤柱留设宽度为 90 m,下煤层工作面的左右两侧边界煤柱留设宽度均为 60 m。

下煤层工作面两端内错式:上煤层工作面倾向长度为 180 m,下煤层工作面倾向长度为 120 m,为消除边界效应影响,上煤层工作面的左右两侧边界煤柱宽度为 60 m,下煤层工作面的左右两侧边界煤柱留设宽度均为 90 m。

1. 上煤层工作面两端内错式

上煤层工作面两端内错式的岩层移动角和断裂角变化如图 5-18 所示。上煤层工作面开采后,左右两侧边界的岩层断裂角均为 38°。岩层断裂角较大说明了单一采动导致的地层活动范围相对较小。左右两侧边界的岩层移动角分别为 22°和 14°,岩层移动角较小说明了单一采动导致的开采沉陷范围较小。由于下煤层工作面开采导致上煤层工作面上方的岩层离层和裂隙趋于闭合,上煤层工作面左侧边界岩层断裂角增大至 41°，右侧边界岩层断裂角基本不变。下煤层工作面左右两侧边界岩层断裂角分别为 27°和 26°，与上煤层工作面岩层断裂角相比，其值有所减小，说明了地层活动范围进一步扩大。下煤层工作面左右两侧边界岩层移动角分别为 25°和 22°，与上煤层工作面岩层移动角相比，其值有所增大，说明了开采沉陷范围进一步扩大。这在一定程度上受到了采动叠加效应的影响。

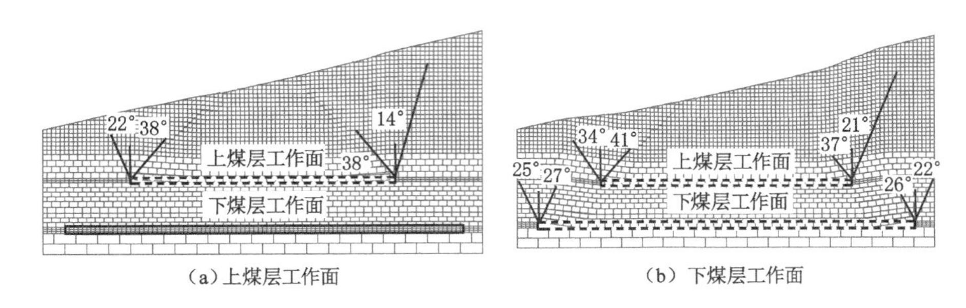

(a) 上煤层工作面　　(b) 下煤层工作面

图 5-18　上煤层工作面两端内错式的岩层移动角和断裂角变化

由图 5-19(a)可知，上煤层工作面开采后，地表下沉曲线呈碗状，最大下沉值接近 2.0 m。下煤层工作面开采后，地表下沉曲线近似平底盘状。地表下沉值在上下煤层工作面重叠区的增幅明显，其显著受到了采动叠加效应的影响。在下煤层工作面两端外错区，地表下沉值突增至 2.394 m 和 2.109 m，可见两端外错区明显受到了上煤层工作面的采动影响。地表水平位移变化如图 5-19(b)所示。上煤层工作面开采后的地表水平位移曲线较为平缓，水平位移最大值为 0.277 m。结合图 5-20 分析，采动地裂缝发育尺度很小，仅台阶型地裂缝 DLF-2 发育形态较为明显，落差为 0.2 m。下煤层工作面开采后的地表水平位移曲线具有明显曲折，水平位移最大值增大至 0.963 m。采动地裂缝 DLF-1 下方岩土体发生了明显的扭转变形，落差为 0.2 m。采动地裂缝 DLF-2 的发育尺度继续增加，落差增大至 0.4 m。由此可知上煤层工作面两端内错式的主要影响为地表下沉，对采动地裂缝发育尺度的影响并不明显。

2. 下煤层工作面两端内错式

如图 5-21 所示，上煤层工作面开采后，左右两侧边界的岩层断裂角分别为 34°和 35°，岩层移动角分别为 18°和 17°。下煤层工作面开采后，上煤层工作左右两侧边界的岩层断裂角减小至 29°和 31°，岩层移动角增大至 24°和 22°。岩层断裂角度的减小和岩层移动角的增大说明了开采沉陷范围进一步扩大。下煤层工作面左右两侧边界的岩层断裂角分别为 34°和 35°，岩层移动角分别为 30°和 24°。与上煤层工作面相比，下煤层工作面的重复采动增大了岩层移动角。

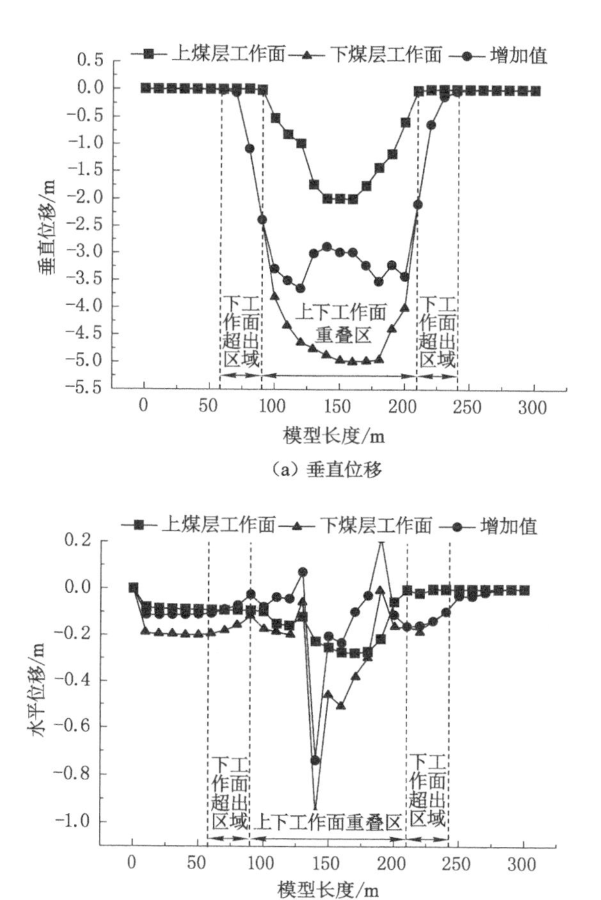

(a) 垂直位移

(b) 水平位移

图 5-19 上煤层工作面两端内错式的地表垂直位移和水平位移变化

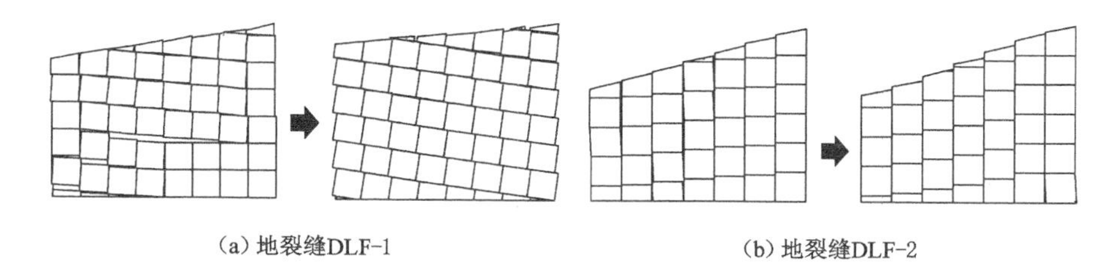

(a) 地裂缝DLF-1　　(b) 地裂缝DLF-2

图 5-20 上煤层工作面两端内错式的采动地裂缝变化

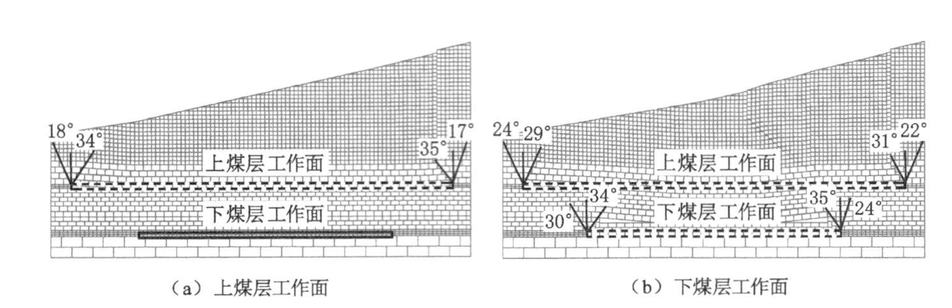

（a）上煤层工作面　　（b）下煤层工作面

图 5-21　下煤层工作面两端内错式的岩层移动角和断裂角变化

下煤层工作面两端内错式的地表垂直位移和水平位移变化如图 5-22 所示。上煤层工作面开采后，地表下沉曲线呈平底盘状，地表下沉最大值接近 2.0 m。下煤层工作面开采后，地表下沉曲线呈漏斗状。下煤层工作面 90～140 m 范围的地表下沉值约为 2.6 m，180～210 m 范围的地表下沉值约为 2.2 m，两个范围受采动叠加效应的影响都较小。下煤层工作面 150～170 m 范围的地表下沉值接近 5.0 m，说明了此范围完全处于采动叠加效应影响区。由此可见下煤层工作面的地表下沉具有明显的分区性。在上煤层工作面两侧外错区，下煤层工作面开采后的地表下沉值突增至 2.0 m，说明两侧外错区受到了上煤层工作面开采导致的采动影响。由图 5-22(b)可知，上煤层工作面开采后，地表水平位移存在 1 处波峰，其值为 0.397 m。下煤层工作面开采后，地表水平位移曲线出现了明显的波折，存在 4 处波峰、其值分别为 0.424 m、0.715 m、0.433 m 和 0.505 m。水平位移的显著变化主要位于重叠区，说明采动叠加效应显著影响了水平位移。

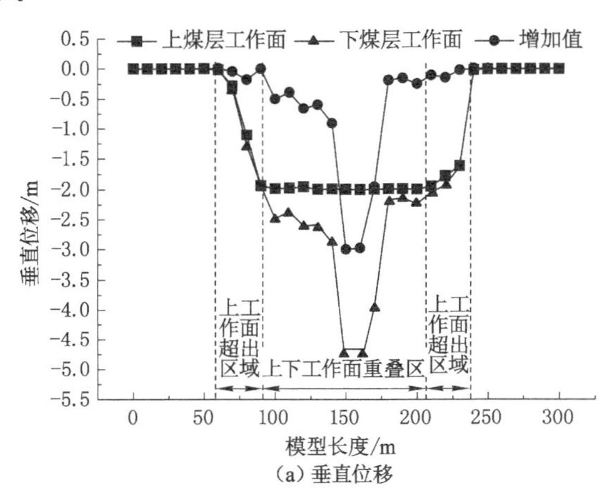

(a) 垂直位移

图 5-22　下煤层工作面两端内错式的地表垂直位移和水平位移变化

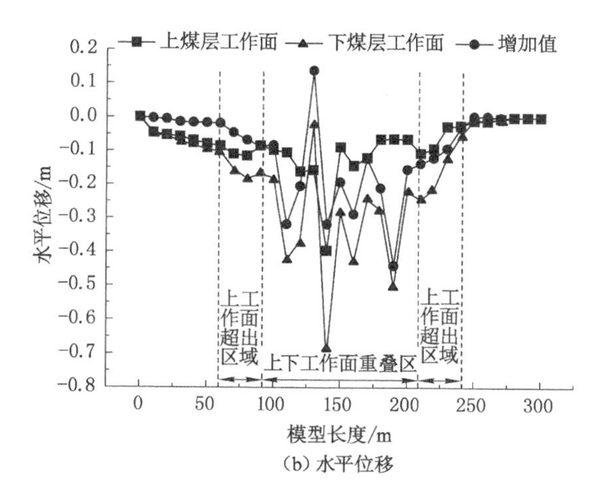

(b) 水平位移

图 5-22(续)

如图 5-23 所示，下煤层工作面开采后，地裂缝 DLF-1 发育尺度有了一定程度的增加，落差增大至 0.2 m。上煤层工作面开采后，地裂缝 DLF-2 发育为台阶型，落差为 1.3 m；下煤层工作面开采后，地裂缝 DLF-2 发育形态无显著变化，落差增大至 1.35 m。由此可见下煤层工作面采动对地裂缝 DLF-2 的影响较小。下煤层工作面开采后，地裂缝 DLF-3 变化明显，发育形态为典型的台阶型，落差为 0.74 m。此地裂缝发育于上下煤层工作面重叠区，可见下煤层工作面两端内错式对重叠区内发育的采动地裂缝影响较大。

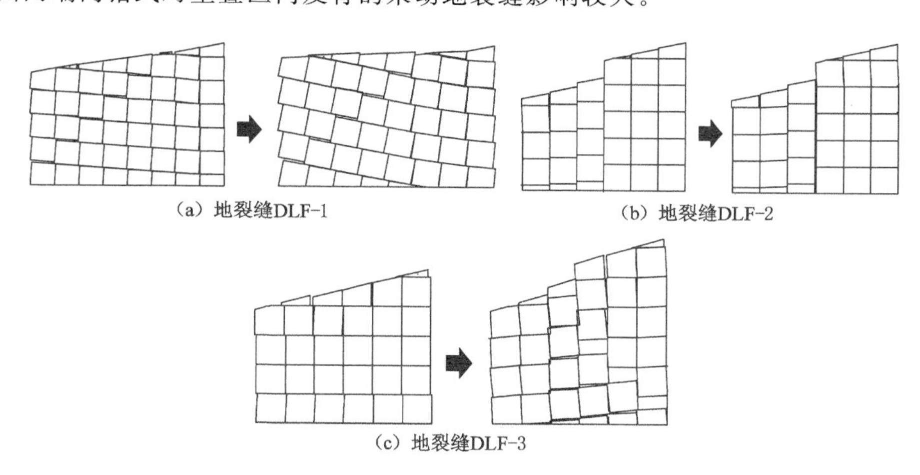
(a) 地裂缝DLF-1
(b) 地裂缝DLF-2
(c) 地裂缝DLF-3

图 5-23　下煤层工作面两端内错式的采动地裂缝变化

5.2.3.3 煤柱间隔内错式和煤柱间隔外错式

煤柱间隔内错式：上煤层工作面倾向长度为 180 m，分两段布置，每段倾向长度为 90 m，两段间隔煤柱宽度为 40 m。下煤层工作面倾向长度为 120 m，两端内错于上煤层工作面两端的长度为 50 m。为消除边界效应影响，上煤层工作面和下煤层工作面的左右两侧边界煤柱留设宽度分别为 40 m、90 m。

煤柱间隔外错式：上煤层工作面倾向长度为 120 m，下煤层工作面倾向长度为 180 m（分两段布置，每段倾向长度为 90 m，两段间隔煤柱宽度为 40 m），两端内错于下煤层工作面两端的长度为 50 m。为消除边界效应影响，上煤层工作面和下煤层工作面的左右两侧边界煤柱留设宽度分别为 90 m、40 m。

1. 煤柱间隔内错式

煤柱间隔内错式的岩层移动角和断裂角变化如图 5-24 所示。上煤层工作面第一段开采后，工作面左右两侧边界的岩层断裂角均为 35°，岩层移动角分别为 23°和 17°；工作面第二段开采后，工作面左右两侧边界的岩层断裂角分别减小至 27°和 28°，岩层移动角分别为 18°和 15°。下煤层工作面开采后，上煤层工作面第一段和第二段靠近煤柱一侧的离层和裂隙趋于闭合，因而煤柱两侧的岩层断裂角和移动角减小至 0°。下煤层工作面开采后，上煤层工作面第一段左侧边界的岩层断裂角和移动角分别为 29°和 25°、第二段右侧边界的岩层断裂角和移动角分别为 29°和 20°，可见下煤层工作面开采扩大了地层活动范围。下煤层工作面左右两侧边界的岩层断裂角均为 26°，岩层移动角分别为 25°和 21°。与上煤层工作面相比，下煤层工作面的岩层断裂角有所减小而岩层移动角有所增大，说明受采动叠加效应的影响较为明显。

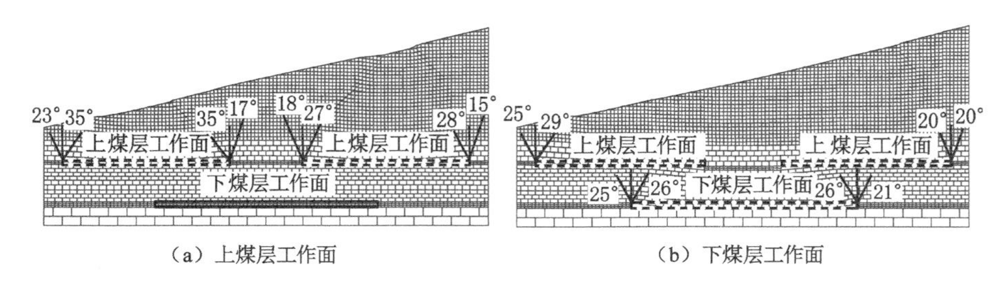

（a）上煤层工作面　（b）下煤层工作面

图 5-24 煤柱间隔内错式的岩层移动角和断裂角变化

煤柱间隔内错式的地表垂直位移和水平位移变化，如图 5-25 所示。上煤层工作面开采后，地表下沉曲线呈明显的锥形状，地表最大下沉值接近 2.0 m。下煤层工作面开采后，地表下沉曲线为漏斗状，地表最大下沉值为 2.965 m。下煤层工作面开采后，上下煤层工作面外错区的地表下沉值无显著变化，其大小与上煤层工作面开采后的地表下沉值相当。地表下沉显著变化区域主要为上下煤层工作面重叠区，此区域的地表下沉值增幅也相应地增大。上煤层工作面开采后，因煤柱的垫层作用，煤柱区的地表下沉值很小；下煤层工作面开采后，煤柱区的地表下沉值显著增加。与其他工作面部署方式相比，煤柱间隔内错式的地表下沉值显著减小。通过分析煤柱间隔内错式的水平位移变化可知，上煤层工作面开采后的水平位移曲线存在 3 处波峰，大小分别为 0.430 3 m、0.378 4 m 和 0.403 7 m，下煤层工作面开采后的水平位移曲线存在 4 处波峰，大小分别为 0.399 9 m、0.354 3 m、0.421 5 m 和 0.552 4 m，水平位移的明显变化区域主要是煤柱区和重叠区。

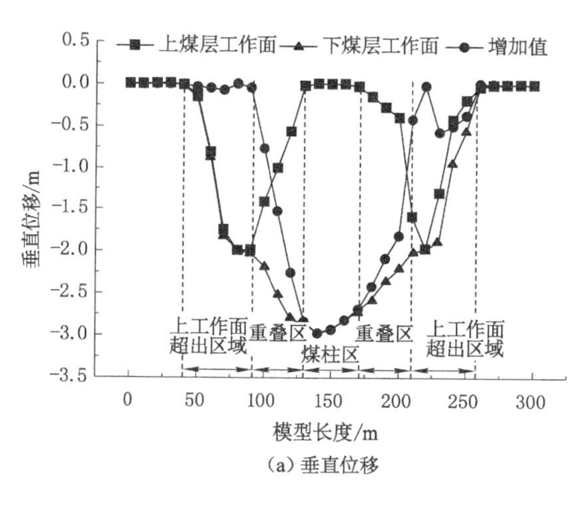

(a) 垂直位移

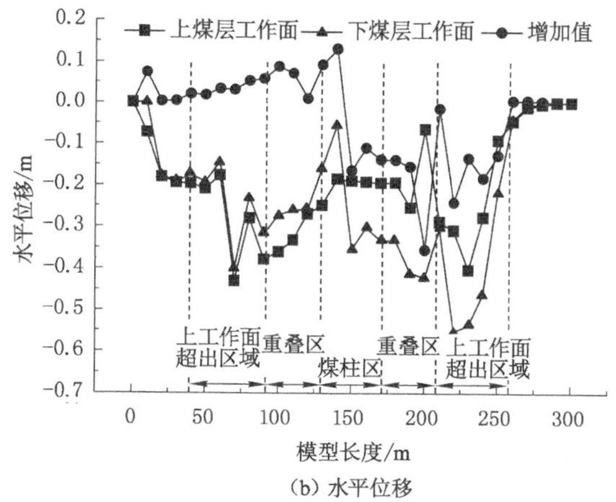

(b) 水平位移

图 5-25　煤柱间隔内错式的地表垂直位移和水平位移变化

由图 5-26 可知，地裂缝 DLF-1 发育于上煤层工作面第一段左侧边界上方地表内侧，发育形态为台阶型、落差为 0.3 m；下煤层工作面开采后，地裂缝 DLF-1 的发育形态仍为台阶型，落差仍为 0.3 m。地裂缝 DLF-2 发育于上煤层工作面第二段右侧边界上方地表内侧，地裂缝 DLF-2 发育形态为拉伸型，发育宽度为 0.22 m，落差为 0.07 m；下煤层工作面开采后，地裂缝 DLF-2 的发育形态由拉伸型变为台阶型，发育宽度显著减小而落差增大至 0.4 m。地裂缝 DLF-3 发育于上煤层工作面第二段右侧边界上方地表，上煤层工作面开采后，地裂缝 DLF-3 的发育宽度仅为 0.14 m，发育形态为拉伸型；下煤层工作面开采后，地裂缝 DLF-3 的发育尺度显著增加，发育宽度和落差增大至 0.3 m 和 0.32 m。下煤层工作面开采后，上方地表范围内并无明显的采动地裂缝发育，可见煤柱间隔内错式显著减小了地表水平位移。

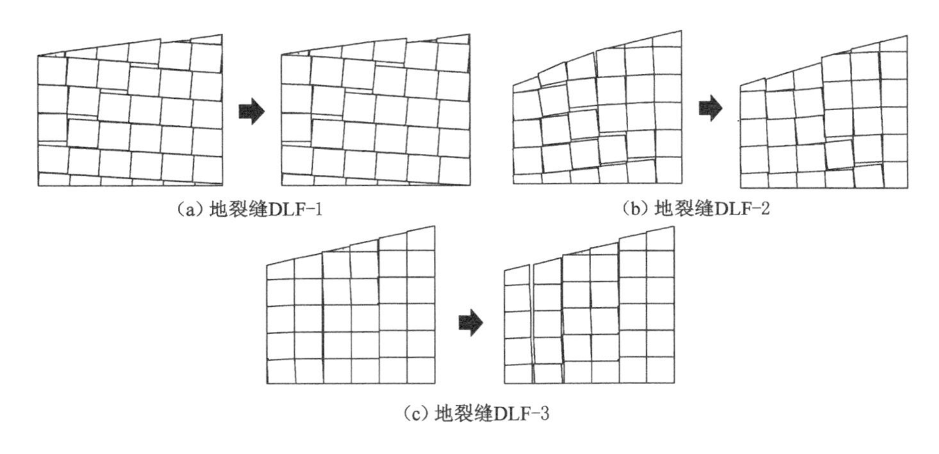
(a) 地裂缝DLF-1　(b) 地裂缝DLF-2　(c) 地裂缝DLF-3

图 5-26　煤柱间隔内错式的采动地裂缝变化

2. 煤柱间隔外错式

煤柱间隔外错式的岩层移动角和断裂角变化如图 5-27 所示。上煤层工作面开采后，工作面左右两侧边界的岩层断裂角分别为 42°和 39°，岩层移动角分别为 15°和 14°，可见上煤层工作面开采引起的地层活动和开采沉陷的范围相对较小。下煤层工作面开采后，上煤层工作面左右两侧边界的岩层断裂角分别减小至 35°和 33°，岩层移动角分别增大至 20°和 22°。下煤层工作面第一段左右两侧边界的岩层断裂角各为 28°，左侧边界岩层移动角为 17°，靠近煤柱的右侧边界岩层移动角为 0°。下煤层工作面第二段左右两侧边界的岩层断裂角为 28°，右侧边界岩层移动角为 15°，靠近煤柱的左侧边界岩层移动角为 0°。通过上述分析可知，上煤层工作面左右两侧边界岩层移动角和断裂角不等体现了地层活动和开采沉陷范围的不对称性。下煤层工作面开采后，岩层断裂角有所减小而岩层移动角有所增大，表明了地层活动和开采沉陷范围显著增加。

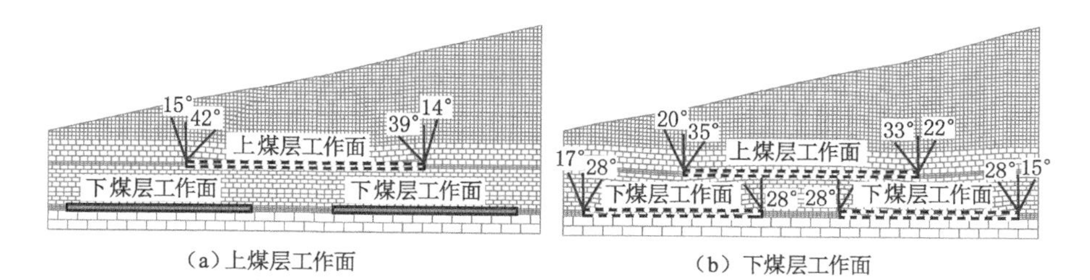

（a）上煤层工作面　（b）下煤层工作面

图 5-27　煤柱间隔外错式的岩层移动角和断裂角变化

煤柱间隔外错式的地表垂直位移变化如图 5-28(a)所示。上煤层工作面开采后，地表下沉曲线呈“V”形，地表下沉最大值接近 2.0 m，最大值分布于上煤层工作面采空区中部，曲线左右两侧基本对称。下煤层工作面开采后，地表下沉曲线近似呈“W”形，地表下沉最大值并非分布于工作面采空区中部，而是分布于采空区靠煤柱一侧。与上煤层工作面相比，地表下沉最大值增加至 2.952 m，煤柱区的地表下沉值基本不变。上煤层工作面开采后，地表水平位移曲线没有明显的波峰，最大值为 0.276 6 m。下煤层工作面开采后，地表水平位移曲线出现了 3 处波峰，其值分别为 0.261 8 m、0.449 7 m、0.36 9 m，表明了煤柱间隔外错式显著增大地表水平移动变形。

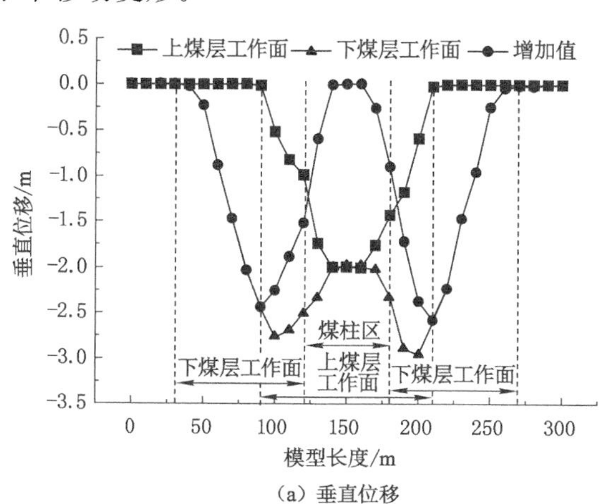

（a）垂直位移

图 5-28　煤柱间隔外错式的地表垂直位移和水平位移变化

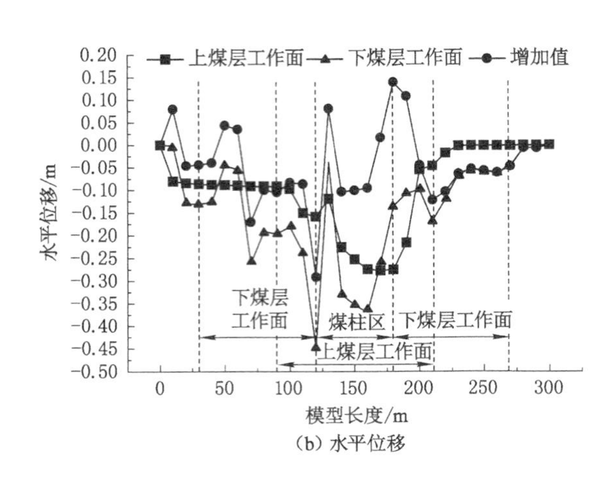

(b) 水平位移

图 5-28(续)

如图 5-29 所示,地裂缝 DLF-1 发育于距上煤层工作面采空区右侧边界 38 m 处的上方地表。上煤层工作面开采后,地裂缝 DLF-1 的发育尺度很小,落差仅为 0.1 m;下煤层工作面开采后,其发育尺度有所增加,落差增大至 0.16 m。地裂缝 DLF-2 发育于上煤层工作面采空区右侧边界的上方地表,上煤层工作面开采后,地裂缝 DLF-1 的发育形态为台阶型,落差为 0.22 m;下煤层工作面开采后,地裂缝 DLF-2 的落差增大至 0.3 m。由此可知煤柱间隔内错式有效减小了采动地裂缝的发育尺度,减弱了地表采动损害显现。

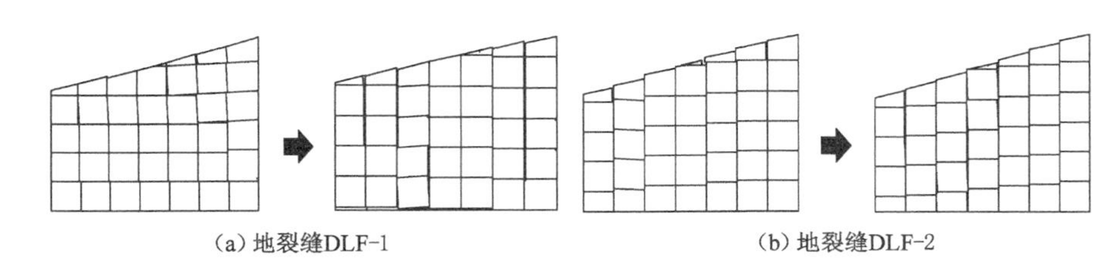

图 5-29 煤柱间隔内错式的采动地裂缝变化

5.2.4 工作面部署方式对采动损害的对比分析

通过上节的详细分析可知,不同工作面部署方式对地表采动损害及采动地裂缝发育的影响也不尽相同。为针对性确定有效减弱地表采动损害的工作面部署方式,需要从开采沉陷影响范围、地表移动变形、采动地裂缝发育尺度等方面进行综合分析,以便为矿井优化采掘系统布局提供可靠性依据。

5.2.4.1 开采沉陷影响范围

不同工作面部署方式的开采沉陷参数对比见表5-1。通过分析开采沉陷程度可知，堆叠式受采动叠加效应的影响最为明显，下沉系数高达0.998，开采沉陷程度最为严重。外错式（内错式）的下沉系数为0.847，仅上下煤层工作面重叠区的开采沉陷程度显著增大，其他区域并不明显。与其他工作面部署方式相比，煤柱间隔外错式（内错式）的下沉系数明显减小，其值分别为0.721和0.65，表明煤柱间隔外错式（内错式）能有效减轻开采沉陷程度。就地表下沉曲线形态而言，堆叠式的地表下沉曲线近似"V"形，表明开采沉陷程度更为集中，但达到充分采动的沉陷范围并不大。外错式（内错式）的地表下沉曲线左侧部分呈平盘状，右侧部分呈"V"形，其中"V"形部分主要分布于上下煤层工作面重叠区，重叠区的开采沉陷程度显著增大。与堆叠式相比，煤柱间隔外错式（内错式）的开采沉陷范围虽然有所增大，但开采沉陷程度较弱。从岩层断裂角和移动角来看，上煤层工作面的单一采掘扰动降低了上覆岩层力学强度，当受到下煤层工作面的重复采动影响时，覆岩力学强度进一步降低，进而导致采动叠加效应更为明显。因而下煤层工作面开采后，上煤层工作面的岩层断裂角有所减小，岩层移动角有所增大；而在覆岩力学强度降低加之重复采动影响的基础上，下煤层工作面与上煤层工作面相比，其岩层断裂角有所减小，岩层移动角有所增大。这表明采动叠加效应有效扩大了开采沉陷范围。

表5-1 不同工作面部署方式的开采沉陷参数对比

工作面部署方式	开采沉陷程度	下沉曲线形态	岩层断裂角	岩层移动角
堆叠式	严重下沉，下沉系数为0.998	近似"V"形，曲线两侧陡，底部呈平底状	显著减小	有所增大
外错式（内错式）	重叠区开采沉陷程度显著增大，下沉系数为0.847	曲线左侧部分呈平盘状，右侧部分呈"V"形	有所减小	有所增大
上煤层工作面一端内错式	重叠区开采沉陷程度显著增大，下沉系数为0.991	近似"U"形，曲线两侧陡，底部呈平底状	有所减小	有所增大
下煤层工作面一端内错式	重叠区开采沉陷程度显著增大，下沉系数为0.992	曲线左侧部分呈"V"形，右侧部分呈平盘状	有所减小	有所增大
上煤层工作面两端内错式	严重下沉，下沉系数为0.996	曲线呈"U"形，底部呈平盘状	显著减小	有所增大

表 5-1(续)

工作面部署方式	开采沉陷程度	下沉曲线形态	岩层断裂角	岩层移动角
下煤层工作面两端内错式	重叠区沉陷程度显著增大，下沉系数为 0.997	曲线上部分呈“U”形，下部分呈“V”形	有所减小	有所增大
煤柱间隔内错式	中等下沉，下沉系数 0.721	曲线呈近似“U”形	有所减小	有所增大
煤柱间隔外错式	中等下沉，下沉系数 0.65	曲线呈近似“W”形	有所减小	有所增大

通过对比分析不同工作面部署方式的开采沉陷参数可知，堆叠式的开采沉陷程度最为严重，而外错式(内错式)的开采沉陷程度有所减弱，煤柱间隔外错式(内错式)的开采沉陷程度最小。

5.2.4.2　*地表移动变形*

不同工作面部署方式的地表移动变形如图 5-30 所示。通过对比分析地表下沉曲线可知，堆叠式、外错式、上煤层工作面一端内错式和下煤层工作面一端内错式的地表下沉最大值分别为 4.993 m、4.237 m、4.958 m 和 4.961 m；上煤层工作面两端内错式、下煤层工作面两端内错式、煤柱间隔内错式和煤柱间隔外错式的地表下沉最大值分别为 4.982 m、4.985 m、2.965 和 2.952 m。与其他工作面部署方式相比，煤柱间隔外错式和煤柱间隔内错式的地表下沉曲线更为平缓，其开采沉陷程度较弱。通过对比分析地表水平位移曲线可知，堆叠式、外错式、上煤层工作面一端内错式和下煤层工作面一端内错式的地表水平位移波峰最大值分别为 1.335 m、0.475 5 m、0.716 m 和 0.809 2 m；上煤层工作面两端内错式、下煤层工作面两端内错式、煤柱间隔内错式和煤柱间隔外错式的地表水平位移波峰最大值分别为 0.96 3 m、0.715 1 m、0.552 4 m 和 0.449 7 m。与其他工作面部署方式相比，外错式、煤柱间隔外错式和煤柱间隔内错式的波峰值和地表水平位移更小。

5.2.4.3　*采动地裂缝发育尺度*

不同工作面部署方式的采动地裂缝发育尺度对比见表 5-2。数值模拟结果显示采动地裂缝发育形态多为台阶型，少部分为拉伸型。由采动地裂缝发育尺度可知，堆叠式、上煤层工作面一端内错式、下煤层工作面一端内错式和下煤层工作面两端内错式的地裂缝落差多大于 0.7 m，有的甚至高达 1.35 m，说明了此四种工作面部署方式的采动地裂缝发育尺度较大，对地表的采动损害较为明显。外错式(内错式)、上煤层工作面两端内错式、煤柱间隔外错式和煤柱间隔内错式的地裂缝落差为 0.2～0.63 m，且下煤层工作面开采后，地裂缝发育尺度增幅较小。尤其是煤柱间隔内错式，其地裂缝发育尺度最大值仅为 0.3 m。

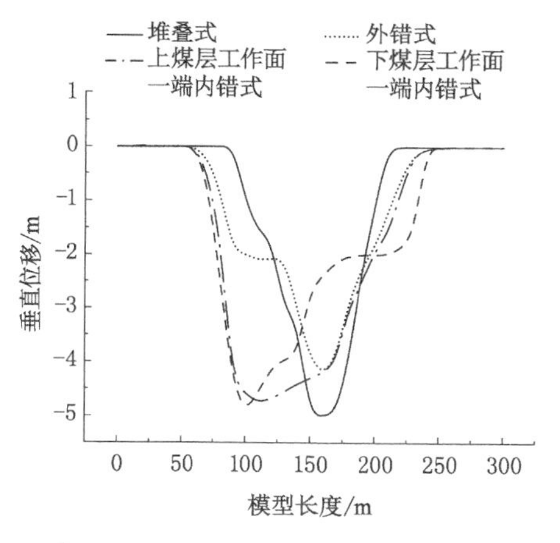

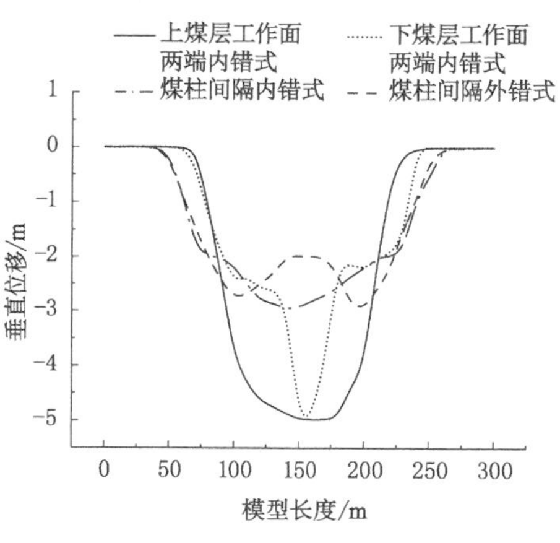

(a) 不同工作面部署方式的地表垂直位移

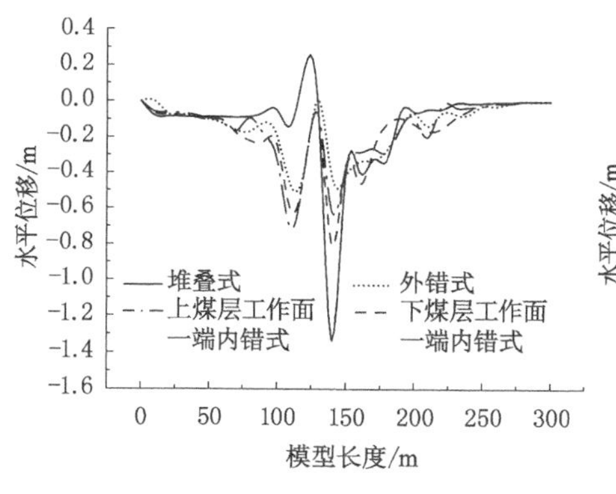

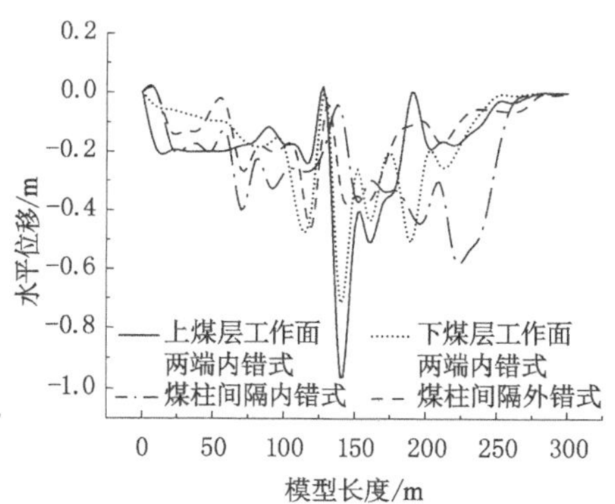

(b) 不同工作面部署方式的地表水平位移

图 5-30　不同工作面部署方式的地表移动变形

表 5-2　不同工作面部署方式的采动地裂缝发育尺度对比

工作面部署方式	采动地裂缝发育形态	采动地裂缝发育尺度	备注
堆叠式	地裂缝 1:台阶型 地裂缝 2:台阶型	地裂缝 1:宽度 0.1 m→0.41 m 落差 0.2 m→0.73 m 地裂缝 2:落差 0.75 m	
外错式(内错式)	地裂缝 1:台阶型 地裂缝 2:台阶型 地裂缝 3:台阶型	地裂缝 1:落差 0.2 m→0.2 m 地裂缝 2:落差 0.5 m→0.63 m 地裂缝 3:落差 0.3 m	地裂缝 3 为下煤层工作面开采后发育

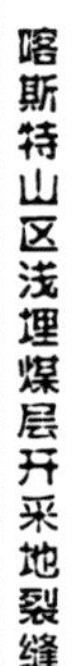

表 5-2(续)

工作面部署方式	采动地裂缝发育形态	采动地裂缝发育尺度	备注
上煤层工作面一端内错式	地裂缝 1:台阶型 地裂缝 2:台阶型 地裂缝 3:台阶型 地裂缝 4:拉伸型 地裂缝 5:拉伸型	地裂缝 1:落差 0.2 m→0.72 m 地裂缝 2:落差 0.5 m→0.7 m 地裂缝 3:落差 0.4 m 地裂缝 4:宽度 0.2 m 落差 0.224 m 地裂缝 5:宽度 0.1 m 落差 0.316 m	地裂缝 3、4 和 5 为下煤层工作面开采后发育
下煤层工作面一端内错式	地裂缝 1:台阶型 地裂缝 2:台阶型 地裂缝 3:台阶型	地裂缝 1:落差 0.1 m→0.2 m 地裂缝 2:落差 1.3 m→1.3 m 地裂缝 3:落差 1.0	地裂缝 3 为下煤层工作面开采后发育
上煤层工作面两端内错式	地裂缝 1:台阶型 地裂缝 2:台阶型	地裂缝 1:落差 0.2 m→0.2 m 地裂缝 2:落差 0.2 m→0.4 m	
下煤层工作面两端内错式	地裂缝 1:拉伸型 地裂缝 2:台阶型 地裂缝 3:台阶型	地裂缝 1:落差 0.2 m 地裂缝 2:落差 1.3 m→1.35 m 地裂缝 3:落差 0.74 m	地裂缝 1 和 3 为下煤层工作面开采后发育
煤柱间隔内错式	地裂缝 1:台阶型 地裂缝 2:拉伸型→台阶型 地裂缝 3:拉伸型	地裂缝 1:落差 0.3 m→0.3 m 地裂缝 2:宽度 0.22 m→0.05 m 落差 0.07 m→0.4 m 地裂缝 3:宽度 0.14 m→0.3 m 落差 0.32 m	
煤柱间隔外错式	地裂缝 1:台阶型 地裂缝 2:台阶型	地裂缝 1:落差 0.1 m→0.16 m 地裂缝 2:落差 0.22 m→0.3 m	

通过对比分析不同工作面部署方式的开采沉陷程度、地表移动变形和采动地裂缝发育尺度可知，地表采动损害较弱的工作面部署方式为外错式(内错式)、煤柱间隔外错式(内错式)。因而在工程实践中，应根据矿井采掘整体布局优选此四种工作面部署方式。考虑到喀斯特矿区主采煤层多具有煤与瓦斯突出危险性，煤柱间隔外错式的上煤层工作面留设煤柱，会对下煤层工作面的瓦斯治理带来一定难度，因而煤柱间隔内错式更适用于现场工程实际。如果从最大限度提高资源回收率角度考虑，可选择外错式(内错式)作为工作面部署方式。因采矿地质赋存条件各异，在现场采掘工程实践中，应在考虑采矿地质环境的基础上优

选某一种或者综合运用某几种工作面部署方式。

5.3 工作面部署方式的采动损害分区

两层或多层煤层的采动损害显现与工作面部署方式紧密相关[140-143]。受重复采掘扰动影响,上下煤层工作面的相对位置影响着覆岩裂隙扩展、离层发育及地表移动变形,进而不同工作面部署方式导致的采动损害显现具有各自特点。采动损害分区能划分出损害重点区,进而为开展地裂缝减损控制工程实践提供针对性指导。因此,依据上下煤层工作面的相对空间位置关系进行采动损害分区就显得尤为必要[144-146]。采动损害的各分区(见图5-31)在开采沉陷、地表移动变形和地裂缝发育等方面有其自身特点,分区及其特点总结如下。

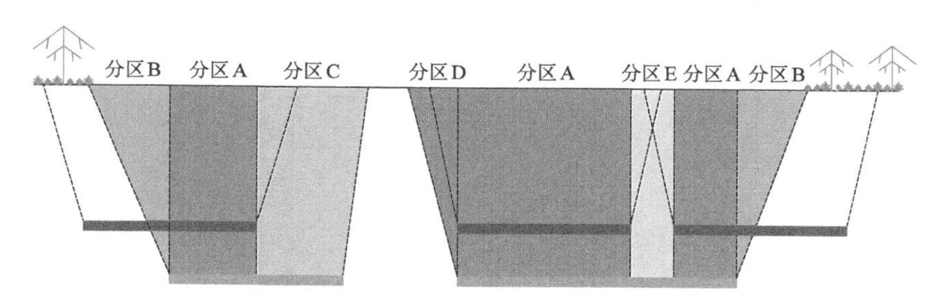

图5-31 不同工作面部署方式的采动损害分区

1. 分区A:重叠区

重叠区指上下煤层工作面的重叠部分。在该区域,下煤层工作面采动导致上煤层工作面开采已发育的部分覆岩裂隙和层间离层趋于闭合,进而导致地表沉降程度显著增强。此外,上煤层工作面的单一采动降低了上覆岩层的力学强度,削弱了上覆岩层的承载能力,因而导致了重叠区的地表移动变形值显著增大。应当注意的是,上下煤层工作面的重叠区范围不同,其引发的地表沉降响应也有所不同。一般来讲,如果重叠区范围太小,上下煤层工作面的相互扰动程度将较小;反之,随着重叠区范围扩大,上下煤层工作面的相互扰动程度将随之相应地增强,重叠区的地表沉降响应也将较为明显。

通过分析工作面部署方式,堆叠式属于上下煤层工作面完全重合,工作面范围即重叠区范围,通过分析其开采沉陷程度、地表移动变形和地裂缝发育尺度,其地表沉降响应最为显著。上煤层工作面一端内错式、下煤层工作面一端内错式、上煤层工作面两端内错式和下煤层工作面两端内错式的上下煤层工作面有大部分区域重合,与堆叠式相比,地表沉降响应有一定程度的减弱,但仍大于其

他工作面部署方式的地表沉降响应。

2. 分区 B:内错区

内错区指下煤层工作面一侧(左侧或右侧)边界位于上煤层工作面下方。对于外错式(内错式),由于下煤层工作面一侧边界位于上煤层工作面下方,上煤层工作面开采后,下煤层工作面采动沉降范围将扩展至其边界以外区域。主要是由于上煤层工作面开采导致了下煤层工作面边界上方覆岩已经发生垮落和离层。下煤层工作面开采导致岩层已有的裂隙和离层趋于闭合,对边界上方的垮落带和裂隙发育带造成了二次扰动,进而导致沉降区域扩展。因而与上煤层工作面的单一采动相比,下煤层工作面两侧边界的岩层移动角有所增大。同时,受下煤层工作面重复扰动的影响,上煤层工作面一侧边界的上方岩层将发育新的裂隙和离层,进而导致上煤层工作面两侧边界的岩层移动角也有所增大。从地表沉降程度看[如图 5-30(a)所示],内错区的地表沉降程度较弱,而上下煤层工作面重叠区的地表沉降程度较严重。

3. 分区 C:外错区

外错区指从空间相对位置看,下煤层工作面一侧边界超出上煤层工作面一侧边界的区域。上煤层工作面单一采动时发育的裂隙和离层会导致下煤层工作面重复采动诱发的裂隙和离层存在一个优选发育区。因此,外错区范围内的地层沉降将向优选发育区靠近,减弱了地层向工作面外侧沉降的能力,进而外错区的岩层移动角相对较小。

4. 分区 D:边界对齐区

边界对齐区指上下煤层工作面一侧边界因对齐,该边界以外地表沉降明显的区域。上煤层工作面一侧边界与下煤层工作面一侧边界对齐,当下煤层工作面开采时,就会活化上煤层工作面单一采动时的垮落带和裂隙发育带,进而增强了下煤层工作面一侧边界上方地层的地表沉降程度。地表沉降曲线在下煤层工作面一侧边界位置会急剧下滑,表明地表沉降程度显著增大[如图 5-30(a)所示],与上煤层工作面单一采动相比,岩层移动角显著增大。

5. 分区 E:煤柱区

针对煤柱间隔外错式(内错式),煤柱区指上煤层工作面(下煤层工作面)的煤柱留设区域。煤柱区的地表沉降程度明显减弱,煤柱宽度越大,地表沉降程度随之越弱。

尤其需要注意的是,层间距是影响地表沉降程度的重要因素。一般来说,层间距的增大削弱了上下煤层工作面互相扰动的程度。一方面,如果层间距较小,下煤层工作面重复采动时的垮落带将会扩展至上煤层工作面采空区,进而增大地层活动程度;另一方面,如果层间距较大,上下煤层工作面互相扰动的程度将会有所减弱，地层活动程度也将有所降低。应当指出，上述采动损害分区存在一定局限性，未考虑断层或厚硬岩层对地表沉降的影响。在借鉴上述采动损害分区时，应当根据采矿地质赋存条件将断层或厚硬岩层等影响因素考虑进来，以便更好地划分采动损害分区，为地裂缝减损控制提供依据。

5.4　本章小结

（1）根据采动地裂缝减损控制与治理的工程经验，总结了喀斯特山区浅埋煤层采动地裂缝减损控制的五大原则，即分区治理差异化原则、地表移动变形趋弱化原则、采掘系统部署科学化原则、生态修复动态化原则和安全经济一体化原则。

（2）根据大量现场工程案例并结合实践积累经验，归纳了工作面部署的9种方式。根据上下煤层工作面的相对空间位置关系，可分为堆叠式、外错式（内错式）、上煤层工作面一端内错式、下煤层工作面一端内错式、上煤层工作面两端内错式、下煤层工作面两端内错式、煤柱间隔外错式（内错式）。从岩层移动角和断裂角、地表移动变形和采动地裂缝发育等三个方面，阐明了不同工作面部署方式的采动损害程度。其中外错式（内错式）、煤柱间隔外错式（内错式）这4种工作面部署方式有效减弱了采动地裂缝发育尺度。因此这4种工作面部署方式可作为矿井采掘布局的优选部署方式。

（3）通过分析不同工作面部署方式的采动损害程度及其特点，将采动损害分区分为分区A（重叠区）、分区B（内错区）、分区C（外错区）、分区D（边界对齐区）和分区E（煤柱区）。该分区可为采动地裂缝减损控制提供依据。

6 喀斯特山区浅埋煤层采动地裂缝减损控制工程实践

本书提出井下"固体充填＋条带开采"和地裂缝"差异化治理"相结合的协同治理技术,并明确其基本思想和流程。通过固体充填材料力学性能试验和采充单元参数数值模拟分析,确定该技术的优选方案,现场实施并进行了地表沉降监测。结果表明此技术可有效减弱地表沉降程度和地裂缝发育尺度,节约村落搬迁及充填成本,实现经济和环保效益的"双赢",符合"绿色开采"的科学内涵。

6.1 基本概况

以现场工程项目为依托,开展了安顺煤矿 9102 工作面的采动地裂缝减损控制工程试验。安顺煤矿位于贵州省安顺市以北 14 km 的轿子山镇,矿区面积约为 22 km^2。矿区地层由细砂岩、粉砂岩、黏土质粉砂岩、燧石灰岩及煤层交替组成,第四系地层以不整合方式覆盖于此地层之上。M8 和 M9 煤层为安顺井田的主采煤层,层间距约为 18 m,属于近距离两煤层重复采动的类型。井田范围内最高点为灯笼山,海拔高度约为 1 657 m;最低点为磨石河,海拔高度约为 1 460 m。

图 6-1 为安顺煤矿开采过程中诱发的采动滑坡、塌陷坑和房屋裂缝,可见其煤炭资源开采已经一定程度上破坏了地表生态环境。前述章节对 9100 工作面采动稳定后的地裂缝发育规模及尺度进行了统计分析,工作面地表范围内共发育了 13 条地裂缝,地裂缝发育宽度最大值为 0.73 m,落差最大值高达 0.97 m。同时,矿区范围内最为突出的不良地质现象就是滑坡。井田南侧有岩脚寨、大洞口北西山坡、倒堆寨和高坡等四个滑坡,井田北侧有包包上滑坡。长兴组燧石灰岩形成的陡崖高达 10～20 m,被两组裂隙切割,加之采掘扰动的剧烈影响,极易崩塌。采动地裂缝发育严重影响了坡体稳定性,加之南方降水入渗,极易诱发山体滑坡等自然灾害。因此,重视多煤层开采对地表造成的采动损害,并寻求行之有效的治理方法尤为必要。

根据工程实际,确定 9102 工作面为采动地裂缝减损控制的实施现场。9102

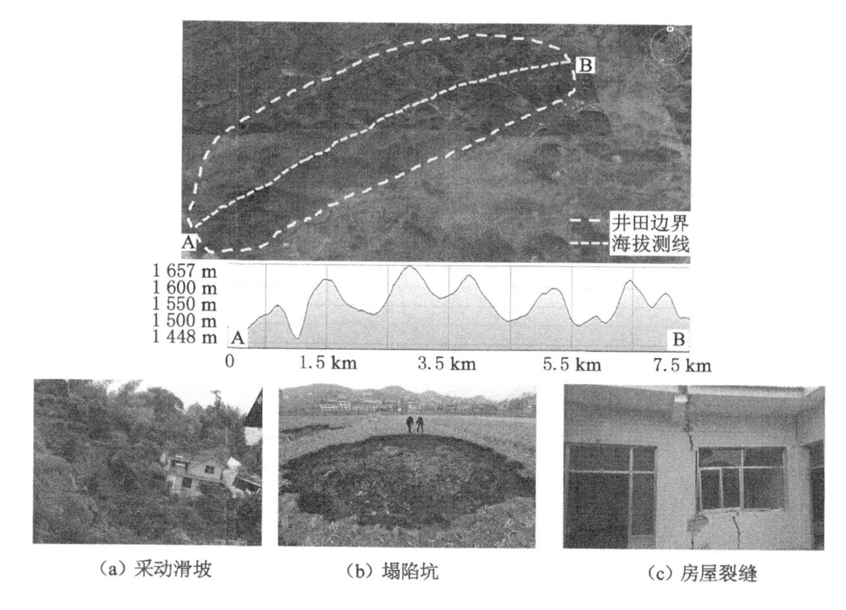

(a) 采动滑坡　　(b) 塌陷坑　　(c) 房屋裂缝

图 6-1　安顺井田采动损害

工作面位于一采区，西与水平轨道大巷相邻，南侧和东侧为实体煤，北以北翼轨道大巷为界（如图 3-1 所示）。工作面走向长约为 610 m，倾向长为 110 m。主采 M9 煤层，煤层赋存稳定，平均厚度约为 2.0 m。煤层上覆岩层主要为石灰岩、泥质砂岩和粉砂岩，底板以粉砂岩或粉砂质黏土岩为主。通过现场勘测结合采掘工程平面图分析，工作面上覆地表为中低山地貌，沿走向长 0～40 m 范围内的上覆地表为一陡坡，40～338 m 范围内的上覆地表较为平缓，有零星村落分布，338～610 m 范围内的上覆地表为一斜坡，总体来看地表为复合型坡体。

6.2　采动地裂缝减弱的协同治理技术

6.2.1　协同治理技术的基本思想和流程

6.2.1.1　基本思想

协同治理技术包括井下“固体充填＋条带开采”技术和地表裂缝“差异化治理”技术。该技术充分考虑了采掘活动引起的地表沉降问题，同时也高效利用了易污染生态环境的煤矸石及粉煤灰[147-149]。

井下“固体充填＋条带开采”技术如图 6-2 所示。其基本思想是：① 确定采出煤体宽度和留设煤柱宽度，以便最大限度地提高采出率，同时有效控制地表沉降，进而减弱地裂缝发育规模与尺度；② 将留设煤柱作为充填空间的间隔支撑墙体，留设煤柱之间布置多个独立的采充单元；③ 此充填方法实质是分离式充填，两留设煤柱之间的独立采充单元用于充填固体材料，进而留设煤柱和充填体形成联合支撑体以减弱地表沉降程度。

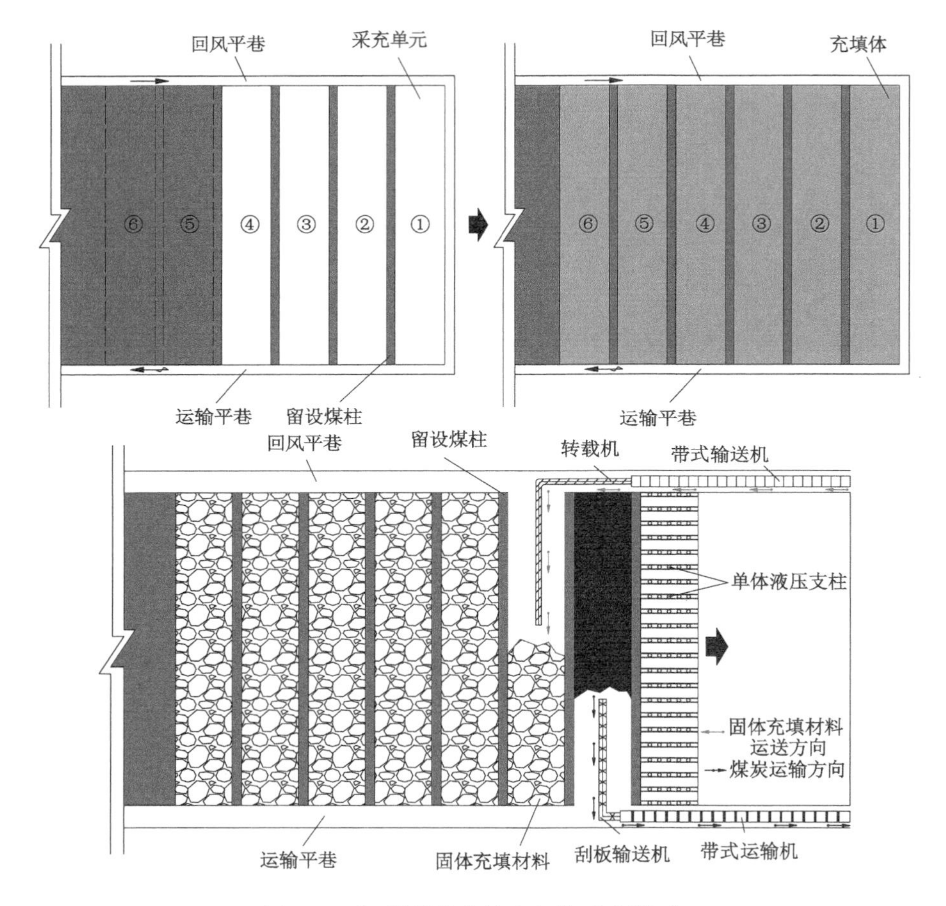

图 6-2　井下“固体充填＋条带开采”技术

地裂缝“差异化治理”技术如图 6-3 所示。其基本思想是：① 对于发育规模和尺度较大并影响坡体稳定性的地裂缝，采取“深部固体材料充填＋浅部覆土＋绿化植被重建”的三步治理法，同时坡体一侧的岩土体通过注浆锚固等方法强化其稳定性；② 对于发育规模和尺度较小并对坡体稳定性影响微弱的地裂缝，采取“浅部覆土＋平整土地”的治理方法。

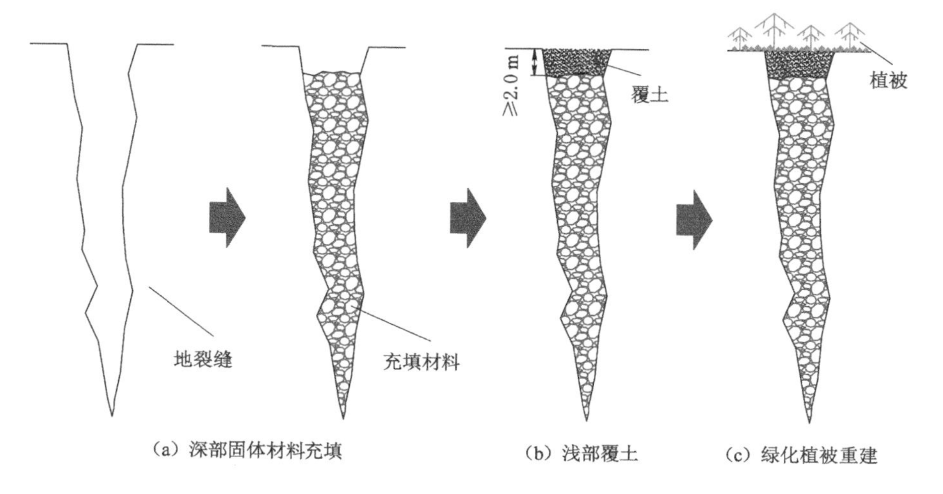

图 6-3 地裂缝"差异化治理"技术

6.2.1.2 基本流程

井下"固体充填+条带开采"技术的基本流程:其包括固体充填材料运输和储存、固体充填材料生产、水供应、材料检测和管道铺设等工序。煤矸石经粉碎后,通过运输胶带进入搅拌系统,加入水泥和粉煤灰,进而生产固体充填材料。固体充填材料经井下充填管道运输至工作面回风平巷,进行采充单元的充填工序。地裂缝"差异化治理"技术的基本流程与井下"固体充填+条带开采"技术的基本流程类似,不同之处在于为实现机动灵活性,固体充填材料主要由充填搅拌车生产,煤矸石、水泥和粉煤灰由专用车辆进行配送。

6.2.2 固体充填材料力学性能试验

6.2.2.1 材料与方法

将固体充填材料试件加工为圆柱体[55.4 mm(直径)×78.5 mm(高度)],其力学强度由 MTS815.03 电液伺服岩石试验系统进行测定。固体充填材料由煤矸石(筛选粒径<15 mm)、粉煤灰和水泥(标号为 42.5)组成。根据以往相关理论与实践经验[150-152],三者混合比例分别为 1∶0.1∶0.16、1∶0.3∶0.18 和 1∶0.5∶0.22,以此测定不同比例时的固体充填材料压缩强度。试件由尺寸为 100 mm×100 mm×100 mm 的块体打磨加工而成。试件制作完成后,将其放入温度为 20±2 ℃、湿度约为 40%的储藏室,以测定试件放置 3 d、7 d、14 d 和 28 d 时的抗压强度。试验遵从《混凝土物理力学性能试验方法标准》(GB/T 50081—2019)[153]进行。固体充填材料力学试验过程如图 6-4 所示。

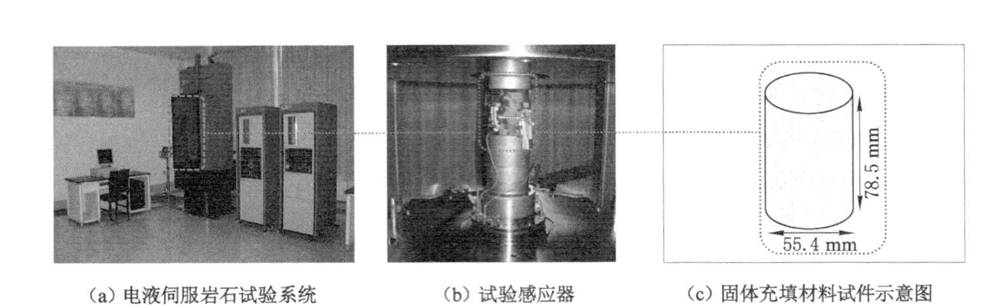

(a) 电液伺服岩石试验系统　　(b) 试验感应器　　(c) 固体充填材料试件示意图

图 6-4　固体充填材料力学试验过程

6.2.2.2　试验结果分析

通过分析固体充填材料不同混合比例和龄期的抗压强度测试结果(图 6-5)可知,试件抗压强度随着龄期的延长而持续增大。固体充填材料不同龄期的抗压强度测定值为 1.04～4.01 MPa,当固体充填材料的龄期为 28 d 时,达到其最大值 4.01 MPa。当混合比例为 1∶0.1∶0.16 时,抗压强度测定值为 1.04～3.64 MPa;当混合比例为 1:0.5:0.22 时,抗压强度测定值为 1.12～3.89 MPa;当混合比例为 1∶0.3∶0.18 时,抗压强度测定值为 1.23～4.01 MPa。这表明当混合比例为 1∶0.3∶0.18 时的固体充填材料的抗压性最好,其次是混合比例为 1∶0.5∶0.22 和 1∶0.1∶0.16。因此在现场充填过程中,煤矸石、粉煤灰和水泥的混合比例应当确定为 1∶0.3∶0.18。

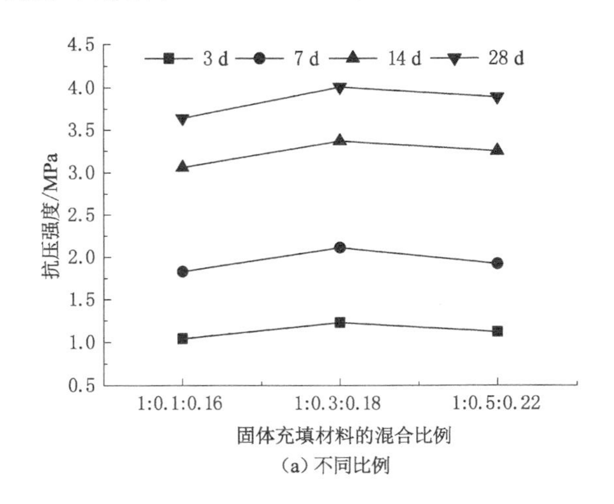

(a) 不同比例

图 6-5　固体充填材料不同比例和龄期的抗压强度

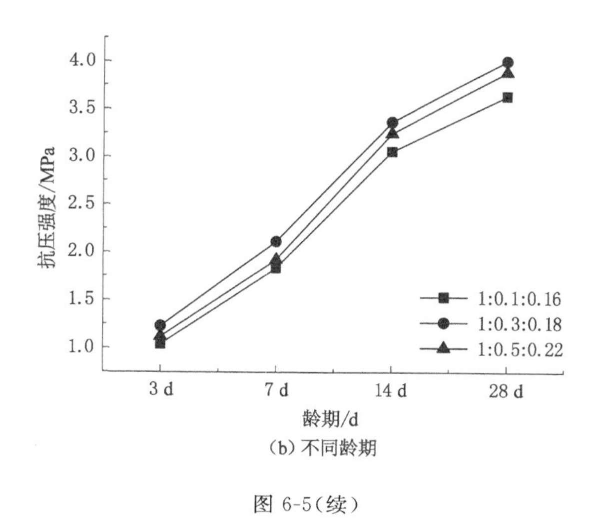

(b) 不同龄期

图 6-5(续)

6.2.3 采充单元参数确定

6.2.3.1 确定留设煤柱的合理宽度

留设煤柱的合理宽度对维持采空区顶板稳定性至关重要，直接影响采空区的充填效果。一般来说，较小宽度的煤柱因对顶板的支撑性能较差且塑性区较为发育，可能会引发煤壁片帮和顶板大面积冒落，进而直接威胁作业人员安全。而较大宽度的煤柱虽然对顶板的支撑性能好且塑性区发育范围较小，但煤炭资源回收率较低[154-156]。因而合理确定留设煤柱宽度是实施井下"固体充填＋条带开采"的重要前提。根据工程实践经验，提出了采充单元宽度和留设煤柱宽度分别为：11 m 和 2 m，11 m 和 3 m，11 m 和 4 m，11 m 和 5 m。采充单元参数确定方案如图 6-6 所示。

运用 FLAC^{3D}数值模拟软件对四种方案的采场应力和位移变化、煤柱塑性区大小及其稳定性进行比较分析，以此确定较优方案。建立了长×宽×高分别为 300 m× 175 m×110 m 的数值计算模型。本构模型遵从莫尔-库仑屈服准则，沿模型铅垂方向施加水平应力，侧压系数设定为 1.2；模型底部和侧面边界的位移和速度设定为 0，模型顶部根据煤层埋深施加 3.75 MPa 的载荷。根据现场地勘调查报告和实验室测定结果，煤岩体物理力学参数依据表 3-6 进行确定，9102 工作面地勘钻孔的煤层柱状图如图 6-7 所示。

6.2.3.2 数值模拟结果分析

当煤柱宽度分别为 2 m、3 m、4 m 和 5 m 时，四种开采方案的垂直应力和垂

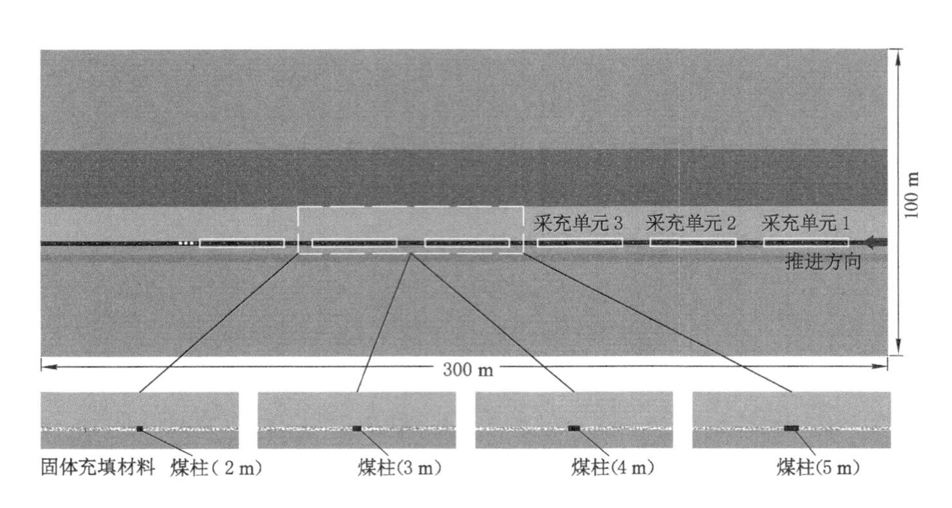

图 6-6　采充单元参数确定方案

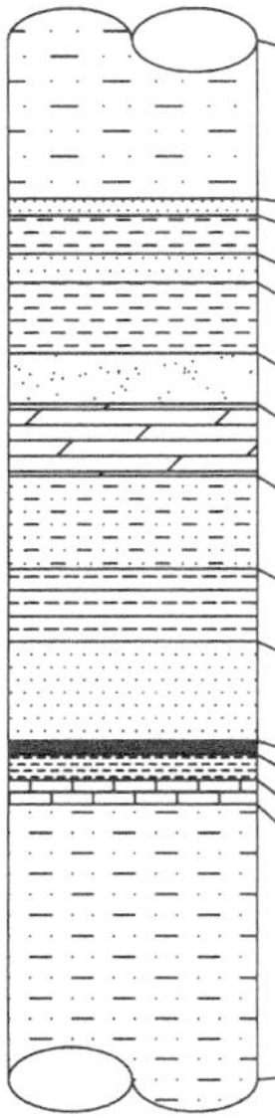

岩性	厚度/m	备注
		上覆岩层
粉砂岩	2.1	
细砂岩	4.8	
黏土岩	3.6	
灰色砂岩	9.0	
细砂岩	6.3	
黏土质细砂岩	8.9	
细砂岩	11.5	
中细粒砂岩	8.8	
黏土质粉砂岩	12.0	基本顶
煤层	2.0	M9
细砂岩	3.0	直接底
黏土质粉砂岩	3.0	
	35.0	下覆岩层

图 6-7　煤层柱状图

直位移分布如图 6-8 所示。通过分析垂直应力曲线可知，煤柱宽度分别为 2 m、3 m、4 m 和 5 m 时，煤柱区垂直应力最大值分别为 14.3 MPa、15.55 MPa、13.44 MPa 和 12.49 MPa，垂直应力分布显著受到煤柱宽度的影响。煤柱宽度为 3 m 时的煤柱区垂直应力最大。采空区的垂直应力较小，主要是因为其上覆岩层活动已经趋于稳定，岩层垮落释放了岩层内的集中应力。煤柱宽度分别为 2 m、3 m、4 m 和 5 m 时，采空区垂直应力最小值分别为 5.574 MPa、5.679 MPa、5.589 MPa 和 5.579 MPa，可知四种开采方案的采空区垂直应力值相当。对于垂直位移分布，煤柱宽度分别为 2 m、3 m、4 m 和 5 m 时的采空区垂直位移最大值分别为 44.61 cm、80.18 cm、61.65 cm 和 42.39 cm，可知煤柱宽度为 3 m 时的采空区垂直位移最大。受煤柱支撑顶板的影响，靠近煤柱侧的垂直位移相对减小。煤柱宽度分别为 2 m、3 m、4 m 和 5 m 时的煤柱区垂直位移最大值分别为 32.67 cm、44.92 cm、41.36 cm 和 31.33 cm。通过综合分析垂直应力和垂直位移可知，煤柱宽度为 2 m 和 5 m 时的开采方案能够满足采掘工程实践要求。为进一步确定煤柱留设的合理宽度，对煤柱宽度分别为 2 m 和 5 m 时的塑性区发育情况进行了数值模拟分析。煤柱塑性区分布如图 6-9 所示。煤柱破坏过程显示煤柱在单轴压缩作用下逐渐破坏，塑性区由煤柱中心向四周边界扩展。当压缩载荷超过煤柱承载的屈服极限时，煤柱中心的部分区域仍具有一定承载力，将此部分定义为弹性核。弹性核与煤柱的承载性能紧密相关，是评价煤柱承载能力的一个关键性指标[157-159]。由图 6-9 可知，煤柱宽度分别为 2 m 和 5 m 时，煤柱中心侧均具有弹性核，表明这两个宽度的煤柱对上覆岩层均具有一定承载力。考虑到提高资源回采率这一因素，确定煤柱留设的合理宽度为 2 m。因此，9102 工作面在采用"固体充填＋条带开采"采煤方法时，确定采充单元宽度为 11 m、留设煤柱宽度为 2 m 的优选方案。

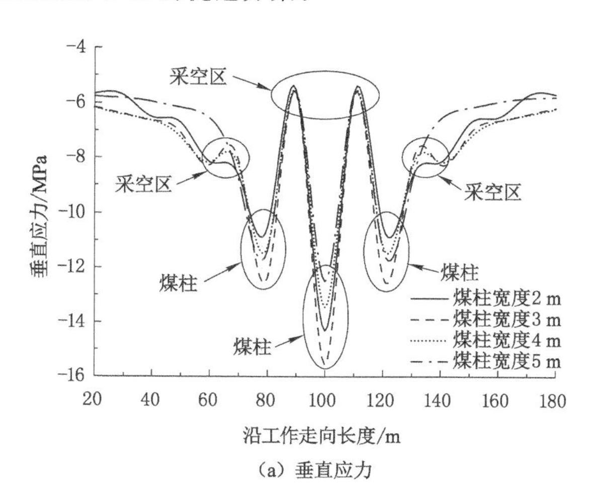

(a) 垂直应力

图 6-8　四种方案的垂直应力和垂直位移分布

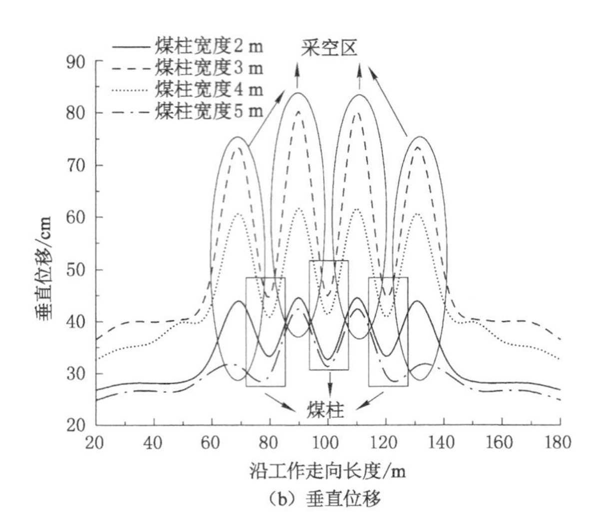

（b）垂直位移

图 6-8（续）

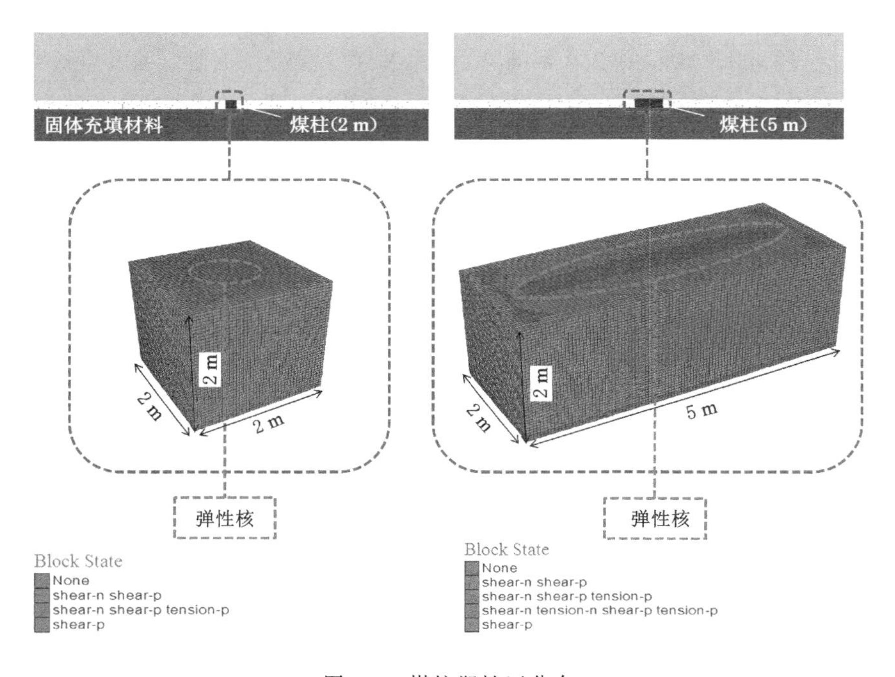

图 6-9 煤柱塑性区分布

6.2.4 工程实践效果分析

6.2.4.1 地表沉降监测

为验证9102工作面采用"固体充填＋条带开采"采煤方法后的实际效果(图6-10),在工作面上覆地表相应位置布设了A1、A2、A3和A4四个地表沉降监测点,以此收集地表沉降数据。监测日期从2015年3月28日直至2015年12月28日,共计10个月,贯穿于工作面开采的全过程,监测周期根据开采进度确定7 d/次。为评价工程实践效果,对监测数据进行了汇总分析。监测数据显示9102工作面开采期间,地表沉降值小于0.4 m,显著减弱了地表沉降程度。经过现场踏勘,工作面上覆地表范围内也无明显的地裂缝发育。

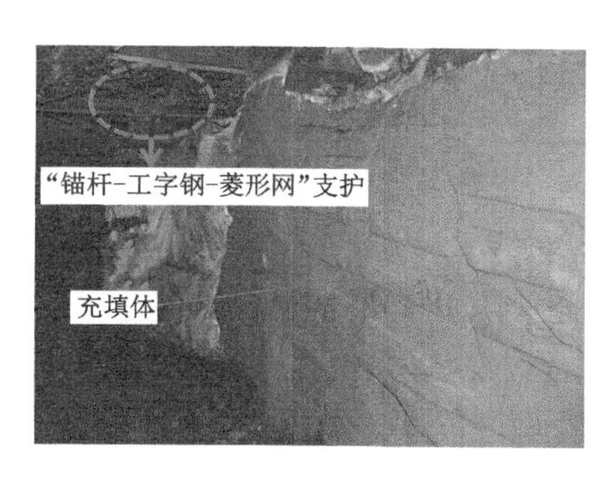

(a) 工作面充填效果实景

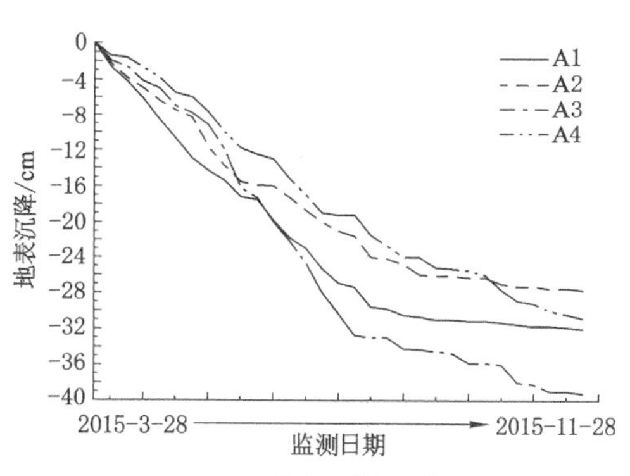

(b) 地表沉降监测曲线

图6-10 工作面采用"固体充填＋条带开采"采煤方法后的效果

6.2.4.2 环保和经济效益

9102工作面采用"固体充填＋条带开采"采煤方法后,地表沉降程度得到显著减弱,矿区范围内村落无须搬迁,节省搬迁直接成本约326万元。另外,开采过程中产生的煤矸石和粉煤灰得到有效利用,再循环利用煤矸石约820 t/a。工程实践实现了环保和经济效益的"双赢",不仅保护了矿区生态环境,而且实现了废物高效再循环利用,符合"绿色开采"[160-163]和"科学开采"[163-166]的科学内涵,为其他矿区提供了借鉴。

6.3 本章小结

(1) 针对采动地裂缝减弱控制,提出了井下"固体充填＋条带开采"和地表裂缝"差异化治理"相结合的协同治理技术,明确了其基本思想和基本流程。

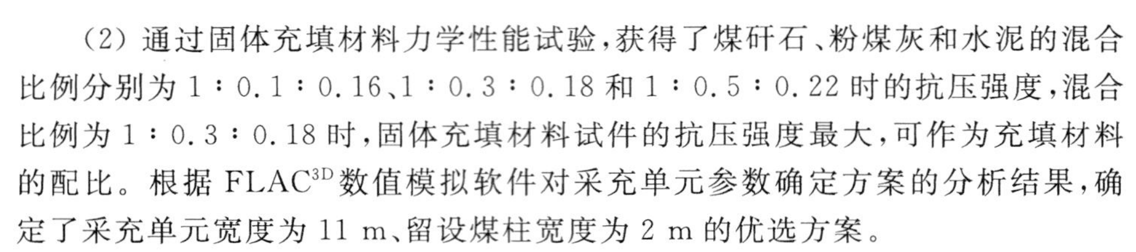

（2）通过固体充填材料力学性能试验，获得了煤矸石、粉煤灰和水泥的混合比例分别为1∶0.1∶0.16、1∶0.3∶0.18和1∶0.5∶0.22时的抗压强度，混合比例为1∶0.3∶0.18时，固体充填材料试件的抗压强度最大，可作为充填材料的配比。根据FLAC^{3D}数值模拟软件对采充单元参数确定方案的分析结果，确定了采充单元宽度为11 m、留设煤柱宽度为2 m的优选方案。

（3）安顺煤矿9102工作面的工程实践效果表明协同治理技术有效减弱了地表沉降程度，地表沉降值小于0.4 m，显著减小了地裂缝发育规模和发育尺度，再循环利用煤矸石820 t/a，节约直接搬迁成本约326万元，实现了环保和经济效益的“双赢”，符合“绿色开采”和“科学开采”的科学内涵。

7 结　　论

本书采用现场踏勘实测、实验室测试、数值模拟、理论分析等研究方法，紧密围绕喀斯特山区浅埋煤层采动地裂缝发育规律及减损控制的核心主题进行了深入系统地研究，明晰了喀斯特山区浅埋煤层赋存环境特征及其对采动地裂缝发育的影响，阐明了喀斯特山区浅埋煤层采动地裂缝发育规律及其影响因素，揭示了喀斯特山区浅埋煤层采动地裂缝形成机理及预测方法，提出了喀斯特山区浅埋煤层采动地裂缝减损控制原理与技术，并成功应用于采动地裂缝减弱控制与治理工程实践。获得的主要结论如下：

（1）根据大量喀斯特山区浅埋煤层典型矿井的统计资料，获得了喀斯特山区浅埋煤层赋存分类体系。按煤层赋存特征与采动程度可分为单一煤层采动、两层煤层重复采动和煤层群重复采动，其中煤层群重复采动又可分为近距离多煤层重复采动、单一煤层和煤组重复采动、多煤组重复采动；按地层岩性可分为坚硬岩组、半坚硬岩组、软质岩组和松散层组；按地貌起伏特点可分为中起伏低山、中起伏中山和大起伏中山；按坡体起伏形态可分为单一山坡、复合山坡、凹形山坡和凸形山坡；按表土层特征可分为砂土质型和黏土质型。喀斯特山区浅埋煤层赋存具有5个突出特点，即近距离煤层群、重复采动、峰丛地貌、“薄表土层＋厚基岩”和地层岩性“上硬下软”。

（2）将喀斯特山区浅埋煤层顶板结构分为4种类型，即薄层直接顶与基本顶、中厚直接顶与基本顶、分层顶板和厚硬顶板。揭示了地裂缝发育宽度与顶板结构的内在联系，4种顶板结构的地裂缝发育宽度按其大小依次为薄层直接顶与基本顶＞分层顶板＞中厚直接顶与基本顶＞厚硬顶板。地裂缝发育位置与地表水平位移波峰值紧密相关，地裂缝发育位置附近区域往往出现水平位移波峰。

（3）喀斯特山区浅埋煤层采动地裂缝分为3种类型，即张开型、拉伸型和台阶型。张开型地裂缝主要分布于地表沉陷盆地外边缘，多为永久性裂缝；拉伸型地裂缝因受地表沉陷和山坡滑移的双重作用而严重影响了坡体稳定性，多发育于较大坡度的斜坡或陡坡，以及坡度变化强烈的地形过渡地带；台阶型地裂缝以台阶切落形态一般发育于较小坡度的平缓地带或冲沟两侧的缓坡或斜坡。就发育尺度而言，张开型地裂缝一般发育宽度大于落差，拉伸型地裂缝一般发育宽度

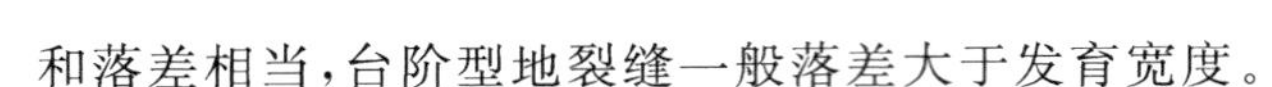

和落差相当，台阶型地裂缝一般落差大于发育宽度。

(4) 与西北地区浅埋煤层地裂缝的空间分布规律显著不同，喀斯特山区浅埋煤层地裂缝的空间分布显著受到地貌起伏变化的影响，其分布规律并无明显倒“C”形。显著不同于西北地区浅埋煤层地裂缝延伸方向与工作面倾向大致平行的规律，喀斯特山区浅埋地裂缝的延伸方向各异，与等高线走向大致平行或斜交，并不与工作面倾向平行。

(5) 基于发育位置和发育尺度的研究视角，揭示了地裂缝动态发育规律。新发育的地裂缝以一定距离超前于工作面推进位置而发育，超前距与山体坡度、煤层埋深呈正相关。地裂缝发育尺度随工作面推进呈现动态性，当工作面推进位置由滞后于地裂缝变为超前于地裂缝时，其发育宽度呈缓慢增加→快速突增→缓慢减小→趋于稳定的动态发展过程，而其落差呈缓慢增加→快速突增→趋于稳定的动态发展过程。地裂缝发育长度的动态延伸过程可分为3个阶段，即缓慢增长阶段、快速增长阶段和趋于稳定阶段。当地裂缝的发育宽度和落差趋于稳定值时，地裂缝的动态发育主要集中表现为发育长度的动态延伸。

(6) 单层采动已经发育的地裂缝，其发育尺度并不因重复采动而持续增加，而是表征为在原有发育尺度基础之上的闭合→扩展→稳定的动态过程。重复采动时的地裂缝发育可分为5个阶段，即单层采动基础上的继续扩展阶段、重复采动时的逐渐闭合阶段、重复采动时的二次发育阶段、重复采动时的逐渐扩展阶段和重复采动时的发育稳定阶段。地裂缝的发育宽度、落差和深度并非因重复采动都呈增加趋势，而是在某个采动阶段以某个发育尺度为主。

(7) 明晰了采高、坡度和坡体起伏变化对采动地裂缝发育形态及发育尺度的具体影响规律。地裂缝发育宽度和地表水平位移波峰值随采高增大而增加。地裂缝发育形态随坡度变化呈现不同类型，即坡度为10°、20°、30°和40°时，发育形态多为拉伸型；坡度为50°和60°时，发育形态多为台阶型。坡体朝下坡方向滑移的显著程度依次为30°＞40°＞20°＞10°＞50°＞60°，即斜坡＞缓坡＞陡坡；地裂缝发育宽度随坡度逐渐增大呈减小→增大→减小的动态发育过程；当坡体为升型和降型时，地裂缝发育形态多为拉伸型；当坡体为先升后降型和先降后升型时，发育形态在坡度和煤层埋深较大的一侧斜坡多为拉伸型，在坡度和煤层埋深较小的一侧斜坡多为台阶型。

(8) 基于现场实测结果，阐明了地表沉陷和覆岩运动对采动地裂缝发育的响应特征。地裂缝发育位置与水平拉伸变形区域密切相关，因而其多发育于坡度变化较大的斜坡或陡坡；地裂缝发育宽度与水平变形呈正相关。显著不同于西北地区浅埋煤层开采，喀斯特山区浅埋煤层开采存在明显的“矿压显现分区”，即工作面过平缓山谷时，周期来压频繁，周期来压步距小且来压时间间隔短，来压持续时间长；工作面过斜坡或陡坡时，周期来压步距大且来压时间间隔长，来压持续时间较短。

(9) 从表土层变形破坏、覆岩与坡体活动的视角探析了喀斯特山区浅埋煤层采动地裂缝的形成机理。获得了不等地表坡度的表土层变形破坏的临界值，推导得出了采动地裂缝产生的起裂判据。理论建立了采动地裂缝一侧矩形块体结构模型并求解了其边界剪应力值，当地裂缝两侧岩土体边界受力大于此剪应力值时，两侧岩土体产生相对滑移、倾斜或下沉，进而诱发地裂缝发育。阐明了地裂缝发育与坡体活动的内在关联，其发育位置与坡体断裂线紧密相关，建立了坡体活动的斜型体结构模型，并获得了其回转失稳和滑落失稳的判据。得出了台阶型和拉伸型地裂缝产生的充分条件，即当厚硬顶板破断形式为台阶岩梁和采动坡体活动位态为滑落失稳时，地裂缝发育类型多为台阶型；当厚硬顶板破断形式为砌体梁和采动坡体活动位态为回转失稳时，地裂缝发育类型多为拉伸型。

(10) 总结了喀斯特山区浅埋煤层采动地裂缝减损控制的五大原则，即分区治理差异化原则、地表移动变形趋弱化原则、采掘系统部署科学化原则、生态修复动态化原则和安全经济一体化原则。归纳了工作面部署的 9 种方式，即堆叠式、外错式(内错式)、上煤层工作面一端内错式、下煤层工作面一端内错式、上煤层工作面两端内错式、下煤层工作面两端内错式、煤柱间隔外错式(内错式)。分析了不同工作面部署方式的采动损害程度，得出外错式(内错式)、煤柱间隔外错式(内错式)这 4 种工作面部署方式为矿井采掘布局的优选方式。划分了不同工作面部署方式的采动损害分区，即分区 A(重叠区)、分区 B(内错区)、分区 C(外错区)、分区 D(边界对齐区)和分区 E(煤柱区)。

(11) 提出了井下“固体充填＋条带开采”和地表裂缝“差异化治理”相结合的协同治理技术，明确了其基本思想和流程，并将此技术应用于安顺煤矿 9102 工作面的地裂缝减损控制工程实践。实践结果表明：此技术有效减弱了地表沉降程度和采动地裂缝发育，节约了村落搬迁成本，保护了地表生态环境，实现了生态环保和经济效益的“双赢”，符合“绿色开采”和“科学开采”的科学内涵。

参考文献

[1] 金碚.中国经济发展新常态研究[J].中国工业经济,2015(1):5-18.

[2] 常俸瑞,曾子豪.供给侧改革下能源产业结构转型路径研究[J].煤炭经济研究,2018,38(12):12-16.

[3] 姚西龙,STYVE,高燕桃.我国煤炭产业的转型发展研究[J].煤炭经济研究,2018,38(11):11-16.

[4] 钱鸣高,石平五.矿山压力与岩层控制[M].徐州:中国矿业大学出版社,2004.

[5] ZHU H Z,HE F L,FAN Y Q.Development mechanism of mining-induced ground fissure for shallow burial coal seam in the mountains area of southwestern China:a case study[J].Acta geodynamica et geomaterialia,2018,15(4):349-362.

[6] 王旭锋.冲沟发育矿区浅埋煤层采动坡体活动机理及其控制研究[D].徐州:中国矿业大学,2009.

[7] 李建伟,刘长友,赵杰,等.沟谷区域浅埋煤层采动矿压发生机理及控制研究[J].煤炭科学技术,2018,46(9):104-110.

[8] 赵杰,刘长友,李建伟,等.沟谷区域浅埋煤层开采三维地质建模及地表损害研究[J].采矿与安全工程学报,2018,35(5):969-977.

[9] 刘国磊.山地浅埋煤层开采覆岩运动规律与结构特征研究[D].青岛:山东科技大学,2010.

[10] 朱恒忠,刘萍,宋广朋.大起伏山地浅埋煤层矿压现场试验研究[J].科学技术与工程,2014,14(28):195-199.

[11] 陈超,胡振琪.我国采动地裂缝形成机理研究进展[J].煤炭学报,2018,43(3):810-823.

[12] 王晋丽.山区采煤地裂缝的分布特征及成因探讨:以太原西山西曲矿为例研究[D].太原:太原理工大学,2005.

[13] 刘辉.西部黄土沟壑区采动地裂缝发育规律及治理技术研究[D].徐州:中国矿业大学,2014.

[14] LI J W, LIU C Y. Formation mechanism and reduction technology of mining-induced fissures in shallow thick coal seam mining[J]. Shock and vibration,2017,2017:1-14.
[15] 胡振琪,王新静,贺安民.风积沙区采煤沉陷地裂缝分布特征与发生发育规律[J].煤炭学报,2014,39(1):11-18.
[16] 王新静,胡振琪,胡青峰,等.风沙区超大工作面开采土地损伤的演变与自修复特征[J].煤炭学报,2015,40(9):2166-2172.
[17] 陈超.风沙区超大工作面地表及覆岩动态变形特征与自修复研究[D].北京:中国矿业大学(北京),2018.
[18] 郭俊廷,李全生.浅埋高强度开采地表破坏特征:以神东矿区为例[J].中国矿业,2018,27(4):106-112.
[19] 刘辉,邓喀中,雷少刚,等.采动地裂缝动态发育规律及治理标准探讨[J].采矿与安全工程学报,2017,34(5):884-890.
[20] 李建伟.西部浅埋厚煤层高强度开采覆岩导气裂缝的时空演化机理及控制研究[D].徐州:中国矿业大学,2017.
[21] 范立民,马雄德,李永红,等.西部高强度采煤区矿山地质灾害现状与防控技术[J].煤炭学报,2017,42(2):276-285.
[22] 范立民,张晓团,向茂西,等.浅埋煤层高强度开采区地裂缝发育特征:以陕西榆神府矿区为例[J].煤炭学报,2015,40(6):1442-1447.
[23] 王新静,胡振琪,杨耀淇,等.采动动态地裂缝发育特征监测装置的设计与应用[J].煤炭工程,2014,46(3):131-133.
[24] 徐乃忠,高超,倪向忠,等.浅埋深特厚煤层综放开采地表裂缝发育规律研究[J].煤炭科学技术,2015,43(12):124-128,97.
[25] 王云广,郭文兵.采空塌陷区地表裂缝发育规律分析[J].中国地质灾害与防治学报,2017,28(1):89-95.
[26] 朱川曲,黄友金,芮国相,等.采动作用下煤矿区地表裂缝发育机理与特征分析[J].中国地质灾害与防治学报,2017,28(4):47-52.
[27] 刘辉,刘小阳,邓喀中,等.基于UDEC数值模拟的滑动型地裂缝发育规律[J].煤炭学报,2016,41(3):625-632.
[28] YANG J H, YU X, YANG Y, et al. Physical simulation and theoretical evolution for ground fissures triggered by underground coal mining[J]. PLOS ONE,2018,13(3):e0192886.
[29] 冉佳鑫.基于UDEC的煤层采空区地表裂缝形成过程反演[J].中国水运(下半月),2015,15(9):312-313,315.

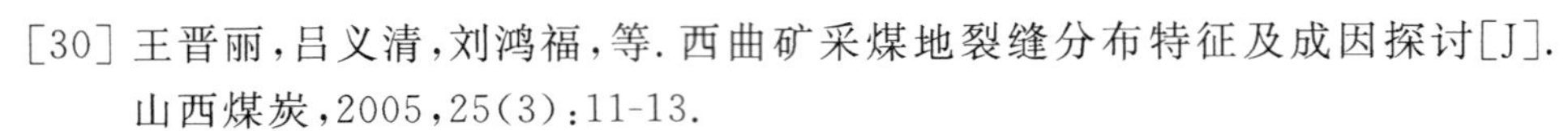

[30] 王晋丽,吕义清,刘鸿福,等. 西曲矿采煤地裂缝分布特征及成因探讨[J]. 山西煤炭,2005,25(3):11-13.

[31] 刘辉,何春桂,邓喀中,等. 开采引起地表塌陷型裂缝的形成机理分析[J]. 采矿与安全工程学报,2013,30(3):380-384.

[32] 于秋鸽,张华兴,邓伟男. 基于尖点突变模型的采空塌陷地表裂缝形成机理[J]. 中国地质灾害与防治学报,2018,29(2):73-77.

[33] 于秋鸽,张华兴,邓伟男,等. 基于关键层理论的地表偏态下沉影响因素分析[J]. 煤炭学报,2018,43(5):1322-1327.

[34] 余学义,李邦帮,李瑞斌,等. 西部巨厚湿陷性黄土层开采损害程度分析[J]. 中国矿业大学学报,2008,37(1):43-47.

[35] 余学义,邱有鑫. 沟壑切割浅埋区塌陷灾害形成机理分析[J]. 西安科技大学学报,2012,32(3):269-274.

[36] 付华,陈从新,夏开宗,等. 地下采矿引起地表滑移变形分析[J]. 岩石力学与工程学报,2016,35(增刊 2):3991-4000.

[37] 康建荣. 山区采动裂缝对地表移动变形的影响分析[J]. 岩石力学与工程学报,2008,27(1):59-64.

[38] JU J F,XU J L.Surface stepped subsidence related to top-coal caving longwall mining of extremely thick coal seam under shallow cover[J]. International journal of rock mechanics and mining sciences,2015,78:27-35.

[39] 余学义. 地表移动破坏裂缝特征及其控制方法[J]. 西安矿业学院学报,1996(4):295-299.

[40] ZHU H Z,HE F L,ZHANG S B,et al. An integrated treatment technology for ground fissures of shallow coal seam mining in the mountainous area of southwestern China: a typical case study[J]. Gospodarka surowcami mineralnymi-mineral resources management,2018,34(1):119-138.

[41] 刘辉,雷少刚,邓喀中,等. 超高水材料地裂缝充填治理技术[J]. 煤炭学报,2014,39(1):72-77.

[42] 王新静. 风沙区高强度开采土地损伤的监测及演变与自修复特征[D]. 北京:中国矿业大学(北京),2014.

[43] 黄庆享,杜君武. 浅埋煤层群开采的区段煤柱应力与地表裂缝耦合控制研究[J]. 煤炭学报,2018,43(3):591-598.

[44] 钱鸣高,许家林,王家臣. 再论煤炭的科学开采[J]. 煤炭学报,2018,43(1):1-13.

[45] 许家林,倪建明,轩大洋,等.覆岩隔离注浆充填不迁村采煤技术[J].煤炭科学技术,2015,43(12):8-11.

[46] 许家林,轩大洋,朱卫兵,等.部分充填采煤技术的研究与实践[J].煤炭学报,2015,40(6):1303-1312.

[47] 田军.彬长矿区采陷裂缝影响因素分析[J].中国煤炭地质,2008,20(9):47-49,71.

[48] KARAMAN A,AKHIEV S S,CARPENTER P J. A new method of analysis of water-level response to a moving boundary of a longwall mine[J].Water resources research,1999,35(4):1001-1010.

[49] KIM J M, PARIZEK R R, ELSWORTH D, et al.Evaluation of fully-coupled strata deformation and groundwater flow in response to longwall mining[J].International journal of rock mechanics and mining sciences, 1997,34(8):1187-1199.

[50] BOOTH C J,CURTISS A M,DEMARIS P J,et al. Anomalous increases in piezometric levels in advance of longwall mining subsidence[J]. Environmental & engineering geoscience,1999,5(4):407-417.

[51] LIU J,ELSWORTH D,MATETIC R J. Evaluation of the post-mining groundwater regime following longwall mining[J].Hydrological processes, 1997,11(15):1945-1961.

[52] 黄庆享.浅埋煤层长壁开采顶板控制研究[D].徐州:中国矿业大学,1998.

[53] 黄庆享,钱鸣高,石平五.浅埋煤层采场老顶周期来压的结构分析[J].煤炭学报,1999,24(6):581-585.

[54] 黄庆享.浅埋煤层长壁开采顶板结构理论与支护阻力确定[J].矿山压力与顶板管理,2002(1):70-72.

[55] 黄庆享,曹健,贺雁鹏,等.浅埋近距离煤层群分类及其采场支护阻力确定[J].采矿与安全工程学报,2018,35(6):1177-1184.

[56] 侯忠杰.浅埋煤层关键层研究[J].煤炭学报,1999(4):25-29.

[57] 侯忠杰,吕军.浅埋煤层中的关键层组探讨[J].西安科技学院学报,2000(1):5-8.

[58] 侯忠杰.组合关键层理论的应用研究及其参数确定[J].煤炭学报,2001,26(6):611-615.

[59] 谢胜华,侯忠杰.浅埋煤层组合关键层失稳临界突变分析[J].矿山压力与顶板管理,2002(1):67-69,72.

[60] 朱卫兵.浅埋近距离煤层重复采动关键层结构失稳机理研究[D].徐州:中

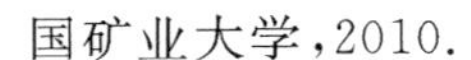

国矿业大学,2010.

[61] 朱卫兵.浅埋近距离煤层重复采动关键层结构失稳机理研究[J].煤炭学报,2011,36(6):1065-1066.

[62] 黄庆享,张沛,董爱菊.浅埋煤层地表厚砂土层“拱梁”结构模型研究[J].岩土力学,2009,30(9):2722-2726.

[63] 张沛.浅埋煤层长壁开采顶板动态结构研究[D].西安:西安科技大学,2012.

[64] 石平五,侯忠杰.神府浅埋煤层顶板破断运动规律[J].西安矿业学院学报,1996,16(3):203-207,215.

[65] 石平五,长孙学亭,刘洋.浅埋煤层“保水采煤”条带开采“围岩-煤柱群”稳定性分析[J].煤炭工程,2006,38(8):68-70.

[66] 杨治林.浅埋煤层长壁开采顶板岩层灾害控制研究[J].岩土力学,2011,32(增刊1):459-463.

[67] 张杰,侯忠杰.厚土层浅埋煤层覆岩运动破坏规律研究[J].采矿与安全工程学报,2007,24(1):56-59.

[68] 张杰,侯忠杰.浅埋煤层非坚硬顶板强制放顶实验研究[J].煤田地质与勘探,2005,33(2):15-17.

[69] 吕军,侯忠杰,张杰.浅埋难垮顶板强放爆破参数的研究[J].矿山压力与顶板管理,2004(3):66-68,71.

[70] 吕军,侯忠杰.影响浅埋煤层矿压显现的因素[J].矿山压力与顶板管理,2000(2):39-41.

[71] 李正昌.浅埋综采面矿压显现及其控制[J].矿山压力与顶板管理,2001(1):26-27.

[72] 黄森林.浅埋煤层采动裂缝损害机理及控制方法研究[D].西安:西安科技大学,2006.

[73] 余学义,张恩强.开采损害学[M].北京:煤炭工业出版社,2004.

[74] 洪兴.浅埋煤层开采引起的地表移动规律研究[D].西安:西安科技大学,2012.

[75] 赵兵朝,同超,刘樟荣,等.西部生态脆弱区地表开采损害特征[J].中南大学学报(自然科学版),2017,48(11):2990-2997.

[76] 余学义,王鹏,李星亮.大采高浅埋煤层开采地表移动变形特征研究[J].煤炭工程,2012,7(7):61-63,67.

[77] 李敏.山区重复采动下地表移动变形规律研究[D].太原:太原理工大学,2012.

[78] 秦长才.厚松散层重复采动条件下地表移动变形规律研究[D].淮南:安徽

理工大学，2015.
[79] 龚云，汤伏全. 西部黄土山区开采沉陷变形数值模拟研究[J]. 西安科技大学学报，2012，32(4)：490-494.
[80] 刘宾. 黄土沟壑区浅埋近距煤层群开采地表移动变形规律研究[D]. 西安：西安科技大学，2017.
[81] 崔健. 近浅埋煤层条带开采地表沉陷主控因素研究及沉陷预计方法[D]. 太原：太原理工大学，2015.
[82] 尹福光，孙洁，任飞，等. 中国西南区域地质[M]. 武汉：中国地质大学出版社，2016.
[83] 史文兵，黄润秋，赵建军，等. 山区平缓采动斜坡裂缝成因机制研究[J]. 工程地质学报，2016，24(5)：768-774.
[84] 史文兵. 山区缓倾煤层地下开采诱发斜坡变形破坏机理研究：以贵州煤洞坡变形体为例[D]. 成都：成都理工大学，2016.
[85] 李炳元，潘保田，程维明，等. 中国地貌区划新论[J]. 地理学报，2013，68(3)：291-306.
[86] 王世杰，张信宝，白晓永.中国南方喀斯特地貌分区纲要[J].山地学报，2015，33(6)：641-648.
[87] 李宗发. 贵州喀斯特地貌分区[J]. 贵州地质，2011，28(3)：177-181，234.
[88] 盈斌，方一平. 中国山区类型划分及其空间格局特征[J]. 贵州师范大学学报(自然科学版)，2017，35(5)：7-14.
[89] 尹海魁，许皞，李大伟，等. 中国土地自然类型划分的探讨[J]. 江苏农业科学，2017，45(1)：217-223.
[90] 吴兆娟，王晓东，丁声源. 西南地区不同地貌类型土地整理特征比较[J]. 国土资源科技管理，2008，25(2)：50-53.
[91] 张凡，赵卫权，张凤大，等. 基于地形起伏度的贵州省土地利用/土地覆盖空间结构分析[J]. 资源开发与市场，2010，26(8)：737-739.
[92] 李俊平，连民杰. 矿山岩石力学[M]. 北京：冶金工业出版社，2011.
[93] 李景阳. 贵州残积红粘土的力学强度特征[J]. 贵州工业大学学报(自然科学版)，1997，26(2)：73-79.
[94] 赵明华. 土力学与基础工程[M]. 3 版. 武汉：武汉理工大学出版社，2009.
[95] 毛崔磊. 黄土丘陵区采煤塌陷地裂缝分布特征研究[D]. 北京：中国地质大学(北京)，2018.
[96] 张文静. 基于非均布载荷下梁结构破断理论的采动地裂缝发育规律研究[D]. 太原：太原理工大学，2018.

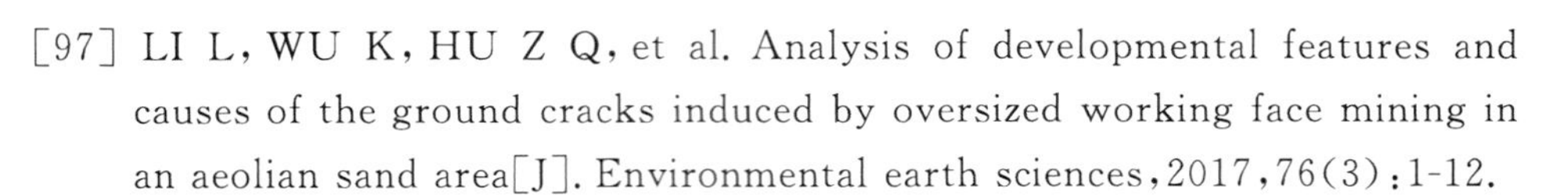

[97] LI L, WU K, HU Z Q, et al. Analysis of developmental features and causes of the ground cracks induced by oversized working face mining in an aeolian sand area[J]. Environmental earth sciences, 2017, 76(3): 1-12.

[98] ZHANG D S, FAN G W, MA L Q, et al. Aquifer protection during longwall mining of shallow coal seams: a case study in the Shendong Coalfield of China [J]. International journal of coal geology, 2011, 86(2/3): 190-196.

[99] WANG X F, ZHANG D S, ZHANG C G, et al. Mechanism of mining-induced slope movement for gullies overlaying shallow coal seams[J]. Journal of mountain science, 2013, 10(3): 388-397.

[100] 刘栋林,许家林,朱卫兵,等.工作面推进方向对坡体采动裂缝影响的数值模拟[J].煤矿安全,2012,43(5):150-153.

[101] BELL F G, STACEY T R, GENSKE D D. Mining subsidence and its effect on the environment: some differing examples[J]. Environmental geology, 2000, 40(1/2): 135-152.

[102] 许家林.岩层采动裂隙演化规律与应用[M].2版.徐州:中国矿业大学出版社,2016.

[103] 刘新荣,邓志云,刘永权,等.峰前循环剪切作用下岩石节理损伤特征与剪切特性试验研究[J].岩石力学与工程学报,2018,37(12):2664-2675.

[104] 程立朝,许江,冯丹,等.岩石剪切细观开裂演化与贯通机制分析[J].岩土力学,2016,37(3):655-664.

[105] 陈晓祥,谢文兵,荆升国,等.数值模拟研究中采动岩体力学参数的确定[J].采矿与安全工程学报,2006,23(3):341-345.

[106] 蔡美峰.岩石力学与工程[M].2版.北京:科学出版社,2013.

[107] MOHAMMAD N, REDDISH D J, STACE L R. The relation between in situ and laboratory rock properties used in numerical modelling[J]. International journal of rock mechanics and mining sciences, 1997, 34(2): 289-297.

[108] 徐飞亚,郭文兵,王晨.浅埋深厚煤层高强度开采地表沉陷规律研究[J].煤炭科学技术,2023,51(5):11-20.

[109] 韩奎峰,康建荣,王正帅,等.山区采动地表裂缝预测方法研究[J].采矿与安全工程学报,2014,31(6):896-900.

[110] WANG S F, LI X B. Dynamic distribution of longwall mining-induced voids in overlying strata of a coalbed[J]. International journal of geomechanics, 2017, 17(6): 04016124.

[111] 陈超,胡振琪.关键层理论在开采沉陷中的应用现状与进展[J].矿业科学学报,2017,2(3):209-218.
[112] 汤伏全.采动滑坡的机理分析[J].西安矿业学院学报,1989(3):32-36.
[113] ZHANG K,YANG T H,BAI H B,et al. Longwall mining-induced damage and fractures:field measurements and simulation using FDM and DEM coupled method[J]. International journal of geomechanics,2018,18(1):04017127.
[114] MALINOWSKA A A,HEJMANOWSKI R. The impact of deep underground coal mining on Earth fissure occurrence[J]. Acta geodynamica et geomaterialia,2016,13(4):321-330.
[115] MCNALLY G H. Geology and mining practice in relation to shallow subsidence in the Northern Coalfield,New South Wales[J]. Australian journal of earth sciences,2000,47(1):21-34.
[116] 全国地理信息标准化技术委员会.全球定位系统(GPS)测量规范:GB/T 18314-2009[S].北京:中国标准出版社,2009.
[117] 国家测绘局.全球定位系统实时动态测量:CH/T 2009—2010[S].北京:测绘出版社,2010.
[118] 石崇,褚卫江,郑文棠.块体离散元数值模拟技术及工程应用[M].北京:中国建筑工业出版社,2016.
[119] 吴侃,胡振琪,常江,等.开采引起的地表裂缝分布规律[J].中国矿业大学学报,1997,26(2):56-59.
[120] 范钢伟,张东升,马立强.神东矿区浅埋煤层开采覆岩移动与裂隙分布特征[J].中国矿业大学学报,2011,40(2):196-201.
[121] 李广信,张丙印,于玉贞.土力学[M].2版.北京:清华大学出版社,2013.
[122] 俞茂宏,彭一江.强度理论百年总结[J].力学进展,2004,34(4):529-560.
[123] 黄茂松,姚仰平,尹振宇,等.土的基本特性及本构关系与强度理论[J].土木工程学报,2016,49(7):9-35.
[124] 龙驭球.弹性地基梁的计算[M].北京:高等教育出版社,1981.
[125] ARICI M,GRANATA M F. Generalized curved beam on elastic foundation solved by transfer matrix method[J]. Structural engineering and mechanics,2011,40(2):279-295.
[126] 陈冉丽,李亮,张连贵,等.煤矿工作面上方地表裂缝分布、宽度与水平变形之关系研究[J].金属矿山,2015(4):79-82.
[127] 汤伏全,张健.西部矿区巨厚黄土层开采裂缝机理[J].辽宁工程技术大学

学报(自然科学版),2014,33(11):1466-1470.

[128] 韩奎峰,康建荣,王正帅,等.山区采动滑移模型的统一预测参数研究[J].采矿与安全工程学报,2013,30(1):107-111.

[129] 何万龙,孔昭璧,康建荣.山区地表采动滑移机理及其向量分析[J].矿山测量,1991(3):21-25.

[130] 何万龙.开采引起的山区地表移动与变形预计[J].煤炭科学技术,1983,11(6):46-52,60.

[131] 焦士兴.关于生态修复几个相关问题的探讨[J].水土保持研究,2006,13(4):127-129.

[132] 胡振琪.我国土地复垦与生态修复30年:回顾、反思与展望[J].煤炭科学技术,2019,47(1):25-35.

[133] 卞正富,雷少刚,金丹,等.矿区土地修复的几个基本问题[J].煤炭学报,2018,43(1):190-197.

[134] 戴华阳,郭俊廷,阎跃观,等."采-充-留"协调开采技术原理与应用[J].煤炭学报,2014,39(8):1602-1610.

[135] 许家林,钱鸣高.岩层采动裂隙分布在绿色开采中的应用[J].中国矿业大学学报,2004,33(2):141-144.

[136] 王金庄,康建荣,吴立新.煤矿覆岩离层注浆减缓地表沉降机理与应用探讨[J].中国矿业大学学报,1999,28(4):331-334.

[137] 胡炳南.我国煤矿充填开采技术及其发展趋势[J].煤炭科学技术,2012,40(11):1-5,18.

[138] KUTER N,DILAVER Z,GÜL E. Determination of suitable plant species for reclamation at an abandoned coal mine area[J]. International journal of mining,reclamation and environment,2014,28(5):268-276.

[139] 何国清,杨伦,凌赓娣,等.矿山开采沉陷学[M].徐州:中国矿业大学出版社,1991.

[140] ADHIKARY D,KHANAL M,JAYASUNDARA C,et al. Deficiencies in 2D simulation:a comparative study of 2D versus 3D simulation of multi-seam longwall mining[J]. Rock mechanics and rock engineering,2016,49(6):2181-2185.

[141] SUCHOWERSKA A M. The geomechanics of single-seam and multi-seam longwall coal mining[D]. Newcastle:University of Newcastle,2014.

[142] GHABRAIE B, REN G, ZHANG X,et al. Physical modelling of subsidence from sequential extraction of partially overlapping longwall panels and study

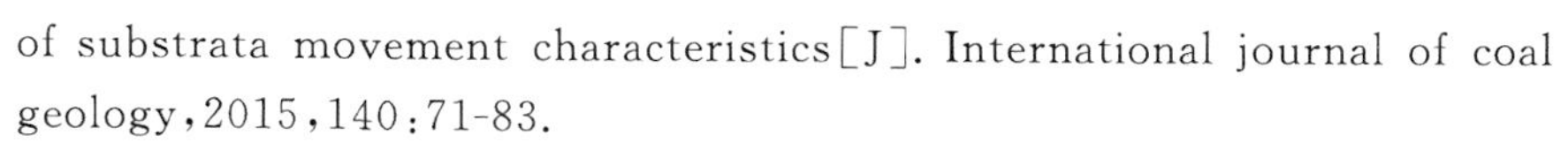
of substrata movement characteristics[J]. International journal of coal geology,2015,140:71-83.

[143] SUCHOWERSKA A M,MERIFIELD R S,CARTER J P. Vertical stress changes in multi-seam mining under supercritical longwall panels[J]. International journal of rock mechanics and mining sciences,2013,61:306-320.

[144] 郭文兵,白二虎,杨达明.煤矿厚煤层高强度开采技术特征及指标研究[J].煤炭学报,2018,43(8):2117-2125.

[145] 刘天泉.矿山岩体采动影响与控制工程学及其应用[J].煤炭学报,1995,20(1):1-5.

[146] 李磊,李凤明,李宏艳,等.矿山采动损害关键科学问题及发展趋势探析[J].煤矿开采,2017,22(6):1-4.

[147] ADIBEE N,OSANLOO M,RAHMANPOUR M. Adverse effects of coal mine waste dumps on the environment and their management[J]. Environmental earth sciences,2013,70(4):1581-1592.

[148] BIAN Z F,MIAO X X,LEI S G,et al. The challenges of reusing mining and mineral-processing wastes[J]. Science,2012,337(6095):702-703.

[149] 郭彦霞,张圆圆,程芳琴.煤矸石综合利用的产业化及其展望[J].化工学报,2014,65(7):2443-2453.

[150] 张强,张吉雄,巨峰,等.固体充填采煤充实率设计与控制理论研究[J].煤炭学报,2014,39(1):64-71.

[151] 李猛,张吉雄,黄艳利,等.基于固体充填材料压实特性的充实率设计研究[J].采矿与安全工程学报,2017,34(6):1110-1115.

[152] ZHANG J X,SUN Q,ZHOU N,et al. Research and application of roadway backfill coal mining technology in western coal mining area[J]. Arabian journal of geosciences,2016,9(10):1-10.

[153] 中华人民共和国住房和城乡建设部,国家市场监督管理总局.混凝土物理力学性能试验方法标准:CB/T 50081-2019[S].北京:中国建筑工业出版社,2019.

[154] GHASEMI E,ATAEI M,SHAHRIAR K,et al. Assessment of roof fall risk during retreat mining in room and pillar coal mines[J]. International journal of rock mechanics and mining sciences,2012,54:80-89.

[155] SINGH A K, SINGH R, MAITI J,et al. Assessment of mining induced stress development over coal Pillars during depillaring[J]. International

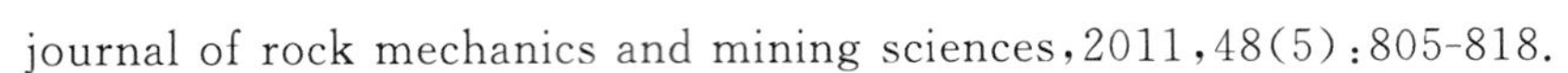
journal of rock mechanics and mining sciences,2011,48(5):805-818.

[156] WANG H W, POULSEN B A, SHEN B T, et al. The influence of roadway backfill on the coal pillar strength by numerical investigation [J]. International journal of rock mechanics and mining sciences,2011, 48(3):443-450.

[157] 翟所业,张开智. 煤柱中部弹性区的临界宽度[J]. 矿山压力与顶板管理, 2003(4):14-16.

[158] 高玮. 倾斜煤柱稳定性的弹塑性分析[J]. 力学与实践,2001,23(2): 23-26.

[159] WANG H W,JIANG Y D,ZHAO Y X,et al. Numerical investigation of the dynamic mechanical state of a coal pillar during longwall mining panel extraction[J]. Rock mechanics and rock engineering,2013,46(5): 1211-1221.

[160] 钱鸣高,许家林,缪协兴. 煤矿绿色开采技术[J]. 中国矿业大学学报, 2003,32(4):5-10.

[161] 钱鸣高,缪协兴,许家林. 资源与环境协调(绿色)开采[J]. 煤炭学报, 2007,32(1):1-7.

[162] 许家林,钱鸣高. 绿色开采的理念与技术框架[J]. 科技导报,2007,25(7): 61-65.

[163] 钱鸣高,缪协兴,许家林. 资源与环境协调(绿色)开采及其技术体系[J]. 采矿与安全工程学报,2006,23(1):1-5.

[164] 钱鸣高. 煤炭的科学开采[J]. 煤炭学报,2010,35(4):529-534.

[165] 袁亮. 煤炭精准开采科学构想[J]. 煤炭学报,2017,42(1):1-7.

[166] 王家臣,刘峰,王蕾. 煤炭科学开采与开采科学[J]. 煤炭学报,2016, 41(11):2651-2660.